KB067268

베이비
몬테소리
육아대백과

This Korean edition was published by Key Publications in 2021

by arrangement with Workman Publishing Company, Inc., New York

through KCC(Korea Copyright Center Inc.), Seoul.

베이비 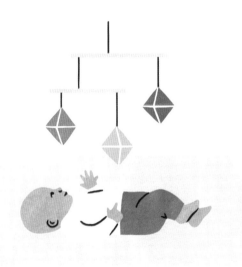 THE MONTESSORI BABY

몬테소리
육아대백과

아이 시간표대로 🌱 어메이징 몬테소리 교육의 힘

시모네 데이비스 · 주니파 우조다이크 공저 | 조은경 옮김

교육 R&D에 앞서가는
Key 키출판사

일러두기

• 본문에 나온 단행본이 국내에서 출간된 경우 국역본 제목을 표기하였고,
  출간되지 않은 경우 최대한 원서에 가깝게 번역하고 원제를 병기하였습니다.

"

모든 아기에게,
너희가 가진 특별한 잠재력을
발전시킬 수 있도록 교육받기를 바란다.
너희들은 선물이야.

"

시모네Simone

"

나의 몬테소리 아기:
솔루, 메투 그리고 비엔두에게,
매일 나를 가르치고 영감을 줘서 고마워.
너희는 내가 받은 최고의 축복이야.

"

주니파Junnifa

감수의 글

시모네 데이비스와 주니파 우조다이크는 국제 몬테소리 협회(AMI) 0~3세 디플로마(정식 이름은 영유아의 조력자Assistants to Infancy) 과정의 교사 자격증을 취득했다. 이 코스는 해부학·생리학·위생학·산부인과학·소아신경정신의학·영양학을 배우고, 0~3세 아이들의 정신감각 및 운동발달을 위한 교구 소개와 실천, 가정·공동체 환경, 언어와 일상생활 영역의 환경과 교구 실천, 그리고 250여 시간의 아기 관찰을 수행한다.

이 책의 모든 내용은 AMI 0~3세 디플로마 과정에서 다루는 것이며, 그 과정 중 0~1세에 해당하는 일부 내용을 선별하여 담았다. 저자들이 경험한 내용과 사례들을 가정에서 쉽게 실천할 수 있도록 소개한 AMI 0~3세 디플로마 과정의 요약본이자 가정용 참고서라고 할 만하다.

몬테소리 교육의 진정한 목적은 아이들에게 교구 다루는 방법을 가르치는 것이 아니라, 아이들이 앞으로 살아갈 삶에 도움을 줄 수 있는 근본적인 자세를 길러 주는 것이다. 몬테소리 박사는 항상 이 점을 염려했다. "아무도 나의 말을 귀담아듣지 않는다. 나는 아이를 보고 있는데 사람들은 교구를 보고 있다. 중요한 것은 교구가 아니다. 아이에게 일어나는 일이다. 아이를 보라! 그리고 아이가 무엇이 필요한지를 관찰하고 그것을 아이에게 주라."

안타깝게도 한국에서는 몬테소리 교육이 몬테소리 교구로 더 많이 알려졌다. 이러한 한국의 부모들과 아이들을 위해 AMI 몬테소리 교육의 구체적인 실제 내용을 이 책을 통해 알릴 수 있게 되어 너무나 다행으로 생각한다. 부디 몬테소리 교육의 진정한 메시지가 전달되어 값비싼 몬테소리 교구 없이도 언제 어디서나 아이들에게 몬테소리 교육이 실천되기를 간절히 소망해 본다.

정이비
국제 몬테소리 협회 인증 0~3세 트레이너
Montessori Center Korea 센터장
『베이비 마인드』 저자

추천의 글

나는 육아서를 잘 읽지 않는다. 근거가 명확하지 않은 육아 지침이나 조언에는 의문을 품게 된다. 서점에서 책을 살펴보다가 '그냥 그럴듯한 소리 아닌가?' 하는 생각이 앞서는 바람에 책장을 덮은 적이 많다.

내게 있어 근거를 달지 않고도 유일하게 믿음이 가는 육아 지침은 단 하나, '몬테소리'다. 통계와 과학, 팩트로 설명하기 어려운 육아 관련 질문에 해답을 구할 때, 나는 몬테소리 방식으로 생각한다. 몬테소리 박사는 과학적인 마인드를 갖춘 관찰자였고, 몬테소리 이론은 전 세계적으로 가장 많이 연구된 아동교육 방식 중 하나이며, 현대 과학이 이를 반복적으로 검증하고 있다.

무엇보다도 아이에 대한 철저한 이해를 바탕으로 하고 있다는 점에서 신뢰할 만하고 확실한 지침이 된다. 이런 상황에는 이렇게 해라, 저런 상황에는 저렇게 해라, 이런 파편적인 조언들이 아니라, 육아하는 부모라면 누구나 공감할 만한 아이에 대한 대원칙들을 바탕으로 아이를 어떻게 대해야 할지 알려 주기 때문이다.

이 책은 몬테소리 철학에서 부모가 아이를 키우는 데 직접적으로 의미 있는 부분을 상세히 담았고 실천 방법까지 포함했다. 출산 전에 이 책을 읽는다면, 육아를 시작하기 전에 이 책이 출간된 것에 감사함을 느낄 것이다. 이미 아이를 키우고 있다면, 이 책이 이제야 나온 것이 좀 아쉽겠지만 이제라도 알아서 다행이라고 생각하게 될 것이다.

이 책을 다 읽고 나면, '내일 당장 우리 아이에게 이렇게 해 줘야지.' 하는 약간 설레는 마음이 들 것이다. 아이에 대한 사랑이 샘솟아, 잠자는 아이 얼굴을 문득 다시 한번 들여다보고 싶은 마음이 들 수도 있다.

몬테소리는 처음 접한 순간부터 지금까지 내게 육아의 확실한 지침이 되고 있다. 아이가 15개월이 되었을 때, 시모네 데이비스의 책을 시작으로 몬테소리를 공부하기 시작했다. 처음에는 내 육아를 돌아보며 반성과 후회를 했다. '내가 잘 몰라서 아이를 잘못 대한 부분이 너무 많았구나.' 하지만 몬테소리를 접하고 난 후 육아에 목표와 희망이 생겼다. '아이가 어떤 존재인지, 내가 어떻게 해야 하는지 드디어 조금씩 알 것 같았다.' 그다음에는 아이와 함께하는 매 순간 자신감이 넘치게 되었다. '우리 아이는 오늘도 한 뼘 더 성장했다. 그리고 아이가 그 과정에서 행복했다고 확신할 수 있다.'

시모네 데이비스의 블로그에서 이 책을 쓰고 있다는 소식을 듣고 책이 출간되기를 간절히 기다렸다. 이 책을 시작으로 많은 부모가 몬테소리 방식으로 육아하면서, 아이가 독립해 가는 모습을 지켜보는 행복함을 매 순간 느낄 수 있기를 바란다.

베싸
콘텐츠 크리에이터, 인플루언서
유튜브 <베싸TV, 과학과 Fact로 육아하기> 운영자

| 차례 |

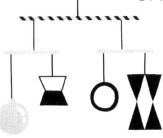

온라인 자료

주니파의 솔루 관찰 일기: 출생부터 15주까지

몬테소리 교구와 가구 고르는 법

움켜잡기 활동 도구 만드는 법

무용수 모빌 등 몬테소리 모빌 만드는 법

대상 영속성 상자 만드는 법

패치워크 공 만드는 법

토폰치노 만드는 법

※ 출판사 홈페이지 몬테소리 섹션에서
다양한 자료를 내려받을 수 있습니다.
국문: keymedia.co.kr/montessori
영문: workman.com/montessori

아기와 함께하는 일상

1

아기를 바라보는
관점을 바꿔 보자

오랫동안 사람들은 아기는 주변에서 일어나는 일을 이해하지 못한다고 믿었다. 아기는 '할 수 있는 게 많지 않아.'라고 생각했고 "그저 먹고 자고 울기만 하지."라고 말하곤 했다. 아기를 그저 연약한 존재로만 생각하고 꽁꽁 싸매 보호해야 한다고 여겼다. 그러다가 아기가 태어나서 처음 몇 달 동안 많은 것을 학습한다는 사실을 알게 되었는데, 그러자 육아가 너무 과해지기 시작했다. 아기를 압박해 더 빨리, 더 일찍 무엇인가를 배우게 했다. 그리고 다른 아기들과 비교하며 내 아이가 충분히 빨리 성장하지 못하고 있는 것은 아닌가 걱정한다.

우리는 아기를 위해 최고의 장비를 갖춰야 한다는 말을 듣곤 한다. 최고의 교구, 온몸을 꼼꼼히 감싸 줄 제일 좋은 옷, 잠을 잘 자게 도와주는 보조 기구, 빨리 앉을 수 있게 도와주는 기구, 잠이 잘 오도록 흔들어 주는 침대, 모든 행동을 지켜볼 수 있는 모니터와 모든 것을 추적할 수 있는 애플리케이션을 마련해야 한다는 소리를 듣는다.

그러지 말자. 그러지 말고 우리가 세상에 데려온 이 새로운 생명에 집중하자. 우리 아기에게 특별히 필요한 것을 찾기 위해 노력하자. 무엇을 배우고 싶어 하는지 알아보고 서두르지 않으면서 좀 더 세심하게 아기를 지원할 방법을 찾아보자.

- 아기를 존중하며 다루고 만지기 전에 먼저 아기에게 허락을 구하는 법을 배우는 것은 어떨까?
- 상황을 바로잡으려 서두르기보다 먼저 아기를 관찰하는 것은 어떨까?
- 아기는 강하고 능력이 있으며 탐험가처럼 주변 세상을 발견하고 모든 것을 난생처음 본다는 사실을 알게 된다면 어떨까?

- 아기가 태어날 때(어쩌면 자궁에 있을 때부터) 감각을 이용해 모든 것을 흡수한 다는 것을 깨닫는다면 어떨까?
- 기저귀를 갈아 주고, 먹이고, 잠을 재우는 것이 그저 서둘러 해치워야 할 허드 렛일이 아니라 아기와 연결되는 순간이라고 생각해 보면 어떨까?
- 이제 막 태어났다 해도 서두르지 말고 호흡을 천천히 해 아기에게 언어를 사 용하고 대화를 해 보면 어떨까?
- 아기가 소박한 매트 위에 누워 몸을 뻗고 자기 몸에 대해 배울 수 있는 시간을 갖도록 하는 것은 어떨까?
- 아기가 준비되지 않은 상태에서는 그 어떤 자세도 취하지 않도록 하는 것이 좋지 않을까? 예를 들면 근육이 아직 발달하지 않은 상태의 아기를 앉히거나 손을 잡고 걷게 하지 않는다.
- 아기의 손, 우리 목소리, 먹는 곳, 그날의 리듬과 같이 아기가 위치를 잡고 상 황을 이해하기 위한 기준점을 가지고 있다는 것을 인식하면 어떨까?
- 아기를 위해 사야 한다고 하는 것들을 모두 무시하고 대신 간단하지만 아름다 운 장소를 마련하는 건 어떨까?
- 모든 아기는 특별한 영혼을 가지고 있고, 우리는 아기를 압박하지 않고 그들 이 버림받았다는 느낌을 받지 않으면서 최고의 모습으로 성장하도록 돕는 가 이드로서 이곳 지구에 있다는 것을 알게 된다면 어떨까?
- 아기와 함께 숲속에 누워 보고 바닷가, 공원, 산에 가서 자연이 주는 놀라움과 경외감을 아기가 느낄 수 있도록 해 주면 어떨까?

우리 몬테소리 이야기

첫 아이를 낳았을 때 시모네는 새로운 생명을 창조할 수 있는 능력에 깊이 감동 했던 것을 지금도 기억한다. 시모네는 알고 있던 모든 정보를 활용해 최선을 다했 지만, 아들이 18개월이 되었을 무렵 몬테소리 접근법을 알게 되면서 아이 키우기 에 대해 더 확신을 가지게 되었다. 많은 부모처럼 시모네도 몬테소리 접근 방식을 좀 더 일찍 알았다면 좋았을 거라 생각했다.

둘째 아이를 낳은 시모네는 몬테소리에서 배운 모든 것을 최선을 다해 적용했다. 시모네가 몬테소리 훈련을 마친 지 15년이 훨씬 더 지났고 이제 그녀의 아이들은 청소년기에 접어들었다.

현재 시모네는 암스테르담에 있는 자카란다 트리 몬테소리Jacaranda Tree Montessori에서 부모-아기 몬테소리 수업을 열어 많은 부모가 몬테소리 원칙을 실천할 수 있게 돕고 있다.

주니파는 켄터키 주의 자동차 회사에서 전략 매니저로 일하던 중 우연치 않게 몬테소리 교습을 접하게 됐다. 교사인 어머니와 함께 몬테소리 학교를 방문한 주니파는 무척 감동받아 더 배우기 위해 6주 과정의 몬테소리 입문 코스를 수강하기로 결심했다.

그녀는 첫 아이를 낳기 일주일 전 국제 몬테소리 협회Association Montessori International 0~3세 디플로마 자격증을 받았다. 그리고 자신이 배운 것을 실천하면서 그것이 육아에 미치는 긍정적 효과에 놀랐다. 주니파는 블로그, 두오마닷컴(nduoma.com)을 개설해 자신의 경험을 나누기 시작했고, 좀 더 배우고 싶은 열망에 계속해서 아동 발달 분야의 지식을 넓혀 갔다. 그녀는 3~6세와 6~12세 그룹을 위한 국제 몬테소리 협회 디플로마 코스를 마쳤고 RIEResources for Infant Educarers 훈련도 받았다.

현재 주니파는 나이지리아의 수도 아부자에서 남편 그리고 세 자녀와 함께 살며 프루트풀 오차드 몬테소리 학교Fruitful Orchard Montessori School를 운영하고 있다. 주니파는 국제 몬테소리 협회 이사회 소속 이사다. 국제 몬테소리 협회는 마리아 몬테소리 박사가 설립한 단체로 몬테소리 박사의 작업을 유지하고 전파하기 위해 노력하고 있다.

이 책이 세상에 나오기까지 시작과 과정은 모두 수월했다. 주니파는 국제 몬테소리 협회 회의 참석차 암스테르담을 방문했을 때 시모네의 집에 식사 초대를 받았다. 그저 회포를 풀기 위한 자리였는데, 이야기를 나누던 중 시모네와 주니파 두 사람 모두 아기를 위한 몬테소리 교육서를 쓰고 싶어 한다는 것을 알게 되었다. 몇 시간 후 주니파가 시모네의 집을 떠날 무렵 이미 책의 개요에 대한 초안이 완성되었다.

모든 부모와 아이들은 몬테소리 접근법을 시작한 첫 주, 첫날, 처음 순간부터 교육의 이점을 누릴 수 있다. 심지어 엄마 배 속에 있는 아기도 그렇다.

아기는 태어날 때부터 배우는 타고난 학습자다. 그들은 채워야 할 빈 그릇이 아니다. 아기는 모든 것을 관찰한다. 까르륵 소리 그리고 다양한 방식으로 소리쳐 소통한다. 아기들은 잠시도 멈추지 않고 움직인다. 마리아 몬테소리 박사는『흡수하는 정신The Absorbent Mind』에서 다음과 같이 말했다.

> "아기는 결코 수동적이지 않다. 아기가 수많은 인상을 받으며 적극적으로 세상을 탐구한다는 것은 의심할 여지가 없다. 아기 스스로 인상을 찾고 있다."

이 책을 통해 아기가 태어났을 때부터 가정에서 몬테소리 방식을 적용하는 법을 배울 수 있기 바란다. 아기 울음에 대응하는 법, 아기가 찾고 있는 활동이 무엇인지 알아내는 법, 몬테소리에 맞춰 집을 꾸미는 법, 자신감을 갖고 스스로와 타인 그리고 지구를 존중하며 주변 세상을 탐험할 준비가 되어 있는 아기를 안전하게 키우기 위해 부모로서 해야 할 일을 하는 법 등을 모두 배우길 바란다.

우리가 아기를 사랑하는 이유

아기를 키우려면 많은 노력이 필요하다. 아기 때문에 밤새 깨어 있기도 하고 아기 때문에 지치기도 한다. 가끔은 아무리 달래도 몇 시간이고 계속해서 울기도 한다. 그런 아기를 우리는 왜 사랑할까?

아기는 우리가 이 세상에 올 때 얼마나 순수한 존재였는지를 상기시킨다. 갓 태어난 아기를 보면 모든 사람이 어떤 판단이나 두려움, 응어리진 것 없이 있는 그대로 삶을 시작하는 방식을 떠올리게 된다.

아기 덕분에 우리는 미래에 대한 희망을 품게 된다. 아기가 태어나고 우리는 그들 앞에 놓인 새로운 삶을 위해 좀 더 나은 세상을 그리려 한다. 아기는 배우는 것을 좋아할 것이다. 그들은 인류와 지구를 아끼는 법을 배울 것이며 그렇다면 폭력이나 전쟁은 없을 것이다.

아기는 세상을 태어나서 처음 본다. 아기가 주변 세상을 받아들이는 모습을 관찰하는 것은 참 즐겁다. 아기는 생애 처음으로 모든 것을 보고 탐구한다. 우리 얼굴, 나뭇잎, 나뭇가지 사이로 드리워지는 태양을 처음 본다. 그런 모습을 보며 우리는 주변 세상을 경이로움과 신선한 눈으로 보는 법을 상기하게 된다.

아기는 쉽게 포기하지 않는다. 아기가 발가락을 잡으려 몸을 뻗고, 발가락을 입에 넣으려 애쓰는 모습을 보라. 아기는 결코 포기하지 않으며 계속하고 결국에는 성공한다. 아기는 줄 끝에 매달린 공을 때리는 활동을 할 것이다. 정확한 동작을 완전하게 습득할 때까지 계속 할 것이다. 기회가 주어진다면 아기는 인내하는 법을 배울 것이다.

아기는 자신이 필요로 하는 바를 말한다. 아기는 '지금 달라고 해도 괜찮을까?'라고 생각하지 않는다. 울음소리로 기저귀를 갈아달라고, 배가 고프거나 피곤하다고 또는 가지고 놀던 것을 이제 더 이상 하고 싶지 않다고 표현한다. 잠시 아기들의 주의를 다른 곳으로 돌릴 수는 있겠지만 어쨌든 아기는 자신의 요구가 충족될 때까지 멈추지 않을 것이다. 아이가 가진 이런 단순 명쾌함은 매우 유용하다.

아기에게서는 좋은 냄새가 난다. 사실 아닌가? 금방 씻긴 아기 냄새보다 더 좋은 건 없지 않은가?

아기는 새로운 생명체다. 새로운 생명을 만들어 내는 것은 엄청난 경험이다. 한 연구에 의하면 우리의 뇌는 아기를 돌보게끔 배선 작업이 이루어져 있다. 그리고 우리는 스스로에게 이렇게 묻는다. "이렇게 작은데 어쩌면 이렇게 완벽하게 창조될 수 있을까?"

아기에 대해 우리가 알아야 할 것

예전에는 주변에 아기가 많았다. 대부분의 사람이 아기와 함께 성장했다. 우리는 부모, 조부모와 함께 살았고 사촌, 조카 등은 서로의 집을 구분하지 않고 오가며 지냈다. 이런 확대 가족 구조에서는 대개 큰 아이들이 어린 아기들을 돌봤다.

시모네는 막내로 태어났다. 베이비시터를 했던 시간을 제외하고 시모네가 많은 시간을 함께 보낸 최초의 아기는 그녀의 아들이었다. 시모네는 육아 관련 책을 읽고 산전 요가 수업을 들었지만, 아들을 돌볼 준비가 부족하다고 느꼈다. 시행착오의 시간이었다. 아이를 재우는 일은 쉽지 않았지만(아기를 흔들어 주고 노래해 주는 것을 반복하는 복잡한 순서를 거쳤다.) 다행히 수유는 원활했다. 시모네는 아기가 태어나고 얼마 지나지 않았을 때조차 어디든 가고자 하는 곳에 아기를 데려갈 수 있었던 점을 자랑스러워했다. 아기가 잘 때 음식을 만들었고, 깨어 있을 때는 계속해서 놀아 줬다. 아기가 울지 않기를 원했기 때문에 효과적인 수단이 없을 때는 또 수유를 했다.

그때를 되돌아보면 하지 않아도 될 일을 너무 많이 했다는 것을 이제는 안다. 시모네는 아들의 타고난 리듬을 관찰하는 법을 배우지 못했다. 그래서 아기는 스스로 탐험하며 어른이 내내 놀아 줄 필요가 없다는 것을 몰랐다. 시모네는 다음의 사항을 그때 알았다면 좋았을 거라고 말한다.

아기는 모든 것을 흡수한다. 아기는 몬테소리 박사가 흡수정신이라고 말한 것이 무엇인지 보여 준다. 아기는 자기 얼굴 앞에서 30센티미터 이상 떨어져 있는 것에는 집중하지 못할 수 있지만, 흡수할 수 있는 만큼 최대한 시각 정보를 받아들인다. 또한 아기는 주변의 냄새와 공간(어두운지/밝은지, 어수선한지/조용한지, 따뜻한지/차가운지)을 흡수하고 자기 몸을 만지는 느낌도 안다. 일상생활의 소리, 부모의 목소리,

음악 그리고 침묵의 순간까지 듣는다. 아기는 자기 손가락, 우유 등 자신의 입속으로 들어가는 것은 무엇이든 맛본다.

아기와 대화를 나눌 수 있다. 여기서 대화는 그저 단순히 아기에게 말을 건다는 의미가 아니다. 아기와 이야기를 하고 반응을 기다린다는 뜻이다. 심지어 갓 태어난 아기와도 대화를 할 수 있다. 대화가 반드시 말로 이루어져야 하는 것은 아니다. 아기를 팔뚝으로 안고 머리를 손으로 받치면 아기와 얼굴을 마주 볼 수 있다. 아기에게 혀를 쏙 내밀어 본다. 그리고 기다리면서 관찰하면 아기가 입을 열려고 애쓰는 것이 보인다. 아기의 혀가 나온다. 다시 우리도 혀를 내밀어 반응을 하면 아기도 똑같이 하려 한다. 이런 식으로 대화가 계속된다.

아기는 움직이고 탐험할 시간이 필요하다. 아기는 바닥에 깔린 매트에 누워서 몸 전체를 쭉 뻗을 시간이 필요하다. 갓 태어난 아기들을 매트에 눕혀 놓고 옆에 거울을 설치해 두면, 아기는 팔다리를 움직이며 주변 세상과 상호 소통하는 것이 어떤 것인지, 자신의 노력에 사물이 어떤 식으로 반응하는지 알게 된다. 이때 아기에게 도움을 주는 것은 최소로 줄이고, 필요할 때는 적절하게 도와준다.

아기는 부드럽게 다뤄야 하지만 연약하지만은 않다. 아기가 엄마의 자궁에서 바깥세상으로 나오는 이행기에는 세심해야 할 필요가 있다. 이때 부드럽고 조심스럽게 존중하는 마음을 가지고 아기를 다뤄야 한다. 하지만 아기를 꽁꽁 싸매고 과하다 싶을 정도로 애지중지할 필요는 없다. (집이 충분히 따뜻하다면) 아기의 손, 발을 덮거나 머리에 모자를 씌우지 않아도 된다. 그래야 아기가 자유롭게 움직일 수 있다. 생후 몇 주가 지나면 목과 머리도 더 튼튼해질 것이니 너무 오랫동안 받쳐 주지 않아도 된다.

아기는 그들이 처한 환경, 양육자 그리고 그들 자신과 신뢰를 쌓아 가는 중이다. 생후 9개월(외부 임신 기간이라고도 부른다.)동안 아기는 여전히 새로운 환경에 적응 중이다. 환경 그리고 자기 자신과의 관계에서 신뢰를 쌓고, 부모(그리고 다른 보조 양육자)에게 의지하는 법을 배운다.

태어난 첫해 아기는 의존적 상태에서 협력적, 이후 독립적 상태로 옮겨 간다. 태어날 때 아기는 쉴 곳과 먹을 것, 입을 것, 기저귀 등을 어른에게 의지하고 이곳에서 저곳으로 옮겨 가게 된다. (의존성) 우리는 아기가 자라면서 이 과정에 참여하게 한다. 옷을 입을 때 아이에게 손을 위로 들라고 말하고, 음식을 준비할 때 무엇을 하고 있는지 설명해 준다. 그리고 주변 사물을 만져 보고 탐색할 시간을 준다. (협력) 첫해가 끝나기 전, 아기는 독립성을 키우는 쪽으로 향하기 시작한다. 두 발로 걷는 것에서부터 직접 놀이감을 선택해 가지고 노는 것, 자신을 표현하기 위해 소리를 지르거나 신호를 보내는 것, 스스로 음식을 입에 넣고 먹는 것등을 통해 세상에서 자신의 위치에 자신감을 갖기 시작한다. (독립성)

아기는 안정적인 애착 관계 안에서 잘 자란다. 우리가 안전하고 굳건한 애착의 토대를 마련할 때, 아기는 탐험하기에 안전하다고 느끼고 시간이 지나면서 독립적으로 자란다. 아기는 우리에게 의존하고 우리를 신뢰하는 법을 배운다. 우리가 그들에게 반응하고 (필요할 때는) 돕거나 지원해 줄 거라고 믿는다. 애착 이론에서 "안정 애착secure attachment"은 아기 때 친밀감과 음식이 지속적으로 충족되어야 발생한다. 애착은 아기와 주 양육자 사이에 깊은 감정적 연결을 만드는데, 이 연대감은 시간이 지나도 지속된다.

아기는 자신이 필요한 것을 알리기 위해 운다. 아기가 우는 이유를 말할 수 있는 사람들이 있다. 가끔 울음소리가 다 똑같이 들리기도 할 것이다. 이때 우리는 탐정이 될 수 있다. 아기에게 "무슨 말을 하는 거야?"라고 묻고 아기를 관찰한다. 신경질적으로 반응하기보다 상황에 맞춰 적절히 대응한다. 아기를 울리지 않으려고 들어 올려 어르거나 흔들어 주지 않는다. 먼저 아기가 무슨 말을 하고 싶어 하는지 알아볼 필요가 있다.

아기는 많은 물건이 필요하지 않다. '적을수록 좋다less is more.'라는 원칙은 아기에게도 적용된다. 다정하게 안아 주는 팔, 몸을 뻗을 곳, 잠잘 곳, 적절한 영양 공급, 탐험할 수 있는 따뜻하고 편안한 집은 아기에게 필요한 것들이다. 우리는 몇 가지 몬테소리 활동을 제안할 것이지만 무엇인가를 사지 않고도 얼마든지 집에서 몬테소리 활동을 할 수 있다. 몬테소리는 학습 도구를 중요시하지 않는다. 그보다는 아기를 관찰하고, 있는 그대로 받아들이고, 그들이 필요한 것을 충족시켜 줄 방법을 생각하며 아기를 독립적으로 키우도록 지원해 주는 것에 중점을 둔다. 이는 아기가 유아기를 거쳐 아동 그리고 청소년이 될 때까지 지속될 것이다.

아기는 기준점에서 안정감을 얻는다. 주변 세상을 발견해 나가며 아기는 기준점을 찾을 것이다. 기준점points of reference이란 일상생활에서 아기가 적응하는 데 도움을 주는 것들을 말한다. 아기의 손, 우리 목소리, 아기가 누워서 자는 공간, 먹는 공간, 그리고 일상의 리듬(어떤 일을 매일 똑같이 하는 것)이 아기의 기준점이 될 수 있다. 이러한 예측 가능성이 아기를 안심시킨다.

아기는 우리가 모르는 많은 것을 안다. 아기 눈을 들여다보면 발견할 수 있는 수수께끼가 아주 많다는 것을 알게 된다. "나에 대해 알고 싶으면 나를 봐요."라고 말하고 있다. 관찰은 존중의 한 가지 방식이다. 우리는 아기를 관찰하고 반응하며 그들을 좀 더 잘 이해하는 법을 배운다.

아기가 진정 우리에게 말하는 것

기저귀를 갈기 위해 뒤에서 갑자기 들어 올리기보다는 (또는 기저귀에서 냄새가 난다는 말을 하기 전에)
아기는 우리를 보기 원하고, 들어 올려도 될지 물어봐 주기를 원한다. 그리고 반응할 시간을 갖고 싶어 한다.

울 때 주의를 다른 데로 돌리기보다는
아기는 우리가 하던 일을 멈추고, 그들을 관찰하고, 무엇이 필요한지 묻고, 그다음에 대응하기를 바란다.

너무 많은 자극을 받기보다는
아기는 하나 또는 두 가지와 상호 작용하기를 바란다.

준비되기 전에 서거나 앉는 자세를 취하게 만들기보다는
아기는 그만의 특별한 발달 과정을 우리가 따라 주고, 그것을 스스로 터득할 수 있게 두기를 원한다.

영상 앞에 앉아 있기보다는
아기는 진짜 세상과 상호 소통하기를 바란다.

이해하지 못한다고 생각하기보다는
아기는 무슨 일이 일어나고 있는지 우리가 말해 주고, 존중하는 태도로 그들을 다뤄 주기를 바란다.

아기가 하는 말은 말이 안 된다고 생각하기보다는
아기는 우리와 연결되어 대화를 주고받기를 원한다.

최신 장난감보다는
아기는 간결하지만 아름답고 호기심을 유발하는 공간을 탐험하기를 원한다.

누군가 만지고 뽀뽀하기 전에
아기는 먼저 물어봐 주기를 바란다.

놀고 있을 때 어른이 중간에 끼어들기보다는
아기는 집중하고 있는 일이 끝날 때까지 기다려 주기를 바란다.

먹기, 목욕하기, 기저귀 갈기를 할 때 서두르기보다는
아기는 이런 활동이 우리와 연결되는 순간이 되기를 바란다.

바쁜 하루의 일과를 서둘러 처리하기보다는
아기는 우리가 부드럽고 조심스럽게 그리고 천천히 다루기를 원한다.

이 책을
활용하는 방법

이 책에는 부모들이 몬테소리 방식으로 아기를 키울 때 궁금해하는 여러 가지 질문의 답이 담겨 있다. 처음부터 끝까지 순서대로 읽어도 좋고, 영감을 얻기 위해 무작위로 아무 곳이나 펼쳐서 읽어도 좋다.

이 책은 우리가 아기에 대해 알아야 할 것, 아기가 안전하고 환영받는다는 느낌을 받도록 집을 준비하는 법(그다지 많은 것이 필요하지 않다.), 아기가 지금 연습하고 있는 것을 관찰하는 법, 아기의 발달을 지원해 주는 법을 다룬다. 먹기와 잠자기(그리고 몬테소리의 바닥 침대Floor bed)에 대한 모든 실제적인 질문을 다루고, 존중을 기반으로 아기와 연결되는 모든 방법에 대해 알아본다.

몬테소리 방식으로 양육하기 위해 어른 스스로 준비할 수 있는 일들(어른 입장에서 아이가 어떤 사람이 될지 바라는 욕구를 버리는 것 등)을 다룬 부분을 간과하지 않기 바란다. 또한 아기를 양육하는데 매우 중요한 사람들(조부모, 보조 양육자 그리고 파트너와 배우자)과 어떤 식으로 함께 할지 생각해 보라. 당신 혼자 힘들어하지 않게 될 것이다. 그리고 아기가 자라서 유아가 되는 과정, 아이가 태어나서 스물네 살이 될 때까지의 과정을 관찰한 몬테소리 박사의 통찰에 대해서도 소개할 것이다.

쉽게 참고하고 관찰 연습을 할 수 있도록 이 책 전반에 간단한 체크리스트가 있으며, 각 장이 끝날 때마다 실용적인 제안을 덧붙였다. 부록에는 월령별 활동 목록과 자주 참고할 수 있는 월 단위 가이드가 있다.(몬테소리 모빌을 만들거나 활동을 해볼 수 있도록 몇 가지 DIY 도구를 제공한다. 출판사 홈페이지 몬테소리 섹션에서 자료를 내려받으면 된다.) 그리고 9장의 284쪽은 우리가 이 책에서 가장 좋아하는 부분인데, 아기가 자신을 돌봐 주는 조부모, 친구, 보조 양육자에게 보내는 편지가 실려 있다. 이 편지를 복사해서 잘 보이는 곳에 붙여 두는 것도 좋다.

이 책의 원칙은 국제 몬테소리 협회의 훈련과 아이들을 길러 낸 우리의 경험, 여러 가족과 협력해서 얻은 경험에 근거한다. 모든 것은 몬테소리 박사가 쓴 유아 관련 논문의 내용 그리고 제자인 아델레 코스타 뇨키Adele Costa Gnocchi와 그라치아 오네게르 프레스코Grazia Honegger Fresco(2020년 9월 사망했다. - 옮긴이)와의 협력을 통해 이루어졌다. 이 두 제자는 영유아를 위한 몬테소리의 전망과 미래를 발전시키는 데 크게 기여했다. 코스타 뇨키는 유아 훈련을 지원하는 자료를 만들었고 로마에 몬테소리 출산 센터를 설립하는 데 힘썼다. 실바나 몬타나로Silvana Montanaro 박사도 이 작업을 함께 했다. 또한 우리는 RIE 접근 방식과 존중 기반 양육 원칙을 적용한다.

우리는 태내에 있는 아기, 갓 태어난 아기, 구르거나 앉거나 기어 다니거나 처음으로 걸음마를 시작하는 아기들을 위해 이 책을 썼다. 아기들은 특별한 영혼의 소유자다. 아기들은 안전하고 존중받으며, 사랑받는다고 느낄 수 있도록 우리의 보호를 바라면서 우리에게로 온다. 모든 것을 우리에게 의존하다가 이후 어른과 협력하고 소통할 수 있는 아기가 된다. 그래서 생후 첫해가 끝나갈 무렵에는 세상을 좀 더 탐험할 준비가 된, 더욱 독립적이고 호기심 많은 아이가 되어 간다. 그렇게 되도록 우리는 아기를 돕는다.

우리는 아기에게 "너는 능력 있고 존중받는단다. 우리는 너를 위한 선물이 되고 싶어. 너를 이해하고 네가 필요한 것을 알려고 노력할 거야. 그리고 인내심을 가지고 최선을 다할 거야."라는 메시지를 줄 수 있다. 우리는 사랑과 존중으로 아기를 다루는 법을 배우고 아기가 자신과 (우리를 포함한) 주변 환경에 대한 신뢰를 쌓아 가도록 지원해 줄 수 있다.

모든 아기는 특별하다. 똑같은 방식으로 걷는 아기가 없고, 똑같은 모습으로 잠들지도 않으며, 다른 아기와 똑같은 시간에 먹지도 않는다. 이 책을 통해 여러분이 자라나는 아기를 관찰하는 즐거움을 알게 되길 바란다. 매일, 매시간, 매 순간 가장 조그마한 방법으로 발전하고 변하는 아기들을 관찰하라. 부디 아기를 돌보며 느낀 그 기쁨과 경이로움을 결코 잊지 않기를 바란다.

이제 몬테소리 아기에 대해 좀 더 알아보자.

아기를 위한
몬테소리 원칙

2

아기를 위한
몬테소리 교육이라고?

당신은 아마 몬테소리를 처음 접했을 수 있다. 또는 알고 있었지만 이 원칙을 가정에서 혹은 아기에게도 적용할 수 있다는 사실을 몰랐을 수 있다. 아니면 몬테소리와 아기에 대해 이미 잘 알고 있을 수도 있다. 이번 장에서는 몬테소리 교육과 이를 아기에게 적용시키는 방법에 대한 개요를 소개하겠다. 따라서 처음 접하는 이들에게는 소개의 장이, 이미 익숙한 사람들에게는 기억을 상기시키는 시간이 될 것이다.

몬테소리 교육은 교실에서만 할 수 있는 것이 아니다. 교사가 아이를 가르친다는 전통적인 개념에 국한되지도 않는다. 몬테소리 교육은 우리가 아이와 함께하는 모든 것 그리고 아이가 처음부터 경험하는 모든 것과 관련이 있다.

몬테소리 철학은 아이가 저마다 가진 잠재력을 최고치로 자연스럽게 개발하도록 지원하는 것이다. 몬테소리는 교육을 이 과정을 돕는 도구로 보며 이런 학습이 출생 때부터 시작될 수 있다고 믿는다. 즉 아기에게도 적용될 수 있다는 의미다.

"최초의 교육은 탄생 직후에 이루어진다. 태어난 순간부터 아기의 감각은 자연으로부터 어떤 인상을 받기 시작한다. 자연이 그들을 교육한다. 아이가 성숙할 때까지 인내심을 갖고 기다리려면 엄청난 힘이 필요하다."

- 요한 하인리히 페스탈로치

간략한 몬테소리 역사

마리아 몬테소리는 이탈리아 출신의 의사이자 과학자이며 인류학에도 정통했다. 몬테소리 교육은 학습 장애가 있는 아이들을 보살핀 데서 시작되었다. 몬테소리 박사는 아이에겐 신체뿐 아니라 마음에도 영양분이 필요하다고 믿었다. 아이들에게 좀 더 자극이 필요하다고 생각한 몬테소리 박사는 프랑스의 의사인 장 마르크 가스파르 이타르Jean-Marc-Gaspard Itard와 에두아르 세갱Edouard Seguin이 개발한 기술과 자료를 추가했다. 몬테소리 박사는 한동안 아이들을 대상으로 교육을 한 후 국가 시험을 치르게 했는데 그 결과가 놀라웠다. 예상을 뛰어넘어 아이들이 우수한 성적을 거둔 것이다. 몬테소리 박사는 자신이 새롭게 발견한 방법이 다른 아이들에게도 효과가 있을지 궁금해지기 시작했다.

마침 산 로렌조의 주택 개발 프로젝트를 실행하는 사람들이 몬테소리 박사에게 학교를 만들어 달라는 요청을 했고, 몬테소리 박사는 이를 이용해 학습 장애가 없는 아이들에게 자신의 아이디어를 시험해 볼 수 있었다. 이곳이 아이들의 집이라는 의미의 카사 데이 밤비니Casa dei Bambini다.

몬테소리 박사는 실험하는 과학자처럼 카사 데이 밤비니에 있는 아이들을 관찰했다. 그리고 관찰한 결과에 근거해 아이디어를 수정했는데 자신이 발견한 사실에 놀랐다. 그녀는 아이들에 대한 오해가 많았다는 점 그리고 올바른 환경이 주어진다면 이전에는 불가능하다고 여겨졌던 방식으로도 아이들이 잘 자라고 성장한다는 것을 알게 되었다. 아이들은 친절하고 이기적이지도 않았으며, 신중하고 또 재능이 있었다. 무엇보다 배울 것이 풍부한 환경에서 스스로 학습할 수 있었다. 세계 각 곳에서 많은 사람이 산 로렌조 어린이집을 방문해 몬테소리 프로그램을 연구하고 훈련을 받았다. 그리고 돌아가서 프로그램을 만들고 학교를 열기 시작했다.

아기와 함께 방문하는 젊은 엄마들이 몬테소리 훈련 코스를 수강하는 경우가 많았다. 몬테소리 박사는 이 아기들을 관찰했는데, 아기들은 대부분의 사람이 생각하는 것보다 더 의식이 있고 무엇인가를 할 수 있는 능력이 있다는 것을 알 수 있었다. 이에 관심을 가진 박사는 계속해서 이 아기들을 관찰하며 자신의 아이디어를 발전시켰다. 이후 임산부 클리닉 직원과 협업을 했고 로마에 출산 센터, 유아 학교를 열었다. (0~3세 디플로마 코스인) 영유아를 위한 조력자Assistants to Infancy 훈련 프로그램을 시작했다. 그는 교육은 출생하는 순간 시작되어야 한다고 믿게 되었다.

몬테소리란 무엇인가?

　몬테소리는 전통적인 하향식 교육과 다르다. 전통 교육에서는 교사가 아이들 앞에 서서 아이들이 배워야 할 것을 가르친다. 하지만 몬테소리는 모든 아이(그리고 아기)를 저마다의 방식으로 학습하고 흥미를 느끼는 것이 다르며 자기만의 시간표를 가지고 있는 특별한 존재로 본다.

　몬테소리 교육자는 교실에 풍부한 학습 환경을 조성한다. 아이는 하고 싶은 활동(자기 혼자 또는 그룹 내 다른 아이와 함께)을 고를 자유가 있고, 교사는 누가 도움이 필요하고 또 누가 새로운 활동이 필요한지 살핀다. 아이들의 연령대가 섞여 있을 경우 큰 아이들이 어린아이들의 모델이 되고 어린아이들을 도와줄 수 있다. 이런 경험을 통해 큰 아이들은 자신의 학습을 강화한다. 그리고 어린아이들은 자신보다 큰 아이들을 관찰하며 많은 것을 자연스럽게 습득한다.

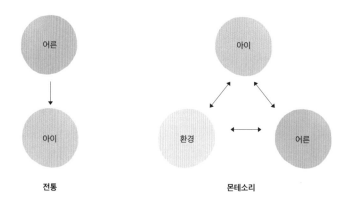

　처음 몬테소리 교실을 관찰하면 아이에게 무엇을 하라고 지시하는 사람이 없다는 것을 알게 된다. 대신 아이들이 스스로 동기 부여를 받아 새로운 기술을 습득하고 지식을 얻는 모습을 보게 된다. 그리고 이런 상황을 직접 보면서도 믿기 어렵다고 느낄 것이다.

　각 가정에서도 몬테소리 교실과 유사하게 아기에게 맞는 흥미로운 물건으로 아름다운 공간을 마련하고 아기가 탐험할 수 있는 활동을 준비할 수 있다. 우리는 아기가 도움을 원할 때를 관찰할 수 있고 아기 스스로 발견하게 할 수 있다.

몇 가지 중요한 몬테소리 원칙

몬테소리 철학은 몇 가지 기본 원칙에 근거하는데 아이의 천성, 성격 그리고 요구를 이해하는 것이 포함된다. 몬테소리 방식을 아기에게 적용할 때 핵심은 이런 원칙을 이해하는 것이다.

1. 흡수정신

흡수정신은 아이가 태어나서 여섯 살이 될 때까지 나타나는 특별한 정신 상태다. 흡수정신으로 아이는 자신이 접하는 즉각적 환경의 특성과 문화적 요소를 쉽게 이해하고 배운다. 아이들은 이 과정을 의식하거나 힘들이지 않고 해낸다.

아이는 주변 환경을 보고 들으며 흡수한다. 그리고 어느 날 전혀 어렵지 않게 자신이 흡수한 것을 똑같이 한다. 아이가 일상생활에서 언어를 쉽게 배울 수 있는 것도 흡수정신 덕분에 가능하다. 아이가 함께 시간을 보낸 사람들의 제스처를 똑같이 따라 하거나 춤을 추는 사람들 사이에서 쉽게 춤을 배우는 것도 흡수정신 덕분이다. 아이들은 삶의 모든 형태를(언어 같은 유형의 것 또는 태도 같이 비유형적인 것) 흡수한다.

초등학교에서는 보통 식용 색소를 탄 물을 담은 컵에 꽃이나 샐러리 줄기를 넣는 실험을 한다. 아이들은 잎과 꽃잎의 색깔이 점점 변하는 것을 관찰하는데 이것이 바로 흡수정신이 작동하는 원리다. 흡수정신은 환경의 특징을 흡수하는데, 이 특징은 아이들에게서 떼어 놓을 수 없는 부분이다.

흡수정신은 놀라운 도구다. 하지만 다른 대부분의 도구처럼 어떻게 사용하느냐에 따라 이점이 달라진다. 무거운 책임감인 동시에 엄청난 기회인 것이다.

> "아이는 그에 관해 끊임없이 이야기하는 삶을 흡수하고 그 삶과 함께하는 이가 된다."
>
> -마리아 몬테소리, 『흡수하는 정신』

이런 점을 알고 있다면 부모로서 놀라운 선물을 받은 것이라 할 수 있다. 우리는 아이가 받아들이기 원하는 행동과 태도의 모델이 될 수 있다. 아이에게 자연의 아름다움을 보여 주고, 풍부한 언어로 아이에게 말을 걸고, 풍성한 경험을 줄 수 있다. 태어나는 순간부터 아이는 그 모든 것을 흡수하고 있다. 이는 아이에게 지워지지 않는 한 부분이 된다는 것을 알아야 한다.

2. 인간의 경향성

인간은 천성이나 어떤 경향성을 갖고 태어난다. 이런 인간의 경향성Human tendencies이 우리의 행동, 인지, 경험에 대한 반응을 이끌어 낸다. 아기의 행동을 주도하는 것(그들의 표준적인 인간 경향성)이 무엇인지 이해하면, 우리는 아기가 필요로 하는 것을 더 잘 인식하고 해석할 수 있으며 그에 맞춰 적절하게 대응할 수 있다. 유아기에 확실하게 나타나는 인간의 경향성 몇 가지를 살펴보자.

방향성

방향성은 우리가 있는 곳을 알고 주변 환경에 익숙해지며, 주변에서 무슨 일이 일어나고 있는지 알고 싶어 하는 욕구. 성인으로서 새로운 장소에 가면 우리는 종종 익숙한 지형지물을 보고 방향을 잡고 위치를 파악하려 한다. 또는 그곳에 이미 익숙해 우리를 안내해 줄 수 있는 사람을 찾으려 한다. 아기에게도 이런 경향성이 있다. 아기도 주변에 익숙해지길 바라고 무슨 일이 일어나는지 알고 싶어 한다. 그러므로 아기에게 익숙한 표지물이나 관련된 물건을 줘서 아기를 도울 수 있다.

갓 태어난 아기에게 지구는 "기준점"이 없는 완전히 새로운 환경이다. 그런데 엄마의 목소리와 심장 박동 소리(두 가지 모두 아기가 엄마 자궁에 있을 때 들었던 소리다.)는 익숙한 표지물 내지는 기준점이 되어 아기가 새로운 환경에 적응하는 데 도움을 준다. 아기의 손도 또 다른 익숙한 표지물이다. 아기는 태내에서 손으로 자기 얼굴을 만지고 팔다리를 움직였다. 그러므로 아기는 이런 익숙한 것들에서 편안함을 느낄 수 있다. 종종 아기 손에 장갑을 끼우고 옷을 입히거나 몸을 모두 감싸는데, 그렇게 하면 손을 쓸 수 없거나 자유로운 움직임에 방해가 될 수 있다. 나도 모르는 사이에 아기가 원하는 것을 빼앗는 셈이 된다.

모빌, 아기의 방에 있는 그림이나 가구, 각기 다른 활동을 위해 지정된 공간은 모두 아기에게 기준점이 된다. 아기는 자라면서 계속해서 새로운 기준점을 더할 것이다. 양육자의 존재와 목소리는 유아기 내내 아이가 참고할 수 있는 기준점 역할을 할 것이다.

질서

인간으로서 우리는 일관성을 원한다. 아기도 마찬가지다. 질서와 일관성은 아기 스스로 방향을 잡도록 도움을 주고 안전하다고 느끼게 해 준다. 아기의 환경에서는 모든 것을 할 수 있는 공간이 필요하고 사물이 적재적소에 있어야 한다. 아기의 일과와 활동은 예측 가능해야 한다.

우리는 질서 있는 환경을 만들어야 한다. 그리고 아기가 어디에 있고 어떤 일이 발생할지 예상하는 데 도움이 되는 (특별한) 신호와 일과를 만들어 아기들을 도울 수 있다. 수유하는 곳, 잠자는 곳, 몸을 보살피고 돌봄을 받을 곳, 움직이고 놀 곳처럼 모든 것을 할 수 있는 장소를 만든다. 나아가 어떤 특정 물건을 두는 고정 장소를 정할 수도 있다.

소통

소통은 우리의 감정, 경험, 생각 그리고 욕구를 나누는 방식을 말한다. 인간은 태어날 때부터 소통을 할 수 있다. 아기들은 제스처, 몸짓 언어, 울음소리(아기는 울어서 자신이 필요로 하는 것을 우리에게 알린다.), 옹알이 그리고 나중에는 말로 소통한다. 같은 방식으로 아기들은 집중하고, 흡수하고, 천천히 우리가 그들과 소통한다는 것을 이해하기 시작한다. 시작부터 우리는 양방향 소통을 하도록 설계되어 있다.

그러므로 우리는 아기와 이야기를 하고, 미소를 짓고, 적절한 제스처와 몸짓 언어를 통해 소통할 수 있다. 우리가 아기를 만지는 방식도 소통이자 그들에게 보내는 메시지의 한 형태다. 또한 아기가 우리와 소통하려는 것에 집중하고, 듣고, 이해하려 노력해 보자. 그렇게 하면서 아기가 필요로 하는 것을 채워 줄 수 있다.

탐험과 활동

인간은 탐험가다. 우리는 환경을 이해하고 터득하기 위해 환경과 상호 소통한다. 아기는 사물을 보고, 맛보고, 냄새 맡고, 만지고, 그 주변을 돌아다니고, 치고, 던지는 식으로 탐색한다. 아기는 이런 식으로 상황을 이해한다. 아기에게 탐험할 기회를 주자. 아기에게 탐험할 것과 탐험할 시간을 주고, 탐험하기에 적합하고 안전한 환경을 만들어 주자.

문제 해결

우리 인간은 수학적 정신을 이용해서 문제를 해결한다. 종종 생각치도 않게 우리는 아기가 수학적 정신을 이용해 문제를 해결하려는 기회를 빼앗는다. 아기가 어떻게 문제를 해결하는지 궁금할 것이다. 예를 들면, 놀이감을 손에 들고 있기보다는 잡으려고 손을 뻗은 것처럼 간단한 일일 수 있다. 엄마의 젖꼭지나 젖병 꼭지를 아기 입에 넣어 주지 않아도 아기 스스로 후각과 시각을 이용해 찾을 수 있다. 공을 아기에게 굴려 주지 않아도 아기는 공을 잡기 위해 기어간다. 손이 몸 아래에 깔려 있을 때 손을 빼내는 법을 알아내기도 한다. 이런 것을 통해 아기는 거리감을 파악하고, 선택지를 고려하고, 문제를 해결한다. 바로 인간이 가진 수학적 정신의 경향성을 충족시키는 것이다. 우리는 아기가 자유롭게 놀고 탐험하게 해서 이런 경향성을 유지하도록 지원한다.

반복

앉고 서고 걷는 법을 배우는 아기를 보라. 아기는 물건을 짚고 일어서고, 앉거나 무릎을 꿇고, 그러다가 등을 펴고 똑바로 선다. 방해받지 않으면 아기는 이를 반복한다. 반복은 우리가 어떤 기술을 완전하게 습득하도록 하는 인간의 경향성이다. 어떤 행동을 반복하고 있는 아기를 보면 대개 우리는 아기가 노력하고 있다고 보기보다 도움이 필요하거나 지루해한다고 생각한다. 하지만 아기에게 반복할 기회와 시간을 줘야 한다.

추상적 이미지와 상상

추상적 개념은 구체적인 것 이상을 보고 해석해 일반화할 수 있는 능력이다. 물리적으로 존재하지 않는 아이디어나 개념 또는 사물을 마음속에 그려 내는 것을 말한다. 아주 어릴 때부터 우리 인간은 눈앞에 없는 것을 보고 우리의 필요를 채우는 해결책을 상상해 낼 수 있다. 아기는 부모가 자리를 비운 상황에서도 엄마나 아빠가 있다는 것을 배운다. 또한 눈앞에 존재하지 않는 것을 찾는다.

이렇게 상상하는 능력과 욕구는 우리가 문제를 해결하고 욕구를 충족시키는 데 도움을 준다. 어떤 것을 상상하고 추상화하려면 지식이 있어야 하고 현실을 이해할 수 있어야 한다.

아기는 컵이 무엇이며 어디에 쓰이는지 이해할 수 있다. 이전에 컵을 사용했거나 다른 사람이 사용하는 것을 본 적이 있기 때문이다. 컵을 사용해 본 적이 있는 7개월 된 아기는 컵처럼 생긴 다른 물건을 보면 아마 들고 마시려 할 것이다. 아주 초기부터 우리는 아기가 리모컨 전화기로 알고 만지작거리며 사용하는 모습을 보게 될 것이다.

아기는 성장하면서 이런 경향성이 더욱 강해지고 두드러지는데, 이는 출생 때부터 있는 경향성이다. 그러므로 아기에게는 여러 가지를 직접 경험하는 것이 필요하다. 상상하고 이끌어내는 능력은 직접 해 보는 경험을 바탕으로 만들어지기 때문이다.

3. 민감기

민감기는 아기가 어떤 사물에 대해 저항할 수 없을 정도로 강하게 끌리거나 아주 강한 관심을 발달시키는 때다. 민감기는 어떤 행동이나 기술 또는 삶의 특정 측면으로 나타날 수 있다. 아기가 어떤 특정 영역에 강한 관심을 반복적으로 보이면, 우리는 아기가 민감기에 접어들었다는 것을 알 수 있다. 민감기는 주변 환경의 어떤 특정 측면에 아기가 정신을 집중해 흡수하는 것이 강조되는 시기다.

구르기, 기어 다니기, 걷기 같은 움직임의 민감기가 있다. 언어의 민감기, 고형식 먹기, 작은 물건에 대한 민감기도 있다. 이런 기간을 통해 아기는 새로운 기술을 익히고 더욱 독립적으로 자라난다. 유아기의 민감기에는 다음과 같은 것들이 있다.

질서

아기는 질서의 민감기를 갖는다. 아기는 보이는 방식이든 보이지 않는 방식이든 간에 질서를 잡고 싶어 하는 듯하다. 가령 침대에서 항상 왼쪽에 눕힌 아기를 오른쪽에 눕히면 이에 부정적으로 반응하는 것을 발견할 수 있다. 모든 것이 제자리에 있는 정돈된 환경을 아기에게 제공하여 그들을 도울 수 있다. 아기를 돌볼 때 하는 일들은 가능하면 항상 일관되게 실천하는 것이 좋다. 아기가 환경에 적응하도록 도울 때처럼(32쪽 참고) 아기가 질서를 흡수하는 데 도움이 되는 표지물이나 기준점을 준다. 소리나 노래 같은 청각, 아기에게 잠자리에 들 시간이나 밥 먹을 시간을 알려 주는 특정 냄새 같은 후각 신호를 기준점으로 이용할 수 있다.

움직임

움직임의 민감기는 아이가 태어날 때부터 시작된다. 생애 첫해부터 아기는 움직임의 여러 단계를 통과하고 터득한다. 아기는 손을 뻗고, 움켜잡고, 구르고, 기어다니고, 앉고, 서고, 걷는 법을 발달 과정 사이에 수많은 단계와 더불어 배운다. 이런 움직임의 단계들을 발달시키려면 많은 연습이 필요하다. 우리는 자유롭게 움직일 수 있는 안전한 환경을 준비하고, 활동할 수 있는 기회를 제공해 아기가 이 기간에 능력을 극대화 할 수 있도록 돕는다.

언어

언어도 태어날 때부터 있는 민감기다. 언어는 소통하려는 인간의 경향성과 관련이 있다. 소통하려는 욕구 때문에 태어날 때부터 언어에 초점이 맞춰지고 그래서 아기는 소통에 필요한 능력을 습득할 수 있다. 어른이 태어난 지 3개월 된 아기에게 말을 거는 것을 관찰해 보면 아기가 소리에 집중하고 어른의 입술 움직임을 본다는 것을 알게 된다. 아기는 자신의 소리를 내고 언어를 만들어 내려 애쓴다. 이 작업의 대부분은 처음에는 보이지 않지만 분명히 일어나고 있다.

처음부터 아기에게 말을 걸고, 풍부하고 아름다운 언어를 구사함으로써 아기를 도울 수 있다. 문장을 지나치게 단순화하거나 있지도 않은 상상의 단어를 쓸 필요는 없다. 대신 가장 아름다운 단어를 사용하고, 아기가 접하게 될 물건이나 사물의 이름을 말하고, 주변에 무슨 일이 일어나고 있는지 아기에게 말해 준다. 그리고 아기가 소리를 이용하거나 옹알이로 소통할 때 주의 깊게 듣고 인지한다.

아기의 삶이 시작되는 순간부터 대화하는 습관을 들인다. 아침에 일어나 아기를 안아 올리며 "안녕, 우리 아가! 잘 잤어?"라고 말하고 아기의 반응을 기다려 보라. 아마 아기는 미소를 짓거나 슬쩍 몸을 움직일 것이다. 그러면 당신은 거기에 맞춰 "그래, 잘 잤구나. 오늘은 공원에 산책을 갈 거야. 먼저 기저귀부터 갈까? 그럼 준비하자. 몸을 들어 올려도 되지?"라며 반응한다.

고형식 먹기

단단한 음식에 대해 알고 몸에 대해 배우려는 것도 민감기에 해당한다. 아기가 음식에 관심을 보이기 시작하고 우리가 먹는 음식에 손을 뻗고, 말 그대로 침을 흘리는 때가 온다. 대개 아기가 이가 나기 시작할 때 이런 반응을 보이는데, 그러면 좀 더 단단한 음식을 접하고 알아보는 과정을 시작할 적기가 된 것이다.

이미지와 작은 물건에 동화

태어나서 3세까지 아이는 세세한 항목과 작은 물건에 관심을 갖는다. 아이는 이미지 보는 것을 좋아하는데 상당히 오랜 시간 동안 하나를 뚫어질 듯 처다본다. 이때 아기의 눈높이에 맞는 그림이나 사진을 놓아둔다. 아기를 안아서 움직이다가 아기가 무엇인가를 집중해서 처다보면 멈추고 관찰할 시간을 충분히 준다. 그러면 아기는 곧 흥미를 잃을 것이다. 천천히 걸으면서 아기가 볼 수 있게 하자. 자라면서 아기들은 디테일이 아주 풍성한 그림책을 보고 좋아할 것이다.

4. 관찰

아기의 정신, 필요와 욕구, 경향성과 민감기의 작동 방식에 대해 알았으므로, 우리는 관찰을 통해 이 지식을 육아에 활용할 수 있다. 아기를 관찰하면 이런 특성이 어떻게 작동하는지 아기의 내면에서 어떤 일이 진행되고 있는지를 어렴풋이나마 알게 될 것이다. 관찰은 몬테소리 방식을 아기에게 적용하는 작업의 핵심이다. 아기 개개인의 경향성을 알고 아기의 시간표에 맞춰 적절하게 대응하는 데 도움이 된다.

관찰을 통해 우리는 다음의 것들을 할 수 있다.
- **아기의 발달 과정을 이해하고 따른다.** 아기를 관찰하다 보면 아기의 능력에 미세하게 변화가 생기는 것을 감지할 수 있다. 이때 아기에게 적절한 도전이 되는 환경과 활동을 제공한다. 아기에게 인간으로서 경향성을 발달시킬 수 있는 조건이 제공되는지 우리는 알 수 있다. 아기가 자유롭게 탐험을 할 수 있는가? 반복할 기회를 얻고 있는가?
- **아기의 노력과 능력을 알아본다.** 아기가 환경과 상호 작용하는 방식을 살펴본다. 아기가 환경과 상호 작용할 때 감각을 어떤 식으로 이용하는가? 눈으로 관찰하는가? 맛을 보는가? 만져 보는가? 사용해 보는가? 바꿔 보려 하는가? 그런

행동이 의도적인가? 그렇다면 그 의도는 무엇일까?

- **민감기를 알아 둔다.** 지금 현재 아기가 무엇에 관심을 두며 어떤 활동을 하는가? 계속해서 반복하는 것이 무엇이며 집중하고 있는 것은 무엇인가?
- **아기의 발달에 방해가 되는 것을 알아내서 제거한다.** 아기가 움직이고 소통하고 활동하는 데 방해가 되는 것은 무엇인가? 독립성에 방해가 되는 것이 무엇인지 알아낸다.
- **언제, 어떤 식으로 도와줄지 알아 둔다.** 예를 들어 아기가 기어가려고 애쓰는데 옷이 움직임을 방해한다면 다른 옷을 입히거나 옷에서 발을 뺄 수 있게 도와준다.

주니파는 첫 아이를 키우며 관찰의 힘을 알게 됐다. 첫 아이는 태어나서 석 달 동안 주니파의 침대에서 보통 2시간에서 2시간 반 정도 낮잠을 잤다. 석 달이 되던 때에 주니파는 아이 방의 바닥 침대로 아기를 옮기기로 했다.(바닥 침대에 대해서는 82쪽에서 자세히 다루겠다.) 주니파는 아기가 잠들 때까지 안고 있다가 내려놓았다. 낮잠 시간에 아기가 자기 방에서 자도록 연습시키면 차차 밤에도 아기방에서 자게 할 수 있다고 생각했다. 그런데 아기방 바닥 침대에서 낮잠을 재웠더니 40분 만에 깼다. 보통 자는 2시간에 비해 자는 시간이 너무 짧았던 것이다. 주니파는 바닥 침대가 효과가 없다고 생각했고, 이것을 몬테소리 교육 선배인 필라 베월레이Pilar Bewley에게 문의했다. 필라는 주니파에게 아들을 관찰해서 무엇을 알아냈냐고 물었다. 그때 주니파는 자신이 아기를 전혀 관찰하지 않았음을 깨달았다.

주니파는 다음 날 자기 방에서 아기를 재운 후 관찰했다. 아기는 40분쯤 지난 후 깨서 머리를 들고 주변을 살펴보더니 다시 잠이 들었다. 그렇게 2시간이 약간 넘게 잠을 잤다. 그다음 날 이번에는 아기방에서 낮잠을 재웠다. 역시 아기는 약 40분 후 잠에서 깨어나 머리를 들고 주변을 살펴봤다. 이때 주니파는 아기 얼굴에서 변화를 읽었다. 아이는 자신이 어디에 있는지 모르겠다는 표정이었다. 방향과 위치를 잃은 것이다. 이내 아기는 울음을 터뜨렸고, 주니파는 아기를 안아 올렸다. 문제가 무엇인지 알아낸 것이다.

다음 이틀 동안 주니파는 아기가 낮잠을 자다 깼을 때 아이 방에서 좀 더 많은 시간을 보냈다. 이제 주니파는 아들이 낮잠을 40분 정도 자다가 깬다는 것을 알았다. 그래서 아기 가까이 있으면서 아기가 주변을 둘러볼 때 엄마(이때 엄마는 기준점의 역할을 한다.)를 보게 했다. 아기는 다시 잠이 들었다. 또한 주니파는 가족사진을 아기 침대 헤드에 붙여 놓고 아기가 볼 수 있게 했다. 아이는 낮잠을 자다 깨서 주변을 둘러보다 가족사진을 잠시 보고 다시 잠이 들었다. 며칠 후 주니파는 아기를 더 이상 살피지 않아도 됐다. 아이는 2시간 후 일어나서 소리를 냈다. 이렇게 관찰은 아기의 행동, 아기가 필요로 하는 것, 경향성 그리고 그에 대응하는 법을 이해하는 데 도움이 된다.

이리저리 이동하는 중에도 형식에 구애받지 않고 관찰한다. 아기와 시간을 보낼 때마다 진정 그들을 알고 이해하려는 마음으로 아기들을 관찰한다. 또한 아기들의 움직임, 소리, 집중하는 것, 먹고 잠자고 노는 법 그리고 사회적 상호 작용을 과학자가 연구하듯 규칙적으로 그리고 형식을 갖춰 관찰하고 기록한다.

관찰하면 아기를 더욱 깊이 이해하고 사랑할 수 있다. 그리고 그들의 능력을 존중하게 된다.

- 적극적으로 관찰할 때 가능하면 아기 눈에 띄지 않아야 우리가 없을 때 아기가 독립적으로 하는 행동을 볼 수 있다.
- 아기가 자기 손이나 발을 가지고 노는 것처럼 아주 간단한 것이라도 뭔가에 집중하고 있을 때는 방해하지 말아야 한다. 이건 아주 중요하다. 관찰하다 보면 아기의 놀라운 능력을 인식하게 되는데 그 순간 칭찬해 주고 싶은 충동이 인다. 하지만 관찰하는 것을 즐기며 아기가 집중하는 것을 방해하지 않아야 한다는 점을 반드시 기억하라.

우리가 관찰할 수 있는 것들

움직임
- 시각 또는 청각 자극에 대한 육체적 반응
- 반사적 또는 의도적 움직임

소근육 활동
- 물건을 어떻게 움켜쥐고 잡는지
- 어떤 손가락과 손을 사용하는지
- 딸랑이나 숟가락을 잡을 때
  어떻게 움켜잡는지
- 집게손가락을 사용하거나
  손가락을 손바닥에 놓고 누르는 등
  어떤 소근육 활동을 연습하고 있는지

대근육 활동
- 아기가 어떻게 서거나 앉는지
- 아기가 어떻게 걷는지
  - 다리 사이의 길이나 팔의 움직임
- 균형
- 아기가 대근육 운동을 선택하는지 여부
- 환경이 아기의 움직임을 돕는지
  아니면 방해하는지 여부

소통
- 아기가 소통하기 위해 내는 소리
- 미소 짓기
- 울기: 강도, 소리의 크기, 지속 시간
- 몸짓 언어
- 아기가 자신을 어떻게 표현하는지
- 대화하는 동안의 시선 맞춤
- 사용하는 언어
- 아기의 소통에 우리가 반응하는 법

인지 발달
- 아기가 흥미를 느끼는 것
- 아기가 연습하고 완전하게 터득하려는 것
- 아기가 완성할 수 있는 활동
- 아기가 활동을 지속하는 시간
- 활동을 반복하거나
  다른 방식으로 탐색하는 횟수

사회성 발달
- 타인(형제자매, 다른 아기나 아이들, 어른)과의
  상호 작용
- 타인을 관찰하는지 여부
- 도움을 요청하는 방식
- 상호 작용을 먼저 시작하는지
- 아기의 시도에 타인이 어떻게 반응하는지
- 아기가 모르는 사람들에 대해
  어떻게 반응하는지

정서적 발달

- 아기가 울고, 미소 짓고, 웃을 때
- 아기가 가장 편안해하는 방식,
  아기가 스스로를 가장 편안하게 만드는 법
- 아기가 낯선 이에게 반응하는 법
- 아기가 분리되는 순간을 다루는 법
- 상황이 뜻대로 돌아가지 않을 때
  아기가 그것을 다루는 법

수유

- 모유 또는 분유
  (수유하는 시간과 양을 포함해서)
- 무엇을, 얼마나 먹는지
- 수유 스케줄을 만드는(만들었던) 방식
- 수유를 하는 사람
- 아기를 수유에서 분리하는 법
- 아기가 수유에 적극적(스스로 먹는지)인지
  소극적(먹여 주는 대로)인지의 여부
- 자가 수유를 장려했는지
  또는 아기가 자가 수유를 배웠는지
- 고형식을 먹는다면 아기에게 어떤 음식을
  얼마나 자주 먹이는지
- 수유 시도, 소통 시도, 몸의 위치에 대한
  어른의 반응

잠자기

- 잠들기 또는 깨기 리듬
- 심야 스케줄
- 얼마나 빨리 잠드는지
- 수면의 질
- 잠잘 때의 자세
- 자고 일어날 때 변화: 자고 일어나는 시간,
  일어날 때 기질

독립성

- 엄마 그리고 다른 가족과의 공생 관계
- 독립성을 기르는 데 도움
  또는 방해 요소가 있는지

옷

- 옷이 아이의 움직임과 독립성을 돕는지
  아니면 방해하는지
- 아기가 스스로 옷을 입고 벗으려
  노력하는지
- 옷을 입힐 때 선호도를 표현하는지

자기 관찰

- 소통을 기록하기: 우리가 말하는 내용,
  아기와 소통하는 방식
- 아기를 관찰하며 우리가 얻는 아이디어
- 아기가 먹지 않거나 자지 않을 때
  우리가 대응하는 법
- 아기가 우리가 좋아하거나 좋아하지
  않는 것을 할 때 우리가 하는 말

5. 준비된 환경

몬테소리 박사는 학습을 위해 우리가 만든 공간을 "준비된 환경prepared environment" 이라고 불렀다. 아기가 필요로 하는 것을 관찰하면 우리는 발달을 위해 그들에게 필요한 것을 정확하게 준비할 수 있고, 아기가 성장하는 것에 맞춰 조정할 수 있다. 실내의 물리적 공간, 자연과 같은 야외 환경, 아기의 삶 속에 있는 사람들도 이런 환경이 될 수 있다. 아기들이 안전하다고 느끼며 마음 놓고 탐험할 수 있는 곳이 학습에 적합한 공간이다.

> "유아기는 의심할 여지없이 가장 풍요롭다. 이때 상상할 수 있는 가능한 모든 방법을 활용해 교육해야 한다. 인생에서 이 시기를 낭비하면 결코 보충할 수 없다. 유아기를 무시하지 말고 아기를 정성껏 보호하고 기르는 것이 우리의 의무다."
>
> -알렉시스 카렐, 몬테소리의 『흡수하는 정신』 내용을 인용해서

실천하기

- 아기가 흡수하게 될 것에 대해 우리는 충분히 생각하고 있는가?
- 아기가 전에 보거나 경험한 것을 다시 해 보려 시도하는 것을 본 적이 있는가?
- 아기가 적응하는 것을 돕기 위해 익숙한 기준점을 제공하고 있는가?
- 아기가 환경에서 세세한 부분을 흡수하도록 충분한 시간과 기회를 주고 있는가?
- 아기를 관찰함으로써 그들을 좀 더 잘 알고 이해할 시간을 갖고 있는가?
- 우리의 공간(준비된 환경)을 둘러보고 아기에게 무엇을 제공하고 있는지 생각해 본 적이 있는가?

잉태에서 생후 6주까지

3

다양한 형태의 가정이 이 책을 접하게 될 것이란 사실을 우리는 잘 알고 있다. 과거 몬테소리는 엄마를 주 보호자이자 양육자로 선정하는 상당히 전통적인 관점을 고수했다. 그러나 이런 전통적 개념은 오늘날의 다양한 가정을 반영하지 못한다. 누가 주 양육자 역할을 맡든 상관없이 그리고 동등한 파트너가 공동 육아를 한다면 어떤 가정에서든 몬테소리 방식으로 자녀를 키울 수 있다. 모유 수유를 하지 않기로 선택한 엄마, 모유 수유를 할 수 없는 엄마, 직접 임신해 아이를 낳지 않고 입양한 부모, 태어난 지 얼마 지나지 않은 아기를 입양한 부모, 아기가 태어난 지 얼마 되지 않아 일을 하러 나가야 하는 부모들도 마찬가지로 몬테소리 방식으로 양육할 수 있다. 이 책은 모두에게 몬테소리 원칙을 적용할 수 있는 도구를 제공하고, 각 가정의 상황에 맞는 방식으로 원칙을 적용할 수 있다고 약속한다.

현재 임신하고 있든 그렇지 않든 모든 새내기 부모들이 지금부터 다루는 것을 잘 읽어 볼 것을 권한다. 태내에 있는 아기와 생모의 경험에 도움이 되는 많은 것을 배우게 될 것이다.

잉태: 아기가 맞이할 첫 번째 환경 준비하기

엄마의 자궁은 아기에게는 최초의 준비된 환경이다. 잉태하기 전에 미리 우리는 아기를 환영할 물리적이고 정서적인 환경에 대해 많은 준비를 할 수 있다.

먼저 육체적 측면에서 우리 몸을 튼튼하게 가꾸길 바란다. 여성은 아기를 낳아 엄마가 될 몸을 만들고 돌보는 데 시간을 보내고, 남성은 건강한 정자를 생산하는 법을 아는 데 시간을 쓴다. 그리고 정서적으로도 아기를 환영하는 법을 알아 두기 바란다. (입양을 준비하는 부모, 자신이 직접 임신을 하지 않지만 부모가 될 사람들도 포함한다.)

아기가 사랑받고 환영받는다는 것을 알도록 사랑과 수용이라는 재료를 더한 정서적 환경을 준비한다. 계획하지 않았는데 아기가 생긴다면 이때 어른이 해야 할 일은 임신 기간 중 아기를 받아들이는 마음가짐을 갖는 것이다. 부모가 아기를 사랑하고 원한다는 것을 아기가 느끼도록 하는 것이다. 임신 기간 중 아기에게 "우리는 너를 정말 원해. 아주 많이 너를 사랑한단다."라고 말한다.

아기를 돌보고 키우는 것이 어떤 일인지 아는 것도 아기를 환영하는 환경 준비에 포함된다. 양육은 18년 이상을 거의 전일제로 일하는 힘든 작업이다. 동시에 아이와 아름답게 유대를 맺고 그들이 최고의 모습으로 성장하도록 도와주는 일이다. 양육에 대한 책을 읽어 보거나, 다른 사람의 가정에서 아기 돌보는 것을 보고 도우며 (가능하다면 꼬박 며칠을 보내며) 육아에 대해 배울 수 있다.

파트너가 있다면 임신 전에 그리고 임신 기간 중 우리 가족이 바라는 꿈과 희망에 대해, 가족이 추구하는 가치와 앞으로의 계획에 관한 대화를 나누기 시작한다. 누가 아기를 돌볼 것이고 어떻게 돌볼 것인가? 왜 우리는 아기를 이 세상에 데려오려 하는가?

우리가 예상하는 것을 면밀히 시험해 보고 변화에 대비해 (가능하면 최대한) 스스로 준비한다. 앞으로는 삶을 완전히 통제하는 데 익숙해질 것이다. (최소한 한동안은) 우리가 포기해야 할 것들을 고려해 봐야 한다. 아기가 온 후 다소 혼란스럽고 복잡해질 때 의지할 수 있는 내면의 평화를 위한 공간을 만들기 위해 노력해야 할 수도 있다.

천천히 하면서 내면을 바라본다. 아기를 가지려 노력하고 있다면 삶에서 공간을 만들어야 할 필요가 있다. 우리의 몸, 정신 그리고 가슴이 잉태할 준비가 되도록 천천히 함으로써 변화(약속을 줄이고, 일상에서 좀 더 공간을 찾고, 호흡이나 명상을 하고, 조용히 사색할 시간을 갖는다.)를 가질 것을 권한다.

임신: 아기의 첫 번째 환경

아기는 어떻게 그토록 완벽하게 성장할 수 있는 걸까? 세포들은 분열을 하는데 정확하게 자신이 무엇을 해야 하는지 알고 있다. 어떻게 그럴 수 있을까? 임신과 출산은 우리 몸이 해낼 수 있는 가장 복잡하면서 본래적으로 지적인 과정이다.

몬테소리 훈련 중 잉태와 임신을 다루는 과정에서 얻을 수 있는 지혜와 더불어 이 주제와 관련해 우리가 가장 좋아하는 자료는 파멜라 그린Pamela Green이 제공한 것이다. 그린은 30년 이상 몬테소리 교육가이자 출산 조언가(출산이 진행되는 동안 아기와 엄마를 안내하고 지원해 준다.), 조산사 보조로 활동했다. 여기에서 그린의 전문성과 지식을 나눌 것이다.

아기의 삶은 엄마의 자궁 속에서부터 펼쳐진다. 우리는 아기로부터, 그리고 아기에 대해 많은 것을 배울 수 있다. 임신 기간 중 아기에 대해 알기 위해, 부모가 되는 과정을 준비하기 위해 우리가 할 수 있는 열 가지를 살펴보자.

1. 아기가 이미 많은 것을 흡수한다는 것을 인정한다

아기는 발달하는 감각을 통해 자궁에서부터 이미 많은 것을 흡수하고 있다. 아기는 결코 수동적이지 않다. 그들은 첫 번째 환경을 받아들이고 있다. 48쪽에 나오는 도표는 아기의 발달 개요, "아기가 자궁에서 이미 흡수하고 있는 것"을 보여준다.

2. 아기와 연결되고 아기를 환영한다

아기가 자궁에 있을 때 이야기를 하고, 노래를 해 주고, 배를 쓸어 마사지를 해주면서 관계를 형성한다. 아기는 우리의 목소리와 움직임, 음악, 만지는 손길 그리고 우리 몸의 리듬 모두를 엄마의 자궁에서 나왔을 때 중요한 기준점으로 사용할 것이다. 이런 연결은 자궁 안을 안전하고 다정하며 수용적이고 정서적인 환경으로 만들어 아기가 환영받는다고 느끼게 만든다. 우리는 악기를 연주하고, 제일 좋아하는 음악을 틀고, 춤을 추고, 아기에게 책을 읽어 줄 수 있다. 그리고 어떤 식으로든 아기가 그에 반응하는 것을 알게 된다.

파트너가 있다면 배를 만지고, 마사지를 해 주고, 이야기를 하고, 노래를 불러주며 아기와 연결될 수 있다. 아기에게 형제자매나 다른 가족이 있다면 그들도 만지고, 이야기하고, 책을 읽어 주고, 농담을 하거나 노래를 불러 줘서 아기와 연결된다. 아기가 우리 목소리 울림에 다르게 반응하면 그것도 알 수 있다.

이미 자녀가 있다면 모두가 필요로 하는 바를 챙기고 돌보느라 바빠서 임신했다는 사실조차 잊을 수 있다. 낮에 아기의 반응을 듣고 집중하려면 다른 자녀들이 아기에게 관심을 갖도록 만든다. 그리고 좀 더 깊이 연결되는 순간을 가지려면 저녁에 따로 시간을 마련한다.

출산 전 요가는 일상에서 빠져 나와 내면을 들여다보고, 호흡을 천천히 하며 아기와 연결되는 데 도움이 될 수 있다. 출산이 가까워지면 온 가족이 함께 춤을 추며 아기를 환영하거나 가까운 친구들과 함께 곧 태어날 아기를 축하하는 조촐한 의식을 치를 수도 있다.

관심이 있는 사람은 마리 루이즈 아우처Marie-Louise Aucher의 작업을 이어가고 있는 태교 노래 그룹을 찾아보기 바란다. 태교를 위한 노래 부르기는 산모와 배우자 또는 파트너를 위한 활동이기도 하다. 우리 목소리와 울림을 통해 아기와 연결될 수 있다. 더불어 생리학적 이점도 많다. 노래하기는 진통(고대의 지혜는 목소리가 열리는 것과 자궁의 열림이 연결되어 있다고 본다.)을 견디는 데 도움이 될 수 있다. 또한 출산 후에도 아기와 연결되는 방법으로 노래를 계속할 수 있다.

3. 자궁에 있는 아기를 관찰하는 법을 배운다

우리는 아기가 첫 환경에서 느끼는 자극에 반응하는 것을 관찰할 수 있다. 예를 들어 손을 배에 대고 아기가 어떻게 움직이는지 느껴 본다. 배 속의 아기는 우리 손 쪽으로 움직이거나 활동을 늘려 손길에 반응할 수 있고, 우리는 그것을 느낄 수 있을 것이다. 가끔은 목소리가 나는 쪽으로부터 멀리 떨어지거나 배를 만져도 아기가 인식하지 못하기도 한다. 자궁 속에서 아기가 자고 깨는 리듬의 패턴을 알게 될 것이다.

일단 아기가 태어나면 아기를 관찰하고, 아기가 필요로 하는 것을 채워 주는 것이 우리의 일이 될 것이다. 지금 바로 그 과정을 시작한다. 마음을 열고 호기심을 갖는다. 우리가 관찰한 것을 일기에 기록해 놓는다.

4. 건강한 자궁 환경을 제공한다

아기가 태어난 후 세심하게 집 안 환경을 준비하려 노력하듯 아기가 자궁에 있을 때의 환경에 대해서도 생각해 본다. 아기를 품고 있는 우리는 충분한 영양을 섭취하고 휴식해 아기가 건강하게 잘 자라도록 하고 있는가? 건강을 최상의 상태로 유지하기 위해 노력하고 있는가? 식이요법, 운동, 휴식을 잘 취하고 있는가?

자궁에 있을 때부터
아기가 흡수하는 것들

촉각	• 5.5주면 태아는 입과 코 주변이 민감해진다. • 12주가 되면 몸 전체로 느낄 수 있다. (머리 맨 위와 뒤쪽은 예외다. 이 부위는 출생할 때까지 극히 민감해지지 않는다.)
전정 감각(균형과 동작 감각)	• 10주가 되면 아기는 자궁 내에서 내부 자극에 반응해 신체의 특정 부위를 움직인다.
후각	• 28주가 되면 태아는 엄마가 먹은 음식의 냄새를 맡을 수 있다.
미각	• 자궁 내에서 아기는 양수를 통해 맛을 경험한다.(미각) 21주 정도가 되면 우리가 먹은 것을 맛볼 수 있다고 보는 연구도 있다.
시각	• 32주부터 전기 자극electrical impulses이 아기의 시신경을 통과해 자궁 내에서 아기는 밝고 어두움을 느낄 수 있다. • 태어날 때 아기의 시각은 아주 원시적이다. 전방 30센티미터 정도까지 집중할 수 있는데, 이는 수유를 할 때 엄마와의 거리다. 그리고 아기는 아직 육안으로 움직임을 따라갈 수 없다.
청각	• 23주쯤이면 아기는 엄마의 몸 바깥에서 들리는 소리(목소리, 노랫소리, 음악 등)를 들을 수 있다. • 자궁 내 30주부터 태어나서 몇 달 뒤까지 소음이 계속 되면 청각 세포가 손상될 수 있다.

임신을 하면 아기는 우리의 감정까지도 흡수할 것이다. 좋은 감정, 나쁜 감정 모두 다 흡수한다. 감정 변화가 심할 때를 항상 다 미연에 방지할 수는 없다. 살다보면 이러 저런 일이 생긴다. 하지만 어른이 가능하면 안정적이고 예측 가능한 정서적 환경에 있어야 태내의 아기도 건강하게 잘 클 수 있다.

임신한 자신을 돌보는 일은 매우 중요하다. 그러니 돌봄을 부탁하자. 가끔 쉬어야 한다고 느껴지면 약속이나 사교 모임 등을 취소해도 괜찮다. 파트너나 친구 또는 접골사나 지압사, 조산사 같은 전문인의 도움과 돌봄을 받는다. 감정의 기복이 너무심하면 전문가에게 추가적인 도움을 요청한다. 의사나 심리학자 같은 전문가에게 의뢰해 출산 전후로 엄청난 변화를 겪게 되는 정신 건강을 돌볼 수 있도록 한다.

5. 자궁 밖으로 나온 아기가 맞이할 첫 번째 환경을 준비한다

임신을 하면 우리는 아기를 환영하는 의미에서 집에 공간을 마련한다. 아기를 위해 따뜻하고 간결하며 애정 어린 공간을 만든다. 아기를 낳으면 으레 갖춰야 한다고 하는 물건에 현혹되지 않도록 한다. 아기는 그다지 많은 것을 필요로 하지 않는다.

아기가 태어나기 전, 좀 더 시간이 있을 때 가능한 많은 것을 준비한다. 주니파는 출산 전에 옷가지와 그녀가 만들거나 사 둔 간단한 활동 도구를 월별로 상자에 분류해 뒀다. 출산 후 아기 때문에 바쁘고 피곤할 때 미리 상자를 준비해 둔 덕에 유용하게 잘 사용했다.

아기가 커가면서 그때그때 필요한 것이 있다. 예를 들면 부모를 위한 물품(출산 초기에 필요한 수유 패드 등), 성장 시기별로 필요한 활동과 도구, 사이즈가 다른 옷들 그리고 먹을 때(생후 6개월 정도에) 필요한 식기류나 이유 용품 등을 미리 준비해 둔다.

6. 양육하는 데 도움이 될 공동체와 인적 네트워크를 선택한다

우리를 지원하고 같은 육아 공동체에 속하길 원하는 이들과 함께한다. 아기를 맞이하게 될 가족들을 위한 수업을 여는 몬테소리 놀이 그룹과 학교들이 있다. 이런 곳에서 생각이 비슷한 가족들을 찾아 어울린다. 물론 모르는 사람이나 친구들

그리고 가족으로부터 청하지 않은 조언을 받게 될 가능성이 높다. 다만 우리 스스로 준비하고 있고, 우리의 선택을 확신할 때 주변 사람들의 조언에 부드럽게 대응할 수 있다는 점을 기억하자.

임신 기간은 아기의 출생을 위한 인적 네트워크를 형성할 시간이기도 하다. 누구와 함께 이 일을 하길 원하는가? 우리가 안전하다고 느끼며 지원해 줄 대상은 누구일까? 출산에 조산사를 섭외해 지원을 요청할 수 있다. 저소득 가정은 공익 차원에서 무료로 조산사 서비스를 제공 받을 수도 있다. 모유 수유 그룹 모임에 참석해 현재 아기에게 모유 수유를 하고 있는 여성들로부터 조언을 얻을 수 있고, 출산 후 지원이 필요할 때 전문가를 수소문할 연락처를 얻거나 네트워크를 형성할 수도 있다.

아기가 태어난 후 요리와 세탁, 청소 등을 도와줄 사람이 누가 있을까? 일이 닥쳤을 때 해결하려면 버거운 기분에 압도될 수 있고, 출산 후 너무 힘들고 피곤한 상태에서 챙기는 것은 매우 힘드니 출산 전에 미리 준비해 놓는 것이 좋다.

7. 출산 시 선택할 수 있는 옵션을 알아본다

임신 기간 동안 출산할 때의 선택지를 생각해 본다. 위치나 상황에 따라 선택지가 다를 수 있지만 아무튼 우리에게는 선택할 수 있는 옵션이 있다는 것을 아는 게 중요하다. 찾아서 이용하는 것이다.

물리적으로 그리고 정서적으로 출산하고 싶은 환경을 살펴본다. 집, 출산 센터 또는 병원을 출산할 공간으로 고려한다. 이런 곳이 우리가 원하는 방식의 출산을 지원해 주는지 알아보라. 수중 분만용 대형 욕조에서 출산하길 원하는 사람이 있고, 요가 볼로 분만을 돕는 운동을 할 공간을 원하는 산모도 있을 수 있다. 집 같은 분위기의 공간을 만들 수 있는지, 움직일 공간이 있는지, 선택의 자유는 얼마만큼 허용되는지 확인한다. 정서적 환경은 우리가 도와줄 사람으로 누구를 선택하든지 간에 분만 과정에서 주변에 있는 사람들에 의해 만들어진다.

어떻게 분만을 할지는 개인의 선택이다. 비록 모든 결과를 관리할 수는 없지만 어디에서 그리고 누구와 함께 출산할지를 선택해 출산 환경을 만드는 권한이 우리에게 있다는 것을 알고 그것을 행사한다. 선택한 후에도 출산 과정을 다른 사람에게 모두 다 맡기거나 넘기지 않도록 한다. 우리는 여전히 적극적인 참여자로 출산 과정이 우리에게 중요하다는 것을 깨닫고 원하는 것을 찾아야 한다. 예를 들어 우리가 원하는 출산 방식을 선택하고, 전체 과정에서 선택할 수 있는 옵션을 확인한다. 우리가 원하는 것을 요청한다. 출산할 때 (우리 스스로 선택 사항을 요청할 수 없는 상황이라) 우리를 대변해 줄 사람이 필요한 경우, 우리가 선택하고 싶은 것이 무엇인지 그들이 알 수 있도록 미리 말해 줘야 할 필요도 있다.

8. 출산과 육아에 대한 우리의 이야기를 깊이 탐색할 시간을 갖는다

파멜라 그린은 출산 관련 강의에서 가족들이 출산과 육아에 대한 그들의 생각을 나누는 것에 관해 이야기한다. 많은 부분이 우리 가정이나 사회에서 전해 내려온 이야기일 것이다. 이중에는 두려움이나 불안에 대한 이야기가 있을 것이고, 수용에 대한 이야기도 나올 것이다. 이런 것을 조사하는 게 중요하다.

어머니의 경험을 배우는 의미에서 어머니와 이야기해 본다. 부모님이 안 계시다면 출산에 대해 우리가 익히 들어온 것을 탐색해서 알아본다. 또는 찰흙으로 만들기, 그림 그리기, 배 모형 석고 뜨기, 색칠하기 등의 예술 작업으로 우리 아이디어를 탐색할 수 있다. 만다라를 만들거나, 편지를 쓰거나, 양초를 켜 놓는 것도 좋다. 우리가 들었던 부정적인 이야기들을 다시 쓰고 내면화해 강하고 긍정적인 이야기로 바꾸는 선택지도 있다. 출산에 가까워질 때 우리가 편안한 상태면 아기도 편안함을 느낄 것이다.

이나 메이 개스킨의 『이나 메이의 출산 가이드Ina May's Guide to Childbirth』와 『영적 산파술Spiritual Midwifery』에는 긍정적인 출산 경험 사례가 아주 많다. 출산의 고통은 우리 아기를 이 세상으로 데려오는 고통이기에 "좋은 고통"이라 부를 유일한 것임을 이해하는 데 도움이 된다. 이런 출산 이야기를 듣고 읽다 보면 긍정적인 출산 경험이 얼마든지 가능하다는 것을 알게 된다.

9. 부모가 되는 준비를 한다

아기를 키우려면 에너지와 사랑이 있어야 한다. 매우 특별한 시간이니 가능하다면 호흡을 천천히 하면서 즐길 수 있어야 한다. 임신은 변화의 시기다. 부모로 전환

되는 시간이고 이미 자녀가 있다면 가족이 더욱 확장되는 것이다. "아기에 대한 모든 것"을 알아야 하는 것은 아니지만, 아기가 태내에서 자라고 있을 때 그리고 세상에 나와 우리 일상의 일부가 될 때 시간을 들여 아기를 알아 가야 한다. 생리적 변화에 대해서도 스스로 공부하고 교육을 받는다. 임신 기간과 출산 때 우리 자신과 아기에게 일어나는 변화를 이해하면, 부모가 되었을 때 아기 그리고 우리의 새로운 관계에 대한 그림을 잘 그릴 수 있다.

10. 출산을 위한 추가 준비를 한다

물리적, 육체적으로 출산을 준비할 수 있다. 최면 요법과 적극적 출산 등 선택지가 있다. 몬테소리 훈련은 자발적 호흡 훈련RAT. Respiratory Autogenic Training을 권장한다. 자발적 호흡 훈련은 분만 시 통증을 관리하는 특별한 호흡 조절 기법이다. 산모가 호흡과 이완을 연결하는 법을 배우고 임신 동안 연습해 자연스럽게 할 수 있게 된다. 자발적 호흡 훈련을 하면 출산 때 통증이 없다고 말하는 사람도 있다.

가능하면 아기가 오기 전에 다른 아이들과 아기를 위한 응급 훈련 강습을 받도록 한다. 소중한 정보를 얻을 수 있을 뿐 아니라 응급 상황에서도 침착함을 유지할 수 있다. 준비가 되었다고 느끼면 아기에게 안전함과 안정감을 줄 수 있다. 아기가 태어날 때보다는 임신 기간 중 연습할 시간이 더 많을 것이다.

나머지는 우리 스스로 한다. 과거로부터 회복되고, 아기와 연결되고, 무한한 사랑과 존중, 수용으로 아기를 환영할 준비를 한다. 우리는 세상의 모든 아기가 그런 환영을 받게 되길 희망한다.

출산

흔히 출산은 병원에서 이루어지는 고통스럽고 두려운 의학적 절차로 보이는 경우가 많다. 하지만 그것이 우리의 아기를 만나는 아름다운 연결 과정이라고 인식하면 출산을 기대하고 받아들일 수 있게 된다.

다음 일련의 제안은 우리가 원하는 출산을 하기 위한 여러 가지 선택 사항에 대한 것인데 현실화하기가 매우 어려울 수도 있다. 건강보험상의 제약, 보장 범위 부족, 높은 사후 정산 비용, 한정적인 출산 센터 접근, 가정에서의 출산 시 전문성의 부족 등 여러 가지 어려운 점이 있다. 하지만 가능할 때 우리가 원하는 방식으로 출산하기 위해 우리를 도와 줄 의사나 조산사를 찾아본다. 그렇게 하지 못하거나 그렇게 하기 불가능할 때도 우리는 최선을 다하고 있고, 건강한 아기를 낳는 것이 궁극의 목적이라는 점을 기억하면 된다.

물리적 환경은 분만 과정에서 중요한 역할을 한다. 안전하다고 느끼기 위해 엄마는 대개 사적이고, 친숙하고, 따뜻하며, 자신의 내면을 들여다볼 수 있는 곳을 원한다. 출산을 위해 구분된 신성한 공간을 만드는 것도 고려해 본다. 내면에 초점을 맞출 수 있도록 조명은 약간 어둡게 하고 조용한 공간에 부드러운 음악이 더해지면 좋겠다. 집에서 출산하지 않는 경우 출산 센터나 병원을 친숙한 공간으로 만들 수 있도록 물건을 몇 개 정도 가져온다. 요가 볼, 수중 분만용 대형 욕조 등은 분만에 도움이 될 수 있다. 출산 환경은 개인마다 다르겠지만 신뢰와 안전하다는 느낌을 받고, 선택과 움직임을 자유롭게 할 수 있는 곳이 좋다.

엄마와 아기는 함께 협력한다. 아기는 출산에 적극적으로 참여하여 태내에서 아래로 움직이고 돌면서 밑으로 내려간다. 홀로 자유롭게 있을 수 있는 시간이 주어지면 엄마는 아마도 움직이고, 소리 내고, 노래하며 자신만의 리듬을 찾고 자기만의 박자로 호흡할 것이다. 만약 임신 기간 중 이완 요법이나 최면 요법을 연습했다면 내면으로 깊이 들어갈 때 도움이 될 수 있다. 엄마는 진통이 올 때마다 내면으로 향하고 포기와 수용의 과정을 거친다. 아기를 맞이하고 환영하는 일에 점점 더 가까워지는 것이다.

출산 과정 중의 엄마는 환경에 매우 민감할 수 있다. 같이 있어 보면 엄마가 눈을 감고 있어도 방에 누군가가 들어오거나, 불이 켜지거나, 사람들이 이야기하는 것을 인지한다는 것을 알 수 있다. 그러니 방해하지 말아야 한다. 조용히 이야기하고 움직이며 조명이나 온도도 일관된 상태로 둔다. 방해하면 진통이 지연되거나 아예 멈춰버린다.

파트너, 가족 그리고 출산을 돕는 사람(조산사, 의사, 산파)은 출산 환경의 한 부분을 구성하고, 엄마와 아기를 위한 공간을 준비할 수 있다. 이는 이 사람들이 출산 과정을 관찰하고 있지만 중간에 방해하거나 침해하지 않음을 의미한다. 도움을 줘야 할 때 이들은 조용히 그리고 신속하게 개입하고 빠져나와야 한다.

파멜라 그린은 이를 춤과 같다고 묘사한다. 출산을 돕는 사람들은 진통을 겪는 엄마에게 맞춰서 움직이며 물 흐르듯 자기 할 일을 하고 물러난다. 출산을 도운 경험이 많은 사람들은 기계의 측정값보다 엄마에게 집중할 것이다. 아기가 얼마나 높이 있는지, 어떻게 아래로 몸을 내릴지 등 신호를 찾고 자궁 확장보다는 어떻게 아기를 분만에 유리하게 배열할지에 초점을 맞춘다.

분만 시 아기 머리가 나오기 시작할 때 엄마와 파트너는 손으로 아기의 머리를 느낄 수 있다. 그리고 아기가 완전히 나온 후 엄마는 아기를 받아 가슴에 댈 수 있다. 흥미롭게도 대부분 엄마는 아기를 안아 왼쪽 가슴에 대서 아기가 엄마의 리드미컬한 심장 박동을 가장 가까이에서 들을 수 있게 한다. 이 심장 소리는 태내에 있을 때부터 들어서 아기에게 익숙하다. 이때 아기는 자궁 내에서 생활하다가 세상 밖으로 나오는 변화를 맞이하고 있다. 아기가 엄마(또는 아빠나 파트너)의 가슴과 피부를 맞댄 상태에서 탯줄이 팔딱거리는 것이 멈출 때까지 있는 것이 이상적이다. 가만히 두면 탯줄이 좁아져서 잘라 낼 수 있다.

엄마의 얼굴에는 경이로움, 행복, 기쁨 그리고 안도감이 서린다. 아기는 그만의 개성과 특징을 지닌 완벽한 형태의 인간이다. 파트너가 그 자리에 있으면 새로운 가정의 일원으로 이 만남에 참여하게 한다. 모든 것이 안정되면 가족만 함께 있는 시간을 가진다.

이 시간 동안 출산을 돕는 사람들을 불러서 아기의 몸무게 등을 측정한다. 이 사람들은 아기에게 가족을 제외한 최초의 사회적 접촉의 대상이다. 이들은 아기를 다루기 전에 아기의 허락을 받아 긍정적이고 다정하며 존중하는 방식으로 아기를 다룰 수 있다. 또한 아기 얼굴 가까이에서 시선을 맞추고 이제 무엇을 할지 말해 준다. 아기가 준비되지 않았으면 기다릴 수도 있다.

무게를 재고 부모에게 돌아가면 아기는 피부 대 피부 접촉을 통해 엄마의 젖가슴을 찾을 것이고, 이때 최초의 애착이 일어난다. 최초의 애착은 아기가 태어나고 한 시간 내지 두 시간 내에 일어날 수 있다. 필요하다면 조산사나 간호사가 이 첫 번째 애착 과정을 도울 수 있다.

이 특별한 경험이 병원이라는 환경에서 만들어질 수 있을지 의아해할 수 있다. 협동 치료 팀을 선택할 수 있다면 얼마든지 가능하다. 지금은 배우자나 가족이 분만 시 같이 밤을 보낼 수 있는 서비스를 비롯해 출산과 관련된 여러 가지 사항을 선택할 수 있다. 많은 병원이 이런 시스템을 갖추고 있다.

출산과 관련된 추가 메모

출산을 할 때 각자 선호하는 바가 있을 것이다. 진통을 겪을 때 우리를 대신해 줄 사람에게 우리가 원하는 바를 명확히 알려야 한다. 그리고 상황은 언제나 변할 수 있으며, 안전하게 아기를 낳는 것이 가장 중요하다는 것을 기억한다.

자연 분만 시 아래 사항을 알아 둔다.
- 우리 몸은 출산할 수 있도록 만들어져 있다.
- 옥시토신은 진통을 겪을 때 몸을 변하게 만드는 호르몬이다. 우리 몸은 이처럼 자연적으로 분비되는 호르몬의 영향을 받으며 움직일 수 있다.
- 우리는 원하면 움직이고, 가능하다면 먹고, 우리에게 편안한 방식으로 긴장을 풀고 이완할 수 있다.
- 똑같은 출산은 없다. 어떤 사람에게 도움이 되었던 것이 나에게는 도움이 되지 않을 수 있다. 심지어 첫 아이 출산과 둘째 아이 출산은 얼마든지 다를 수 있다.
- 첫 번째 단계에서는 아기가 세상에 나오도록 자궁 경관이 열리고 얇아지는 것을 떠올린다.
- 두 번째 단계에서는 아기가 자궁 아래로 옮겨 와 밖으로 나오는 모습을 떠올린다.
- 우리를 격려하고, 마사지해 주고, 먹여 주고, 편안하게 해 줄 사람들을 주변에 둔다.

때로는 제왕 절개 수술로 아기를 낳는 경우가 있다. 선택이나 필요에 의해서 할 것이다. 반드시 해야 한다면 다른 식으로 분만을 원했던 엄마에게는 슬픈 일이 될 수 있다. 이런 감정을 발산하고 내보내는 것이 중요하다. 그리고 아기를 안전하게 세상으로 데려왔다는 점에 기뻐하자. 제왕 절개 수술을 하면 아래로 내려간 장기를 들어 올리는 처치가 필요할 것이다. 출산 후 몇 주는 수술로 인한 통증이 있을 가능성이 있기 때문이다.

자연 분만을 하면 아기 폐에서 양수가 제거되고 면역에 도움이 되는 정상 세균을 자연스럽게 받을 수 있다. 제왕 절개 수술로 태어난 아기들은 산도를 통과하지 않으니 조산사에게 부탁해 "씨 뿌리기seeding(엄마의 질 분비물을 아기에게 발라 주는

것-옮긴이)"를 아기에게 해 줄 수 있다. 그러면 출생 시 면역에 중요한 박테리아를
아기에게 줄 수 있다.

 출산 관련 도서로 낸시 바르덱이 쓴 『의식적 분만Mindful Birthing: Training the Mind, Body, and Heart for Childbirth and Beyond』을 추천한다.

주니파의 출산 경험을 통해 얻을 수 있는 교훈

나는 세 아이를 출산했는데 세 번 모두 다 달랐지만 각자 나름대로 아름다움이 있었다.

첫 아이는 출산 센터의 출산 욕조에서 6시간의 진통과 2분간 힘주기push 끝에 태어났다. 물속에서 태어나서 태내에 있을 때 둘러싸여 있던 주머니가 터지지 않았다.

첫째 아이를 출산하면서 나의 관심을 끌었던 점

- 진통을 느끼는 중에 아기가 하고 있던 일을 나는 아주 선명하게 기억한다. 우리가 함께한 최초의 협력이었다. 나는 아기의 움직임에 조화를 맞췄고 거기에 맞게 반응했다. 아기는 자궁으로부터 독립하려고 매우 애를 썼고 나는 조력자였다. 이를 알자 진통이 달리 느껴졌다. 나는 아기가 이끄는 대로 따랐다. 아기가 나보다 더 열심히 하고 있다는 것을 의식할 수 있었다.
- 상호 신뢰 관계가 좋은 조산사가 곁에 있었다. "긴장을 풀고 편하게 있어요. 몸은 뭘 해야 할지 이미 알고 있어요."라고 말해 주던 그녀의 목소리가 지금도 들리는 것 같다.
- 나의 가장 든든한 지원자인 남편과 엄마가 모든 과정을 함께 했고 그것이 큰 차이를 만들어 냈다.

둘째 아들은 출산 센터에서 몇 시간 동안 진통을 겪다가 병원으로 옮겨 와 분만을 했다. 둘째는 첫째보다 진통 시간이 짧다는 말을 자주 들었기 때문에 진통 시간이 길어지자 뭔가 잘못된 건 아닌지 걱정이 됐다. 그때는 엄마도 곁에 안 계셨고 큰 아이는 친척에게 맡겨 둔 상태였다. 그래서 어서 빨리 큰 아이에게 돌아가고 싶었다. 진통의 과정은 역시 아름다웠지만 뭔가 지연되며 교착 상태에 빠지는 것 같아 병원으로 옮기기로 했다. 확실히 그게 도움이 되었던 것 같다. 병원에 도착하자마자 아기가 드디어 나올 준비가 되었다는 느낌이 왔다.

나는 출산 센터에서 병원으로 옮기며 겪은 커다란 변화를 기억한다. 조명이 밝았고 간호사와 의사들 소리가 아주 컸다. 그들에게 아기가 나올 준비가 되었다고 말하자 간호사 한 명이 나를 대충 살펴보더니 내가 힘주기를 해서 스스로 상처를 내고(몸을 찢고) 있다고 말했다. 차분하고 신뢰할 수 있는 분위기의 출산 센터에서 조산사와 함께하는 것과는 확실히 다른 경험이었다. 하지만 나는 첫 출산 때 조산사가 했던 "몸은 무엇을 해야 할지 알고 있다."라고 한 말을 기억하고 있었다. 그래서 아기가 나오고 있다고 주장했고, 실제로 2분 후에 둘째가 세상으로 나왔다. 산후 주사를 거절한 나의 결정에 의사는 유감스러워하며 비판적이었다. 잠시 후 나와 아기를 살펴보러 왔을 때 의료진은 아기와 내가 정신이 또렷하고 건강한 상태인 것을 보고 적잖이 놀랐다.

둘째 아이를 출산하면서 얻게 된 교훈

- 우리 몸과 본능을 믿는다.
- 필요한 만큼 진통을 겪고 마음 편하게 출산 과정을 밟을 수 있도록 다른 아이들을 돌볼 대안을 마련해 둔다.
- 가치와 상호 신뢰를 공유할 수 있는, 출산을 돕는 사람(조산사, 의사)을 찾는다.
- 출산 때 지지자와 조력자가 함께할 수 있게 한다.
- 일반적인 통념과 달리 둘째나 셋째 아이 출산 시 진통이 첫째나 이전 출산 때보다 더 길어질 수 있다. 이를 알고 받아들이면 어려운 과정을 감내하는 데 큰 차이가 생긴다.
- 가끔은 운전을 하거나 주변을 걷는 것이 진통 상황에 변화를 주거나 상황 전환을 촉발할 수 있다.

셋째는 일반 욕조에서 태어났다. 가장 진통이 짧았고 제일 빨리 태어났다. 아이는 글자 그대로 순식간에 튀어나왔다. 둘째 아이를 낳을 때 출산 센터에서 병원으로 이송되는 경험을 한 뒤부터 내내 걱정이 됐다. 그래서 셋째를 낳을 때는 짧고 빠르게 진통을 겪게 해 달라고 계속해서 기도했다. 당시 첫째와 둘째 모두 세 살 미만이어서 빨리 아이들에게 돌아가고 싶었기 때문이다.

나는 차를 몰고 가게로 가서 필요한 것을 샀다. 가게에서 걸어 나왔는데 커다란 쌍무지개가 떠 있었다. 왜 그랬는지 모르지만 그 장면이 뭔가 내 감정을 건드렸고 나는 울음을 터뜨렸다. 아이들에게 오늘 아기가 태어날 거라고 말했다. 준비가 되지 않았지만 나는 알 수 있었다. 집으로 가서 아기 옷을 세탁기에 넣고 아이들을 재울 준비를 했다. 잠자리에 들 무렵 바깥에는 엄청난 폭우가 쏟아지고 있었다. 그때 두 아이와 함께 잠드는 마지막 밤이 될 거라고 생각한 게 기억난다.

몇 시간 후 나는 일어나서 조산사에게 때가 왔다는 메시지를 보냈다. 조산사는 미심쩍어하면서 나에게 어떻게 하라고 이런 저런 요령을 알려 줬다. 하지만 나는 아기가 곧 태어날 거라고 말했고 그녀에게로 갔다. 조산사의 집에 도착해서 잠시 누워 있다가 토하고 싶은 기분이 들고 화장실도 사용해야 해서 화장실로 갔다. 셋째 아이는 조산사의 집에 도착한 지 40분 후에 태어났다.

셋째 아이를 출산하면서 종전과 같이 가장 중요하다고 느낀 점

- 아기가 거의 모든 일을 한다. 관찰하고 집중하고 듣는다.
- 우리 몸과 본능을 믿는다.

나는 세 번의 출산 모두 자연 분만을 했고 질 부위에 열상도 입지 않았다. 진통을 겪는 중에 여기저기 움직이며 돌아다녔고 물속에서 진통을 느끼기도 했다. 임신 기간 내내 아주 활동적이었으며 건강하게 먹고 행복한 상태를 유지하기 위해 노력했다.

여러분의 출산도 내 출산처럼, 어쩌면 더 아름답기를 바란다.

공생: 아기와 함께하는 생후 첫 6주에서 8주의 기간

"갓 태어난 아기는 가장 예민한 존재다. 갓난아기에 대한 오해가 많다. 그리고 우리는 이들을 허둥지둥하며 다룬다. 우리는 아기가 가장 필요로 하는 바를 인정하지 않는다. 아기에게는 생애 첫날이 가장 중요하다."

-아델레 코스타 뇨키, 1937년에 출간된 「몬테소리 노트북Quaderno Montessori」 39권

몬테소리에서 아기의 생후 첫 6주에서 8주를 **공생**symbiosis의 시간이라고 부르는데 이는 "함께하는 삶"이라는 의미다. 공생은 생애 초기를 보내는 아름다운 시기다. 새로 태어난 아기를 집으로 데려와 집은 물론 가족을 알게 하고 적응하도록 하는 기간이다.

과학에서 상호 이점을 누리는 공생은 두 개의 유기체가 서로 이익이 되는 방식으로 살 때 발생한다. 예를 들어 산호와 해조류는 서로 이익을 주는 공생적 관계를 맺고 있다. 산호는 해조류에게 쉼터를 제공하고, 해조류는 산호가 색깔을 띠게 하며 두 유기체 모두에게 영양분을 공급한다.

이를 아기의 생애 첫 주에 적용시켜 보면, 부모-아기 관계는 **상호 이익**mutually beneficial이 된다. 아기에게 모유 수유를 하면 아기는 완벽한 음식을 공급받게 되고, 수유 행위는 엄마의 자궁 수축에 도움이 된다. 아기를 안고 있으면 출산 후 경험할 수 있는 공허감을 다른 감정으로 대체하는 데 도움이 될 수 있다. 아빠, 파트너 또는 다른 보조 양육자는 이 새로운 가족의 일원을 보호하고 돌보는 일에 관여할 수 있다. 이들은 아기와 엄마의 유대감을 강하게 엮어 주는 역할을 하는 것은 물론 일종의 문지기처럼 전화와 메시지 받기, 필요한 물품 받아 오기, 아기 목욕 시키기 같은 육체적 일을 해 주고, 엄마가 쉬고 잠을 자게 해 줄 수 있다. 가족이 되어 가고 있는 것이다.

우리는 갓 태어난 아기에게 수유, 노래 불러 주기, 목욕시키기, 부드럽게 만지기 등 돌보면서 **유대감**bond을 쌓는 시간을 가진다. 아기는 밀접하게 접촉하고, 안기고 필요한 것을 공급받음으로써 **신뢰**trust를 쌓는다.

아기가 태어난 지 얼마 안 된 이 시기에는 환경과 활동을 간소화함으로써 속도를 천천히 해야 한다는 것을 기억하자. 이는 아기와 연결되기 위해서다. 새로 태어난 아기와 관계를 정립하고 아기가 우리에게 말하는 것을 알기 위해서다. 아기와 같이

있으면서 우리가 누구고 어디에 있으며 무슨 일이 벌어지고 있는지 이야기해 준다. 아기는 보살핌을 받는다. 생후 40일을 위한 의식이 있는 문화가 많다. 우리도 우리만의 문화를 만들 수 있다.

생후 몇 달 동안 강한 애착이 형성되는데 이는 향후(몇 달, 몇 년) 관계에 기반이 되며 탄탄한 토대를 다지는 계기가 된다. 생후 몇 달이 지나면 아기는 주변 세상을 경험할 준비를 하면서 확대 가족과 친구들도 만나게 된다.

> "공생 기간 중 올바른 형태로 애착을 발전시키면 자연스러운 애착을 위한 기반을 닦게 되고, 심리적 탄생이 일어난다."
>
> -실바나 몬타나로, 『인간의 이해Understanding the Human Being』

엄마(그리고 공동 양육을 분담하는 파트너)는 이때 지원 받을 수 있는 방법을 찾는 것이 중요하다. 가족마다 이 시기를 겪어 내는 경험이 다를 수 있지만 아기가 태어난 후에는 정서적으로 그리고 육체적으로 큰 변화를 겪는다. 우리가 느낄 것이라고 생각하는 아기에 대한 사랑이 즉각적으로 생기지 않는 경우도 있다. 산후 우울증을 겪을 수 있기 때문이다. 순조롭게 출산을 하고 아기와 연결이 원활해도 잠자고, 청소하고, 심지어 집에서 갓 태어난 아기와 함께 샤워할 시간이 부족하다. 이 시기는 아름다움과 몸부림이 섞인 희뿌연 공존의 시간이다. 가능하다면 사전에 가족이나 친구 또는 도우미를 고용해 필요한 도움을 받을 수 있어야 한다.

공생 기간에 유용한 팁

1. 가정 환경

- 갓 태어난 아기와 함께하는 공생 기간에 아기는 태내(따뜻하고 먹을 것과 주변의 빛이 균일한 곳)에서 자궁 바깥(예측하기 힘들고 시끄러우며 대개는 더 춥고 밝은 곳)으로 나오는 중요한 전환을 맞이하고 있다.
- 처음 며칠은 가능하면 집 안을 평소보다 더 따뜻하게, 조명은 조금 어둡게 한다. 갓난아기를 위해 자극을 제한한다. 손님의 방문은 줄이고, 삶 속에서 아기와 연결되고, 그들에 대해 배울 수 있는 시간을 갖는다.
- 많은 부모가 퀼트로 만든 얇은 베개, 토폰치노topponcino를 아기 용품 중 최고 애

토폰치노

장품으로 꼽는다. 토폰치노는 출생 후 공생 기간에 가정에서 아기가 변화를 겪을 때 도움을 주는 용품이다. 천연 섬유로 만들어졌고 아기보다 조금 더 길고 너비도 약간 더 넓다. 아기를 눕히거나 안을 때 사용한다. 토폰치노는 아기의 기준 점이 될 수 있고 보호 장비 역할을 하기도 한다. 아기는 이 얇은 쿠션에서 안전함을 찾고 익숙한 냄새를 맡는다. 바로 자신과 부모, 가족, 다른 형제자매에게서 나는 냄새다. 가족이나 친구가 아기를 다룰 때 토폰치노는 과도한 자극을 막아 준다. 모로 반사(놀람 반사)를 일으키지 않으면서 아기를 팔에서 침대로 옮길 수 있다. 토폰치노를 사용하는 부모들은 어디를 가든지 이 쿠션을 가지고 다닌다고 말한다. 직접 토폰치노를 만드는 법은 출판사 홈페이지 몬테소리 섹션에서 확인할 수 있다. 온라인에서 판매하니 살 수도 있다.

- 아기의 손위 형제자매가 있다면 공생 기간을 항상 차분하고 조용하게 만들지 못할 수 있다. 하지만 아기는 형제자매에 대해 배우게 될 것이고 집 안의 리듬에 자신을 맞추며 자기 장소를 찾을 것이다.

2. 어른들

- 우리는 아기 그리고 생후 초기 아기의 리듬을 관찰하는 일을 시작한다.
- 아기에게 수유하는 법을 배우고, 아기가 잠자는 법을 배우도록 돕는다.
- 아기와 함께 춤추고 노래한다. 아기는 자궁에 있을 때부터 우리의 목소리와 움직임에 익숙할 것이다.
- 특별한 목욕 시간을 갖는다.
- 모유 수유할 시간을 갖는다. 모유 수유는 아기와 (스마트폰을 만지작거리지 않고) 온전히 몸으로 소통을 하는 방식이자 휴식의 시간이다.
- 부모 모두 아기와 피부를 맞대는 시간을 갖는다. 그러면 부모와 아기 모두 진정 효과를 볼 수 있다. 아기와 부모의 유대감이 증진되고 아기의 심장 박동, 호흡 그리고 체온이 조절된다. 수유에 흥미를 갖도록 자극하는 역할도 할 수 있다. 또한 면역력을 높이는 데도 도움이 된다.
- 주변 세상의 경이로움을 아기와 나눈다.
- (있을 경우) 파트너가 아기와 유대감을 발전시킬 방법을 찾는다. 아기가 연결

되는 특별하고도 익숙한 사람인 파트너는 나름의 방식으로 아기와 함께한다. 그들이 움직이고, 말하고, 목욕시키고, 노래를 불러 주는 것은 새로운 방식으로 아기를 달래는 작용을 할 수 있다. 가령 아기의 배가 어른 어깨에 닿도록 안는 것처럼 색다른 방식으로 아기를 안을 수 있다.

• 우리를 위해 다른 사람이 요리나 청소, 세탁을 대신 해 줄 수 있는지 알아본다. 이런 도움을 받는 동안 우리는 아기를 돌보고 쉴 수 있다. 이런 도움은 가족이나 친구가 줄 수 있는데, 주변에 친척이 없다면 창의력을 동원해 만들어 내야 할 필요가 있다. 출산하기 전, 상황에 압도되기 전, 너무 피곤해서 알아보기 어려워지기 전에 미리 계획을 세워 놓는 것이 좋다. 순서를 정해 친구들을 불러 식사 당번 표를 만들고, 출산 선물로 식사 서비스용 상품권을 청하고, 아기가 태어나기 전에 음식을 만들어 냉동고에 얼려 놓는 일을 부탁한다. 또한 경제적 여건이 된다면 2주에 한 번씩 와서 청소해 줄 사람을 물색하고, 우리가 쉬는 동안 큰 아이들을 돌봐 줄 수 있는 보모나 이웃을 섭외해 둔다. 아기를 낳고 처음 2주 동안 가족을 도와주는 가정 방문 복지사를 파견해 주는 제도가 있는 나라도 있다. 이런 지원이 없으면 인적 네트워크를 동원해 우리가 직접 인력을 알아보고 협조를 구한다.

• 환경과 상황을 간소화한다. 집에 찾아오는 손님이나 약속을 최소한으로 줄인다.

• 우리가 겪은 경험, 우리 자신과 아기에 대한 경험을 기록한다. 공생 기간은 또한 출산을 하며 겪은 충격이나 더 이상 임신이 아닌 상태라서 발생할 수 있는 상실감을 처리할 시간을 준다.

• 아기를 향한 자연스러운 사랑의 감정이 형성되는데 시간이 좀 더 걸리는 사람들이 있다. 출산 직후부터 며칠 동안(대개는 일주일 정도) 우울감을 느끼는 일명 베이비 블루스baby blues가 있고, 이것이 없어지지 않고 지속되면 산후 우울증으로 비화된다. 필요하다고 판단되면 의사에게 도움을 요청하고 다른 사람들의 지원을 받는다. 약해서 겪는 증상이 아니다. 아기를 위해 할 수 있는 가장 자애로운 일이다.

• 입양을 한 부모라면 아기를 집에 데리고 온 후에 공생 기간을 갖는다. 6주에서 8주 정도는 외부와 소통을 차단하고 의식적으로 아기와 특별히 연결되는 시간을 만든다. 가족이 되는 시간을 갖는 것이다. 신뢰와 연대감을 쌓는다. 새로운 아기에 대해 배우게 되고, 아기도 우리에 대해 알게 된다.

- 입양된 아기라면 생모에게 태내에 있을 때의 기준점(임신 기간 중 들었던 음악이나 아기에게 보낸 음성 메시지)을 물어볼 수 있다.

3. 갓 태어난 아기

갓 태어난 아기는 제한적이기는 하지만 촉각, 청각, 시각과 같은 자궁 안에서의 삶에 대해 기억하는 것이 많다. 우리는 생애 첫 주에 아기가 자궁 내에서 겪었던 것과 비슷한 경험을 제공해, 아기가 적응하고 계속해서 감각을 자극할 수 있게 한다. 공생 기간에 아기가 자궁에서 나와 외부 환경에 적응하도록 도와주는 것과 관련된 여러 가지 아이디어를 제시해 보겠다.

촉각 경험

- 아기의 손을 최대한 자유롭게 해 준다. 자궁 내에서 그랬듯 아기는 손을 계속해서 입 주변으로 가져갈 것이기 때문이다.
- 아기는 몸을 만지는 것에 민감하다. 이것은 아기에게 완전히 새로운 감각이다. 그러므로 가장 가볍고 효율적인 움직임으로 아기를 다뤄야 한다. 기저귀를 갈아 주거나 목욕을 시키고 옷을 입히는 등 모든 일을 천천히 해서 아기가 이 새로운 과정을 배울 수 있게 한다.
- 입히는 옷은 부드럽고 천연 섬유로 만들어진 것이어야 한다. 딱딱한 고리나 단추는 없어야 하고, 옷을 아기 머리 위로 잡아당겨 입히거나 벗기지 않는다. 감당할 수 있다면 일회용 기저귀보다 천 기저귀가 좋다. 아기 피부에 닿아도 괜찮고 환경에도 더 좋다. 그리고 아기가 배변했을 때 자연스럽게 젖는 느낌을 느끼도록 한다. (이렇게 자연스러운 몸의 감각을 느끼는 것이 나중에 화장실 사용법을 익힐 때 유용할 것이다.) 일회용 기저귀를 사용한다면 가급적이면 기저귀를 채우지 않고 부드러운 이불이나 수건에 눕혀 놓는 시간을 많이 갖는다.
- 토폰치노를 아기가 사용할 기준점이자 자극을 완화시키는 수단으로 이용한다.
- 아기가 깨어 있는 짧은 시간 동안 안아 주고 활동 매트에서 몸 뻗기를 할 시간을 준다. 활동 매트의 두께는 약 2.5센티미터 정도고, 아기가 사방으로 팔다리를 뻗고 움직이기에 충분한 넓이여야 한다. (활동 공간 준비하는 법은 78쪽 참고) 야외로 나갈 때는 속을 채운 푹신한 담요를 준비해 아기가 움직일 공간을 확보한다.

- 부드럽게 마사지를 해 주면 아기가 편안해한다. 아기와 연결될 수 있는 시간이다.

청각 경험
- 아기는 자궁에서 청각 기준점을 갖는다. 주요 청각 기준점은 엄마의 목소리인데 아기는 임신 기간 내내 엄마의 목소리를 듣고 있다. 계속해서 아기에게 말을 걸고 노래를 불러 준다.
- 아기는 엄마의 심장 박동과 소화하는 소리가 익숙할 것이다. 아기를 우리 배에 눕혀서 이런 소리를 다시 듣게 한다.
- 새소리는 갓 태어난 아기에게 흥미를 유발할 수 있다.
- 음악을 들려 준다. 뮤직 박스(뚜껑을 열면 음악이 나오는 상자)의 음악이나 녹음된 음악(엄마 배 속에 있을 때 들었던 음악)을 들어 준다.

시각 경험
- 갓 태어난 아기는 전방으로 약 30센티미터까지의 거리를 볼 수 있다. 아기를 가까이 들어 안아서 우리 얼굴에 집중할 수 있게 한다. 아기는 사람 얼굴에 흥미를 느낀다. 연구에 의하면 아기들은 얼굴이 있는 형태가 제시될 때 빨기 동작을 시작한다.
- 아기가 광원light source을 마주할 때 광원과 아기 사이의 손이 어둡게 보일 것이고 손가락은 아주 천천히 움직일 것이다. 아기는 이것을 아주 오랫동안 관찰하다가 어느 순간 쳐다보기를 끝낼 것이다.
- 모빌도 시각적 경험을 제공한다. 모빌은 무게가 가볍고 자연스러운 공기 흐름에 따라 움직이는 것이어야 한다. 몬테소리 모빌 중에도 아름다운 것이 많은데 나중에 소개하겠다. 흑백 모빌에서 단순한 색깔이 들어간 것, 그다음에 무용수나 날아다니는 것들로 구성된 모빌로 옮겨 간다. (모빌에 대해서는 166쪽에 자세히 나와 있다.) 모빌은 아기가 잠자는 곳에 설치하지 않고 깨어 있을 때, 아기가 주변을 탐색하는 곳에 두는 것이 좋다.
- 아기는 형제자매들을 관찰하기 시작할 것이다. 처음에는 집중하지 않지만 곧 그들의 움직임을 추적할 것이다. 처음부터 형제자매들은 아기가 흥미를 느끼는 대상이 되며, 가끔은 오랫동안 형제자매에게 매료되기도 한다.

어딘가에 내려놓은 상태를 좋아하지 않는 아기들이 많다. 아기들은 애착이 강하고 가까이 있고 싶어 한다. 공생은 서로 몸을 바싹 붙여 부비고 파고들며 평온한 시간을 갖는 기간이다. 이때 아기를 활동 매트에서 시간을 보내게 할 수 있다. 특히 생후 2주가 지난 다음 아기들이 깨어 있는 시간이 늘어날 때 활동 매트에서 시간을 보낼 수 있다.

아기를 팔에 안고 있다가 활동 매트로 옮길 때 토폰치노로 아기를 감싼 상태로 옮긴다. 활동 매트에 누워 우리 배 위에 아기를 눕힐 수도 있다. 그다음에는 배에서 옆에 있는 활동 매트로 아기를 옮겨 본다. 아기들은 여전히 우리를 보고, 냄새 맡고, 들을 수 있을 것이다. 불편해하면 아기에게 손을 대고 아이의 눈을 바라보며 부드러운 말이나 노래를 불러 주는 것도 좋다. 그렇게 시간이 지나면 아기는 우리와 조금 떨어진 거리에서 활동 매트에 누워 있는 것을 한층 편안해할 것이다. 아기를 잠자는 공간에 눕힐 때 아기가 그 공간에 익숙해지게 할 때도 같은 방법을 쓰면 도움이 된다. (80쪽 참고)

실천하기

1. 아기의 출생에 대비해 우리는 어떤 준비 단계를 밟게 될까?
   - 물리적이고 육체적인 준비 사항 (예: 영양, 휴식 등)
   - 다른 사람들에게 도움과 지원을 미리 요청한다.
   - 긍정적인 출산 경험에 대한 글을 읽어 본다.
   - 다른 결과가 나올 때를 대비해 대안 출산 계획을 세운다.
2. 공생 기간(생후 6주에서 8주)에 대비해 무엇을 준비할 수 있을까?
   - 아기가 겪게 될 자궁에서부터 바깥 환경으로의 이행을 어떻게 준비할까?
   - 집의 환경은 어떻게 준비하거나 조정할까? (예: 온도, 조명 등)
   - 우리의 행동 습관은 어떻게 바꿀까? (예: 아기를 부드럽게, 천천히 다루기)
   - 아기가 태어났을 때 (촉각, 청각 그리고 시각) 감각을 어떻게 지원할 수 있을까?
   - 우리가 새로 태어난 아기에 대해 배우고, 아기도 우리에 대해 배우는 시간을 어떻게 가질까?

갓난아기의 목소리: 카린 슬라바와의 인터뷰

그라치아 오네게르 프레스코를 기리며(2020년 9월 30일)

카린 슬라바Karin Slabaugh는 1992년부터 영유아 교육가로 활동해 왔고, 현재는 1950년대 첫 몬테소리 교육 전문가들이 수행한 작업에 근거해 갓 태어난 아기를 보호하고 돌보는 일을 전문으로 하고 있다. 카린은 500시간 이상 갓난아기들을 관찰하며 아기의 행동 언어, 아기의 소통, 아기들이 보호자와 환경에 반응할 때 보이는 놀라운 감각을 연구했다.

몬테소리 박사의 "태어나는 순간부터 교육" 원칙은 무엇을 의미합니까?
자연스러운 발달을 방해하는 것을 제거하고, 아이가 출생하는 순간부터 스스로 조절하고 발전할 수 있게 하는 것입니다.

갓난아기를 매우 사랑하신다고 했는데 그에 관해 이야기해 주시겠습니까?
갓 태어난 아기는 현존하는 인간 생명체 중 가장 순수한 존재입니다. 갓난아기는 태어나는 순간, 아니 태어나기 전부터 학습을 시작하지요. 출생 시 아기는 완전히 본능적이고 자연스러운 상태입니다. 학습은 기본적으로 생명의 감각이 제공하는 것에 대한 습관적 반응을 경험하고 만들어 내는 것이니까요. 그러니 출생 직후 아기는, 감각이 수용을 시작하자마자 외부 세계에서 오는 모든 새로운 자극에 반응을 합니다. 아기가 신뢰, 사랑 혹은 두려움, 공포 등 무엇을 느끼든지 간에 모든 경험은 "학습"으로 기록됩니다.

사람의 눈을 바라보는 갓난아기의 능력에 관해 이야기하셨습니다.
1960년대 미국의 발달 심리학자 로버트 팬츠Robert Fantz는 갓 태어난 아기가 볼 수 있다는 것뿐 아니라 명백하게 시각적으로 선호하는 것이 있다는 것을 보여 줬습니다. 시각 능력 덕분에 갓 태어난 아기는 엄마의 젖을 찾을 수 있어요. 엄마 젖은 아기에게는 생존의 근원입니다. 아기는 유륜의 어두운 부분을 식별할 수 있습니다. 엄마의 눈에서 검은 동공 부위와 대비되는 흰자위도 갓 태어난 아기의 제한된 시각 능력이 포착해 낼 수 있는 중요한 기준점 역할을 하는 시각적 목표물입니다. 태어날 때 아기는 엄마의 눈을 찾도록 프로그램되어 있지요. 아기는 이런 방식으로 엄마와 최초의 유대감을 형성합니다.

아기가 태어난 직후 관찰을 통해 알아낸 "최초의 경계 상황"에 관해 설명해 주시겠어요?
연구를 하면서 태어난 지 몇 시간 되지 않은 아기들을 아마 100명 정도 관찰한 것 같습니다. 의료적 개입을 최소화 한 상태로 태어난 경우, 그리고 주변이 너무 밝지 않고, 아기가 태어난 후 몇 시간 동안 엄마가 안고 있는 상태라면 아기는 이때 심하게 경계를 합니다. 이런 상태에 있다는 것, 즉 엄마의 몸에 피부를 맞대 밀착하고, 엄마의 체온으로 몸이 따뜻하고, 초유 냄새가 나고, 심장 박동과 목소리를 들으며 품에 안겨 엄마를 바라보면서 아기는 바깥으로 나온 현실을 받아들이기 시작합니다. 이 상황은 아기가 더 이상 엄마 배 속에 있지는 않지만 그래도 비슷한 환경에 있는 거예요. 그런 환경에 익숙해지면 아기는 입을 열고, 혀를 내밀고, 머리를 돌리기 시작합니다. 모든 반사 작용을 이용해 아기는 처음으로 엄마의 젖을 찾아 애착을 드러낼 것입니다.

수많은 갓난아기의 눈을 들여다보며 느낀 감정에 관해 말해 주세요.
태어나고 두 시간 정도가 되면 많은 아기가 심하게 경계를 하며 인큐베이터 속에서 눈을 크게 뜹니다. 아기와 한 30센티미터 정도 떨어진 거리에 자리를 잡고 아기가 저를 볼 수 있게 해요. 아기들은 물론 엄마의 얼굴을 찾는 중이에요. 엄마가 아닌 제가 그 자리에 있다는 게 슬펐지만 저로서는 그렇게 수많은 작은 인간의 눈을 보고 인사하는 특권을 누린 거죠. 그저 서로 마주하고 눈을 바라보기만 하는데도 깊이 연결될 수 있었어요.

태어난 아기를 존중하고 존엄성을 지키며 다루려면 어떻게 해야 하는지 새내기 부모에게 아이디어를 좀 주시죠?
갓난아기를 존중하는 것에 대해 가장 먼저 생각나는 것이 있다면, 아기는 각자 개인의 리듬을 찾는 과정이 있는데 이를 존중해야 한다는 것입니다. 아기는 자궁 밖에서 먹거나 잠을 자 본 적이 없어요. 그래서 자신의 존재 안에서 밖으로 나와 자기만의 리듬을 정립할 시간이 필요합니다. 그러니 아기에게 어떤 특정 리듬을 강요하지 않도록 매우 조심해야 해요. 안 그러면 우리는 아기가 자기만의 자연스러운 리듬을 찾는 것을 방해하고 막는 셈이 됩니다.

　아기가 태어났을 때 우리가 부모로서 할 수 있는 일은, 아기가 소통하고 있는 것을 이해하기 위해 그 아기를 관찰하는 일이 무엇을 의미하는지 파악하는 것입니다. 갓난아기들은 몸짓 언어와 발성으로 소통합니다. 우리가 읽고 이해하는 법을 배워야 할 소통의 목록이 아주 방대한 거죠. 그런데 이 언어는 새로운 언어를 배우는 일처럼 매우 다르기 때문에 노력과 시간이 필요해요. 울음소리는 언어일 뿐 아니라 행동의 언어이기도 해요. 개가 멍멍 짖고 고양이가 야옹거리는 것과 약간 비슷합니다. 짖고 야옹거리는 것은 발성 언어지만 동물들은 여러 가지 행동도 하죠. 문가에 앉아 온몸으로 행복을 표현합니다. 밖에 나가고 싶은데 우리가 산책을 시켜 주지 않을 거라는 것을 알면 슬프고 우울해 보이지요. 마찬가지로 갓난아기의 표현과 동작을 읽는 소통 방법이 많습니다. 울음으로 하는 소통 말고, 아기의 자율 신경계가 다양한 자극에 반응하는 방식으로 소통을 할 수 있습니다. 아기의 몸짓 언어는 그들이 느끼는 감정, 무엇이 필요한지, 더 좋아하는 게 뭔지를 우리에게 말해 줍니다. 갓난아기를 존중하는 법을 배우려면 이런 언어를 배워야 합니다.

　존엄성을 가지고 갓난아기를 다룬다는 것. 이거 아주 재미있는 쟁점이지요. 가령 당신이 병원에 있는데 사람들이 마치 당신을 거기 없는 것처럼 다룬다면 어떨까요? 당신을 이리 저리 옮기고, 조심스럽게 다루지 않고, 무슨 일이 일어날지 이야기해 주지 않는다면 어떤 기분이 들 것 같나요? 존엄성이란 타인이 필요로 하는 것이나 감정을 고려하고 그에 맞게 행동할 때 생깁니다. 우리가 얼마나 자주 갓난아기가 정말 필요로 하는 것을 심각하게 고려한다고 생각하세요?

아기가 엄마 배 속에서 밖으로 나와 전 생애를 지낸 세계와 100퍼센트 완전히 다른 현실에 맞닥뜨렸을 때, 새로운 자극을 처리하고 적응하기 위한 변화의 시간 내내 안전하다고 느낄 수 있도록 지원해 준다고 생각하나요?

아기를 울리지 않으면서 기저귀를 갈 수 있는 최고의 방법을 말씀해 주시겠어요?
아기는 두렵고 불편하거나 생리 조절 장애가 있으면 웁니다. 갓난아기는 기온 변화나 온도, 갑작스러운 동작, 입혀 놓은 옷이 몸에 닿을 때 느끼는 민감도가 아주 높아요. 갓난아기의 피부는 아주 예민해요. 아기는 자극에 대해 민감도가 높다는 점을 반드시 고려해야 합니다. 물론 시간이 지나면 거기에 적응합니다. 시간이 흐르면서 이 모든 행동이나 감정이 일반적인 것이 되는 거죠. 그러니 처음부터 아기가 울지 않도록, 이 경험이 싫다는 표현을 하지 않도록 기저귀를 갈 때 최선의 노력을 하고 주의를 기울여 보세요. 이런 일은 정기적으로 일어나고 불편하지 않다는 것을 아기가 이해할 수 있도록 조건(배워서 아는 반응을 만들어 주는 것)을 만들어 주는 거예요.

많은 부모가 기저귀를 빨리 갈려고 하면서 실수를 해요. 빨리 갈면 아기가 우는 것도 빨리 그칠 테니 그때 아기를 달래 주면 된다고 생각하는데, 그건 아기가 기분이 상하지 않도록 자극하지 않는 방식을 시도하는 것과는 완전히 다른 거죠.

실용적인 조언을 하자면 천천히 하세요. 지금 생각하는 정도보다 훨씬 더 천천히 해야 합니다. 그게 핵심이에요. 아기를 다룰 때는 무엇이든 평소 속도의 5퍼센트 정도만 속도를 내는 겁니다. 스트레스를 받거나 우는 아기의 불안감에 자극을 받지 마세요. 아기가 흡수할 수 있게 차분한 에너지를 주세요. 이런 것을 공동 조절co-regulation이라고 부릅니다.

기저귀를 갈기 전에 무슨 일이 일어날지 말하는 거예요. 아기를 들어 올리기 전에 어떻게 들어 올릴 것인지 말해 주세요. 어떤 행동을 하기 전에 잠시 멈춰서 30센티미터 정도 거리를 두고 아기의 눈을 바라보세요. 아기가 어떻게 하고 있고, 무엇을 생각하는지 보는 거죠. 온라인에서 버나드 마르티노의 다큐멘터리 〈록지: 성장하는 곳Loczy: A Place to Grow〉의 시작 부분을 찾아보면 이게 어떤 모습인지 그림이 그려질 겁니다. 보호자가 갓난아기를 목욕시킬 준비를 하는 장면이 나오는데, 이걸 보면 아기가 받는 민감성의 정도가 어느 정도인지 알게 될 거예요.

출생은 갓난아기의 감각에 큰 충격을 주는 최초의 경험입니다. 엄마 배 속에서 바깥세상으로 나오는 거죠. 그러니 당연히 아기가 울 정도의 자극이 생겨요. 하지만 그렇게 되지 않을 수 있어요. 프레드릭 르봐이예가 쓴 책과 〈폭력 없는 탄생Birth Without Violence〉이라는 영화를 보면 이 내용이 나옵니다. 영화에서 보면 아기가 세상에 나오는데 눈을 크게 뜨고 자신이 어디에 있는지 궁금해하고 어둑한 빛 속에서 주변을 둘러봐요. 그리고 대개는 울지 않아요.

그래서 만약에 출산할 때 아기를 괴롭히고 울게 만드는 감각을 없앨 수 있다면, 모든 일이 일어날 때마다 기저귀를 갈거나 당신이 갓난아기와 어떤 일이든 할 때마다 아기가 필요로 하는 바를 고려한다면, 이 작은 사람이 긴급하게 바라는 것을 생각한다면, 그런 것들을 무시하지 않으면 아주 다른 결과를 얻게 될 겁니다. '출생 직후 아기에게는 어느 정도의 빛이 필요할까?', '생후 1일 된 아기에게 주변 소음은 어느 정도면 괜찮을까?', '3일 된 아기에게 옷을 한 열 다섯 번쯤 벗긴 상태에서 기저귀를 갈아 줄 때의 자극은 어느 정도일까?', '갓난아기에게는 무엇이 필요할까?' 이런 것들이 이 문제를 해결할 수 있는 근본적인 질문입니다.

아기가 있는 집
인테리어

4

몬테소리 스타일로
공간 꾸미기

집을 아이에게 맞는 매력적이고 편안하며 호감이 가는 공간으로 만들 수 있다. 우리의 능력을 과소평가하지 말자. 몬테소리 교육자들은 교실을 "제2의 교사"로 사용한다. 우리는 교실이 많은 일을 하도록 꾸민다. 아이들이 사용하는 활동 교구를 아이가 직접 볼 수 있도록 교구장 위에 준비해 둔다. 교실 전체 공간을 사랑과 보살핌의 마음으로 꾸미고, 아이들이 교실에 있는 물건을 존중하며 다루도록 한다. 아이들 눈높이에 맞게 놓인 살아 있는 식물이나 예술 작품들이 있는 공간은 아름답다. 몬테소리 박사는 최초의 교실을 카사 데이 밤비니(아이들의 집)라고 불렀다. 아이들이 교실에 소속되어 있고 중요한 존재라고 느끼게 만들 수 있다.

우리 집을 몬테소리 교실처럼 보이게 송두리째 바꿀 필요는 없지만, 아기가 자신은 특별하고 환영받으며 공간마다 기준점이 있어서 안전하다는 느낌을 받을 수 있도록 의도된 공간을 만들 수 있다. 아주 작은 집에도 이런 공간을 만들 수 있다. 작거나 꾸미기 까다로운 공간은 오히려 창의성을 발휘할 기회가 된다.

아기에게는 많은 것이 필요하지 않다

아기가 새로 태어나면 흔히 가구나 옷, 장난감, 기타 아기 용품이 많이 필요하다고 생각한다. 예쁜 수유 쿠션, 아기 침대와 그에 어울리는 서랍장, 기저귀 교환대, 아기 욕조 등을 산다. 그리고 접을 수 있는 유모차를 사는데, 그러고 나면 달리며 밀 수 있는 유모차, 여행용 유모차도 필요하지 않을까 하는 생각이 들 것이다.

몬테소리 접근 방식의 여러 가지 장점 중 하나는 "적을수록 좋다."를 표방하는 것이다. 꼭 필요한 것만 사고 간소하고 아름답게 유지한다. 여분의 돈을 들여 무엇인가를 산다면 고품질의 천연 제품을 고른다. 이런 용품들은 나중에 태어날 아기에게 물려주거나 기부할 수 있고, 친척이나 다른 가족에게 줄 수도 있다. 그 편이 환경에도 좋고 지속 가능하다.

몬테소리 스타일로 공간을 꾸미는 8가지 팁

1. **아기 신장에 맞춘다.** 아기 스스로 사용하는 법을 배울 수 있는 작은 가구를 찾는다. 예를 들면 아기 스스로 기어 올라가고 내려올 수 있는 낮은 침대(80쪽과 82쪽 참고)가 좋다. 아기가 앉는 법을 배울 때쯤 되면 스스로 음식을 먹고, 활동을 하며 놀고, 잡고 일어설 수 있도록 낮은 식탁과 의자를 놓는다. 우리는 아기가 바닥에 발을 딛고 설 수 있기 바란다. 따라서 아기의 키보다 식탁과 의자의 높이가 너무 높다면 조절한다.

2. **아름다운 공간을 만든다.** 그림이나 가족사진, 아기가 보고 즐길 수 있는 길이가 길지 않은 작은 식물을 둔다.(아기는 호기심이 많아 식물을 입속에 넣어 보고 싶어 하니 안전한 것으로 둔다. 또는 아기가 볼 수는 있지만 손은 닿지 않는 곳에 둔다.)

3. **독립성을 갖춘다.** 생후 첫해 아기가 의존적인 상태에서 차차 독립적으로 성장하도록 돕기 위해 간단한 활동 도구를 낮은 교구장에 올리거나 바구니에 넣어 둬 아기 스스로 도구를 선택할 수 있도록 한다. 조금 더 큰 아기들은 구르거나, 꿈틀꿈틀 움직이거나, 기어서 원하는 것을 잡을 수 있을 것이다. 아기 스스로 잘 할 수 있도록 우리가 도울 방법을 생각해 본다.

4. **활동 도구를 흥미롭게 배치한다.** 아기의 발달 단계에 맞게 흥미롭고 월령에 맞는 활동 도구를 준비해 상자 안에 넣기보다 교구장에 아름답게 진열한다.

5. **적을수록 좋다.** 아기의 집중력 발달을 도울 몇 가지 활동 도구만 펼쳐 놓는다. 너무 많아서 압도되지 않도록 아기가 집중하고 있는 몇 가지 활동 도구만 진열해 둔다.

6. **물건을 제자리에 둔다.** 모든 것이 준비되어 있고 제자리에 있는 공간을 만들면 아기는 물건이 어디에 있는지 배운다. (그리고 궁극적으로 유아가 되었을 때 그것을 어디에 두거나 치워야 하는지 배운다.)

7. **아기의 눈으로 공간을 본다.** 아기 눈높이로 낮춰서 그들 시점에서 공간이 어떻게 보일지 살펴본다. 지저분한 선이나 잡동사니는 치운다.

8. **보관해 두고 번갈아 가며 진열한다.** 아기들 눈에 띄지 않으면서 보기 좋은 보관 공간을 만든다. 벽과 조화를 이루는 바닥에서 천장까지 닿는 찬장이나 저장고, 소파 뒤에 쌓아 놓을 수 있는 상자도 좋다. 몇 가지 활동 도구만 꺼내 놓고 나머지는 보관한다. 아기가 새로운 것을 찾을 때 다른 것을 꺼낸다.

"좋아"라고 긍정하는 공간을 만든다

몬테소리 교실에서는 아이의 발달에 방해가 되는 장애물을 없애길 원한다. 집을 꾸밀 때도 마찬가지다. 우리는 아기가 자유롭고 안전하게 탐험할 수 있는 "좋아yes" 공간을 창조한다. 거기에서 아기는 무엇이든지 만지고 손을 뻗을 수 있다. 우리가 "안돼no"라고 말하는 경우는 제한적이다. ("좋아" 공간이라는 용어는 마그다 거버Magda Gerber와 RIE 접근 방식에서 나왔다.)

사람들은 아기를 데리고 시모네의 교실에 오는 것을 좋아한다. 환경을 세심하게 준비해 두었기 때문에 아기들이 전혀 위험하지 않고 자유롭게 탐험할 수 있기 때문이다. 아기들이 잡고 일어날 수 있는 낮은 가구가 있다. 아기들이 구르거나 무엇인가를 잡고, 지지하고, 기어 다니는데 충분한 열린 공간이다. 전선이나 살펴봐야 할 콘센트 같은 것도 없다. 아기가 입에 넣어도 안전한 물건만 있다.

우리는 집에서 다음과 같이 할 수 있다.
- 아기 손에 닿길 원하지 않는 물건은 무엇이든지 다 치운다. 한동안 따로 보관해 두거나 아기가 접근할 수 없는 공간으로 옮겨 두라는 의미다.
- 바닥에 누워서 아기가 무엇을 보고 손을 뻗을 수 있을지 살펴본다.
- 간단한 활동 도구만 놓아둔 낮은 교구장, 탐색하는 재미가 있는 물건이 담긴 바구니가 있는 탐험하기 좋고 흥미로운 공간을 만든다.
- 모든 곳을 "좋아" 공간으로 만들 수 없다면 집에서 한 군데 큰 공간을 마련해 아기가 자유롭게 움직일 수 있는 "좋아" 공간으로 만든다. 가구를 이용해 안전한 경계를 만들거나 문이 없는 공간을 꾸미는 등 창의성을 발휘한다.
- 문이 없는 공간이 필요하다면 방을 구분할 때 너무 밝은 색의 플라스틱 분리기를 설치하는 것은 피한다. 공간이 가볍다고 느껴질 수 있도록 꾸밀 수 있는 것을 찾아본다.

우리는 아기가(태어날 때부터) 자유롭게 움직이고, 아이의 시야가 가려지지 않기를 바란다. 그렇기 때문에 아기 상자, 아기 놀이 울타리playpens, 아기 침대 등은 선호하지 않는다. 이런 것은 아기의 움직임을 제한한다. 빗장은 아기의 시점에서 공간 전체를 확실하게 보지 못하게 방해한다. 논란의 여지가 있기는 하지만 높은 의자도 놓지 않기 바란다. 이런 것들은 아기가 아닌 우리 어른들의 편의를 위한 것이다.

시모네의 몬테소리 선생님, 주디 오라이언Judi Orion은 우리가 아기 놀이 울타리를 사용하고 싶을 유일한 시간은 다림질할 때라고 말했다. 화장실을 사용해야 할 때는 아기를 안전하고 탐험할 공간이 충분한 "좋아" 공간에 둔다.

몬테소리는 아기에게 자유를 주는 것에 가치를 두기 때문에 집을 반드시 아기에게 안전하도록 꾸며야 한다. 가정용 화학 제품은 아기 손에 닿지 않게 단단히 잠가 둔다. 커튼 줄이나 노끈은 묶어서 역시 손에 닿지 않는 곳에 둔다. 전선은 벽에 부착할 수 있는 플라스틱 배관 안으로 숨긴다. 교구장은 벽에 단단히 고정하고 창문에는 자물쇠를 단다. 계단이 있으면 입구에 아기용 문을 설치하고 누군가 지켜볼 때만 아기가 계단을 오르는 연습을 할 수 있게 한다.

> "아기의 활동을 지원하는 환경은 가끔은 어떤 물건을 치우느냐보다, 어떤 물건을 그 안에 포함시키느냐에 따라 구분된다는 것을 기억하라."
>
> -수전 스티븐슨, 『즐거운 아이The Joyful Child』

관찰하고 보관하고 교대로 꺼내 놓는다

우리의 의도가 깃든 공간이 성공을 거두는 비결 중 하나는 활동의 가짓수를 현재 아기가 몰두하는 몇 가지로 제한하는 것이다. 아기가 좋아하는 것 여섯 가지 정도로 숫자를 제한해서 활동 공간 내 낮은 교구장에 진열한다. 적은 숫자에서 선택하는 것이 아기에게도 쉽다. 그래야 활동이 아기에게 적절한 도전이 되고 우리도 정리하기 용이하다. 그리고 나서 아기를 관찰한다. 아기가 하고 있던 활동에 흥미를 보이지 않으면 또는 그 활동이 너무 쉽거나 어려워 보이면 활동 도구를 따로 보관하고 다른 것을 꺼내 온다.

모빌은 잘 꼬이기 때문에 보관하기가 좀 더 어려울 수 있다. 모빌을 사용하지 않을 때는 작은 고리를 달아 벽에 걸어 두는 것도 보관하는 법 중 하나다. 그렇게 하면 벽을 장식하는 멋진 작품이 된다. 그리고 아기가 관심을 가지는 모빌은 활동 공간의 모빌 걸이에 걸어 둔다. 6장에서 활동 항목으로 고를 만한 것에 대해 좀 더 자세히 알아보겠다. 지금은 관찰하고, 보관하고, 교대로 꺼내 놓는다는 것을 기억하자.

처음에는 집을 이렇게 변화시키지 못할 것 같이 느껴진다. 아마 "아기가 이제는 어디든 갈 수 있으니 모든 것을 손에 잡히는 대로 잡아 채지 않을까?"라고 생각할 것이다. 맞다. 아마 처음에는 그럴 것이다. 하지만 그러다가 흥미를 잃으면 그것 대신 가지고 놀 것을 보여 준다. 먼저 위험한 화학 제품이나 물건은 아기 손에 닿지 않도록 찬장에 넣고 문을 잠가 둔다. 나머지는 신뢰의 문제다. 아기들은 사용하면 안 되는 것들을 찾아내고 꺼낼 것이다. 아기는 원래 그렇다. 주변 세상을 탐험하는 게 그들의 일이다.

그러니 우리는 "좋아" 공간을 가능한 한 많이 만들고 안전하지 않은 것을 치우고 안전하게 조치한다. 그러면 아기는 가령 손가락을 서랍장 안에 넣고 닫으면 다칠 수 있다는 것을 실험을 통해 배울 것이다. 그럴 때는 옆에서 지켜보며 필요하다면 사랑으로 아기를 진정시킬 준비를 하고 있어야 한다. 아기는 원래 그렇다.

관찰하기

- 우리가 마련한 공간에서 아기가 편안해 보이는가? 지루해 하는가? 자극이 너무 심한가?
- 아기 옆에 누워 아기 관점에서 바라본다. 무엇이 보이는가? 너무 "어수선"하지 않으면서 아기에게 흥미로운 공간을 어떻게 만들 수 있을까?
- 아기가 우리를 볼 수 있는가? 아기 눈에 우리를 담을 수 있다면 그들은 좀 더 안정감을 갖고 스스로 탐험할 수 있다.
- 아기가 자라는 것에 맞춰 공간을 바꿔야 하는가? 이제는 활동 매트에서 나와 움직이는가? 그렇다면 매트를 치워야 할 시간이 된 걸까? 아기가 스스로 일어설 수 있는가? 가로로 긴 거울을 세로로 긴 거울로 교체해야 할까?
- 아기의 발달을 방해하는 것이 있는가? 그것을 없앨 수 있는가? (예: 아기가 자유롭게 움직이는 것을 제한하는 것) 그것은 아기 놀이 울타리인가? 아니면 아기 침대인가?
- 바꿔야 할 활동이 있는가? 사용하지 않는 것은 따로 보관하고 나중에 아기가 새로운 것을 찾을 때 다시 꺼낸다.

이렇게 관찰했을 때 아기에 대해 새롭게 알게 된 것이 있는가? 그래서 바꾸고 싶은 것이 있는가? 환경에서 무엇을 바꿀까? 아기들을 지원할 다른 방법은 무엇이 있을까? 나 자신의 개입을 포함해서 우리가 제거해야 할 방해물은 무엇인가? 즐겁게 관찰하라!

몬테소리 아기를 위한 가정용품 시작 세트

1. 토폰치노(퀼트로 만든 얇은 쿠션)

2. (갓난아기부터 생후 3개월까지) 잠잘 때 사용하는 체스티나cestina("모세의 바구니"로도 알려져 있음)

3. 잠잘 때 사용하는 낮은 매트리스

4. 움직일 때 사용하는 바닥 매트

5. 활동 공간에 설치하는 긴 가로 거울

6. 모빌을 걸어 둘 공간

7. 간단한 활동 도구들을 진열해 둘 낮은 교구장

8. 기저귀 교환대(패드를 바꿔 주고 사용하지 않을 때는 따로 보관해 둔다.)

9. 음식을 두고 먹을 수 있는 낮은 식탁과 의자(아기가 앉을 수 있게 될 때)

공간별 꾸미기

현관

- 현관 근처 아래쪽에 아기 코트, 모자, 가방 등을 걸 고리를 단다. 아기는 자라면서 자연스럽게 해당 물건이나 옷이 그 자리에 있어야 한다는 것을 이해할 것이다.
- 아기가 걷기 시작하면 아기 신발을 넣을 바구니를 둔다.

거실

활동 공간

- 아기가 몸을 뻗고 팔다리를 움직일 수 있으며, 발가락으로 손을 뻗고, 모빌을 관찰하고, 낮은 거울에 비친 자기 모습을 관찰(65쪽 참고)하는 활동 매트를 둔다. 활동 매트는 바운서(흔들의자)의 매우 훌륭한 대안이다. 바운서는 아기의 자유로운 활동과 탐험을 제한한다. 아기를 베개로 받쳐 주지 않는다. 이 또한 자유롭게 움직이는 것을 제한할 수 있기 때문이다.
- 아기가 기어 다니기 시작하면 자유롭게 움직이도록 활동 매트를 치운다. 이때부터 방 전체가 활동 공간이 된다. (언제나 안전을 점검한다.)
- 낮고 가로로 긴 거울을 벽에 부착하면 아기가 몸 전체(신체 도식)를 시각적으로 볼 수 있고, 몸을 구성하는 신체 부위들과 그것이 전체적으로 어떻게 보이는지 배울 수 있다.
- 모빌을 벽이나 매달 수 있는 공간, 가구에 달거나 아기 머리 위에서 대롱거리도록 나무 프레임에 매달아 놓는다.
- 대여섯 권 정도의 보드북을 담아 놓은 바구니를 둔다.
- 아기가 사물을 잡고 일어설 준비가 되었을 때 견고한 오토만 의자나 커피 탁자처럼 튼튼한 가구를 둬서 아기가 짚고 일어서거나 잡고 걸을 수 있게 한다. 벽에 수평 바를 설치하고 그 뒤에 거울을 부착하면 아기는 거울에 비친 자기 모습을 보면서 즐겁게 걸어 다니는 연습을 할 것이다.
- 예술 작품은 벽의 아래쪽에 단다. 그러면 아기는 익숙한 장면과 물건을 바라보는 것을 즐긴다. 식물이나 동물 그림, 가족사진은 아기가 가장 좋아하는 것들이

다. 옛날 책에서 오린 빈티지 그림을 액자에 넣어서 벽에 걸어 두는 것도 좋다.

- 아기가 자라면 낮은 식탁과 의자(바로 아래 주방편 참고)를 서기, 활동 또는 먹기를 할 때 도움이 되도록 활동 공간으로 옮긴다. 아기가 걷기 시작하면 의자 뒤에 서서 그것을 잡고 미는데, 이런 모습을 봐도 놀라지 않기를 바란다.
- 딱딱한 바닥을 덮을 요량으로 색깔이 있는 폼스퀘어 매트(예: 퍼즐 매트)를 사는 것이 유행처럼 됐는데 이것이 필요한지 의문이다. 폼스퀘어 매트를 쓰면 아기가 뭔가를 지지하고 서기 시작할 때 발을 헛디뎌 넘어질 수 있다. 그리고 폼스퀘어 매트의 현란한 색깔은 공간에 시각적 소음이 될 수 있다. 아직 기어다니기 전이라면 활동 매트의 표면은 부드러워서 아기가 탐색하기에 좋다. 일단 아기가 움직이고 도움 없이 스스로 앉으려 하는 때가 되면, 우리가 예상했던 것보다 튀어나온 부분에 덜 부딪친다는 것을 알게 될 것이다. 그리고 아기는 이렇게 튀어나온 부분들을 접하며 자기 몸의 한계에 대해 배운다는 점을 기억하라. 아기는 새로운 발달 단계에 접어들 때마다 물리적 공간을 다루는 법을 다시 배운다. 자연스러운 과정인 것이다.

주방

- 아기 접시, 사발, 숟가락과 포크, 그리고 유리컵 등을 보관할 낮은 찬장이나 서랍을 설치한다. 아기들은 걷기를 시작하기 전에 자기 물건을 어디에 두고 어디에서 찾을 수 있는지 배우게 될 것이다.
- 아기가 걷기 전에는 우리가 주방에서 일하는 동안 아기가 앉아서 탐험을 할 수 있는 장소에 거품기, 나무 숟가락, 금속 숟가락, 작은 냄비와 뚜껑 같은 것들을 넣은 바구니를 둔다.

먹는 장소

- 아기가 앉기 시작하면 음식을 먹을 때 낮은 식탁을 사용할 수 있다. 식탁과 의자의 다리를 잘라서 아기가 발을 바닥에 디딜 수 있게 한다. 화병에 꽃을 꽂아 식탁 위에 놓아두면 먹는 시간을 특별한 행사로 만들 수 있다.
- 간식을 먹을 때 낮은 식탁과 의자를 사용하고 아이가 잘 적응하면 가족과 식사할 때도 사용한다.

- 시모네는 가족 식사 때 아기를 합류시키는 것을 좋아한다. 먹는 행위의 사회적 측면을 아기에게 알려 줄 수 있기 때문이다. 트레이가 없는 높은 의자에 아기를 앉히면 아기는 가족과 식사 시간을 공유할 수 있다. 아기가 자라면 혼자 힘으로 의자에 올라앉을 수 있게 되고, 트레이가 없어서 아기와 식탁 사이가 떨어지지 않기 때문에 이 의자는 전통적인 식탁 의자의 훌륭한 대안이 된다.

침실

잠자는 장소

- 바닥 침대: 15센티미터 정도 두께의 매트리스를 바닥에 놓는다. 요 스타일의 매트리스 같이 침대 프레임이 낮은 것을 사용한다. 또는 아기가 밖으로 굴러 떨어지는 것을 방지하면서 스스로 기어 올라가고 내려올 수 있도록 가장자리가 약간 올라간 스타일의 낮은 매트리스도 좋다. 바닥 침대에 대해서는 82쪽에 좀 더 자세하게 나와 있다.
- 갓난아기용으로 체스티나(모세 바구니)를 낮은 매트리스 위에 둔다. 아기는 그곳이 잠자는 곳이고 기준점이라는 것을 배운다. 출생 후 몇 달 동안 또는 아기가 바구니보다 더 커질 때까지 체스티나를 사용할 수도 있다.
- 잠잘 때 조용한 분위기를 유지하기 위해 잠자는 장소에는 모빌을 달지 말 것을 권한다.
- 아기가 매트리스에서 굴러떨어질 때가 있다면 매트리스 옆 바닥에 부드러운 것을 깔아 둔다. (81쪽을 참고하면 영아 돌연사 증후군SIDS을 방지하기 위한 지침을 준수하는 공간에 대해 알 수 있다.)
- SIDS 지침은 현재 아기를 부모의 침실에서 재울 것을 권한다. 아기방에서 낮잠을 재우는 부모들이 있다. 이 공간에서 향후 밤에도 아기가 잠을 자도록 연습시킬 수 있다.
- 함께 자기(부모의 침대에서 자기 또는 함께 자기를 통한 애착 형성)를 선택하는 가정도 있다. 가능하다면 바닥 가까이에 가족 침대를 놓아서 아기가 자라며 스스로 기어서 안전하게 침대 안팎으로 움직일 수 있게 한다. (함께 잘 때 발생할 수 있는 SIDS 위험을 확인한다.)

잠잘 때 영아 돌연사 증후군SIDS을 방지하기 위한 지침

다음은 미국 소아과 학회American Academy of Pediatrics에서 발표한 SIDSSudden Infant Death Syndrome 지침이다.

1. 아기는 항상 등을 바닥에 대고 재워야 한다.

2. 아기는 단단한 면에 재운다.

3. 아기를 부모 방, 부모 침대 가까이서 재우는 것을 권장하지만 아기용으로 준비된 분리된 곳에서 재워야 한다. 생후 1년이 좋으며 최소 6개월은 지난 상태여야 한다.

4. 아기가 자는 곳에서 부드러운 물건과 푹신한 침구는 치운다.

5. 낮잠, 밤에 잘 때 고무젖꼭지를 쓰는 것을 고려해 본다. SIDS 위험을 줄여 주는 효과가 있다는 보고서가 있다.

6. 난방을 심하게 하지 말고 아기의 머리에 모자를 씌우지 않는다.

7. 안전한 수면 권고에 맞지 않는 상업용 기구 사용을 피한다. 예를 들면 아이를 다른 사람들과 분리하거나 위치 설정을 할 목적으로 성인 침대에 설치돼 있는 쐐기나 도구 등이 포함된다. (단 이에 국한되지는 않음)

8. 가정용 심폐 측정 모니터home cardiorespiratory monitors를 SIDS 위험을 줄일 목적으로 사용하지 않는다.

9. 아기를 포대기로 감싸 놓으면 SIDS 위험이 줄어든다는 증거는 없다.

바닥 침대에 관한 질문

아기가 바닥 침대에서 굴러떨어지지 않을까?

- 바닥 침대가 아기에게 새롭다면 아기는 침대에서 굴러떨어질 수 있다. 다행히도 침대가 바닥에 가깝기 때문에 아기가 다칠 가능성은 매우 적다. 태어났을 때부터 바닥 침대를 썼다면 아기는 그다지 많이 움직이지 않을 것이고 자라면서 매트리스의 경계가 어디인지 배울 것이다.
- 몇 번만 지나면 아기는 무의식적으로 침대 모서리를 느낄 것이다. 그리고 자기 몸, 환경(침대의 모서리), 자기 힘의 강도(침대에서 떨어지지 않으려면 몸을 어떻게 해야 하는지)를 배울 것이다.
- 바닥이 딱딱하면 부드러운 담요를 깔아 둔다. SIDS 위험이 있으므로 담요가 너무 푹신하거나 쉽게 꼬이지 않게 한다.
- 아기가 이제 막 구르는 법을 배웠다면 수건을 말아서 매트리스 모서리를 따라 세로 길이로 받쳐 놓는다.
- 아기가 굴러떨어지지 않으면서 스스로 기어 올라가거나 자고 일어났을 때 스스로 미끄러져 나올 수 있을 정도 높이의 매트리스 프레임을 사용하는 사람들도 있다.

밤에 아기가 놀려고 침대에서 나올 수 있지 않을까?

- 밤에 자다가 깨면 아기가 침대에서 기어 나올 수 있다. 이것이 바닥 침대의 장점 중 하나다. 아기는 어떤 활동을 하면서 놀다가 끝나면 다시 침대로 기어 들어갈 수 있다. (방바닥에서 다시 잠들기도 한다.) 아기가 안전한 환경을 유지하고, 탐험을 할 수 있도록 조용한 활동 도구들을 준비한다.

기어 다니는 또는 걸어 다니는 우리 아기를 바닥 침대에 있게 하려면 어떻게 해야 하나?

- 바닥 침대를 기준점으로 사용해 온 아기는 침대가 쉴 수 있는 곳이라는 걸 확실히 알 것이고 잠 잘 준비가 되면 기어 올라갈 것이다.
- 이미 기거나 걷는 아기지만 바닥 침대는 처음인 경우 침대를 탐험하는 곳으로 아기에게 소개한다. 아기가 피곤하다는 신호를 보내고 잠잘 시간이 되면 그때 침대에 눕힌다. 아기가 새롭게 잠을 잘 곳을 배울 때 옆에 앉아서 부드럽게 아기 몸에 손을 대고 있는다. 그렇게 며칠이 지나면 우리는 매트리스에서 좀 더 멀리 떨어질 수 있고 더 이상 아기가 침대에 머물도록 옆에 앉아 있지 않아도 된다.

• 시간이 지나면 아기는 일어나서 놀 수 있다는 것을 즐길 것이며 우리를 부를 필요도 없을 것이다. 그리고 우리는 아기를 믿게 될 것이다. 아기 스스로 잠자기를 선택했다는 것을 믿기 힘들 것이다. 하지만 몬테소리 교육을 하는 모든 가정이 똑같은 경험을 했다는 점을 기억하라.

따뜻한 기후대에 살아서 벌레 문제가 있다. 침대에 꼬이는 벌레는 어떻게 처리하나?	• 잠자는 공간의 바닥 색깔을 연하게 칠한다. (또는 연한 색깔 러그를 깐다.) 그러면 벌레를 발견하기가 쉽다. 방을 깨끗하게 유지하고 사용하지 않을 때는 방문을 닫아 놓는다. • 바닥 침대는 바닥 가까이 설치하기 때문에 추운 기후보다는 따뜻한 기후대에 사는 아기가 사용하면 이점을 누릴 수 있다.
우리는 서늘한 기후대에 산다. 바닥에 침대를 놓으면 춥지 않을까?	• 문틈으로 들어오는 외풍을 수건을 말아서 막거나 외풍 차단 인형을 놓는다. • 시트 아래에 울로 만든 깔개를 놓는다. • 아기에게 따뜻한 잠옷을 입히고 양말을 신긴다. (이러면 아기들이 자유롭게 움직일 수 있다.) • 따뜻한 수면 조끼를 사용한다. 하지만 아기가 기거나 걷게 되면 밟고 넘어질 위험이 있다는 점을 알아 둔다.
매트리스에 프레임을 달 필요가 있는가?	• 개인적인 선호도의 문제다. • 프레임이 있으면 좋아 보이기도 하고, 매트리스 주변에 낮은 테두리가 있으면 아기가 침대 밖으로 굴러떨어지는 것을 방지하는 데 도움이 된다. 프레임이 달려 있으면 매트리스가 바닥에서 조금 뜨기 때문에 공기 순환에도 좋다. • 바닥에 매트리스를 놓는 것도 괜찮다.
바닥 침대의 크기는 어느 정도가 적당한가?	• 아기 침대 크기나 그보다 좀 더 큰 매트리스를 사용할 수 있다. • 공간이 있다면 더 큰 바닥 침대를 두고 가족이 아기와 함께 누워서 수유를 하거나 진정하는 공간으로 활용할 수 있다.

Note · 잠자는 아기를 관찰해 보니 그들은 바닥 매트리스의 모서리 부분으로 움직이다가 모서리 부분이 느껴지면 모서리 반대 방향으로 옮겨 갔다. 어른들이 잠을 자며 무의식적으로 하는 것과 똑같이 행동한다는 것을 알 수 있었다.

· 모든 가정이 바닥 침대 사용을 편하게 생각하지는 않는다. 그런 경우라면 아기가 혼자서 침대에 오르내릴 수 있게 될 때(12개월에서 15개월 정도) 유아용 침대로 옮길 것을 권한다. 먼저 낮잠 시간에 아기가 새로운 잠자기 장소에 적응할 수 있도록 시도한다. 처음 며칠은 아기가 잠이 들 때까지 옆에서 지켜본다. 중간에 깨면 아기가 자신이 있는 곳을 파악하도록 도움을 주고 이후 차차 방에서 나오는 것을 연습한다.

조용한 놀이 공간, 활동 공간

- 적은 수의 활동 도구를 진열해 놓은 낮은 교구장이나 보드북을 담아 놓은 바구니를 둔다. 아기가 기어 다니고 꼼지락거리며 움직이기 시작하면 잠에서 깨어났을 때 이런 곳들을 탐험할 수 있다.
- 공간이 허락하면 침실에도 활동 공간을 만든다. (활동 공간을 만드는 것에 대한 추가적인 사항은 78쪽을 참고한다.)

기저귀 가는 공간

- 기저귀 교환 장소: 교환용 패드나 쿠션을 바닥에 놓고(어른이 허리에 문제가 없다면) 사용하지 않을 때는 따로 보관한다. 또는 어른의 엉덩이 높이의 탁자나 서랍장 위에서 기저귀를 갈 수도 있다. (주변보다 높은 곳에 아기를 둘 때는 항상 한 손은 아기를 잡는다.)
- 기저귀 갈 때 필요한 모든 물품, 예를 들어 새 기저귀를 담은 바구니, 물티슈나 닦는 용도의 수건, 크림, 더러운 기저귀를 버릴 용기 등을 준비해 놓는다.
- 일단 아기가 안정적으로 앉을 수 있으면(생후 9개월 정도부터) 낮은 화장대용 의자가 유용하다. 이 의자는 높이가 아주 낮아서 아기가 앉아도 발이 바닥에 닿는다. 그러면 아기는 확실하게 옷 입는 장소를 갖게 된다. 그리고 옷을 입으면서 어른과 협력이 이루어진다. 아기가 점점 독립성을 가지게 되면서 스스로 바지나 속옷을 성공적으로 입게 될 것이다. 플라스틱보다 나무 의자가 좀 더 견고하다.
- 아기가 서게 될 때쯤이면 기저귀를 갈기 위해 매트에 눕는 것에 저항할 수 있다. 그러면 화장실에서 아기는 서게 하고 (공간이 허락한다면) 우리는 낮은 의자에 앉아서 기저귀를 간다.

수유 공간

- 공간이 허락하면 밤에 수유할 때는 편안한 성인용 의자에 앉아서 하는 것이 좋다. 여기서 아기는 방해받지 않고 먹는 것에 집중할 수 있다. 수유하는 엄마를 위해 물, 휴지 등을 준비한다.
- 바닥 침대에 누워서 수유할 수도 있다.

장식물 관련 사항

- 간단하고 매력적인 장식물을 준비한다.
- 아이 눈높이에 맞춰 동물, 자연 그리고 친숙한 사람들처럼 현실감 넘치는 사진을 걸어 둔다. 몬테소리 원칙은 가상의 물건이 아닌 일상생활에서 보고 경험할 수 있는 진짜 사물을 묘사한 작품을 걸어 두는 것이다. 아기가 눈앞에 보이지 않는 그 어떤 것을 상상할 수 있으려면 좀 더 시간이 흘러야 한다.
- 장식용 깃발이나 가족에게 의미가 있는 가정에서 만든 용품들을 매달아서 따뜻하고 아늑한 분위기를 만든다.
- 패턴 벽지 같이 좀 더 대담한 것을 사용하면서도 여전히 아늑한 공간을 만들 수 있다. 그러면 아마 차분하면서도 활동이 눈에 잘 들어오고, 아기가 탐험하기에 매력적인 공간을 만들기 위해 중성적 느낌의 교구장이나 가구를 놓고 싶을 것이다.

욕실

- 아기가 독립적으로 욕실을 사용할 수 있으려면 몇 달의 시간이 필요하겠지만, 아기가 커가면서 어떻게 욕실을 사용하게 할지를 고려해 욕실 환경을 준비한다. 가령 아기 칫솔을 두는 공간이나 세수를 했을 때 얼굴을 볼 수 있는 거울을 두는 위치 등을 정해 둔다.
- 12개월 정도가 되면 유아용 변기 사용에 관심을 보이는 아기들이 있다. 기저귀를 갈거나 배변 훈련 팬티(면으로 만들고 덧대어 소변이 새는 것을 막는다.)를 입힐 때 변기를 보여 준다. 좀 더 커야 이런 관심을 보이는 아이들도 있다. 항상 아이들을 따라가면 된다. 아기가 유아가 되면 변기를 사용하는 환경을 준비한다. (90쪽 참고)

- 태어난 지 며칠 지나지 않았을 때부터 아기와 배변 소통(아기의 신호를 이용해 언제 유아용 변기를 사용하게 할지 결정한다.)을 하는 사람들도 있다. 이들은 아이가 사용할 유아용 변기를 좀 더 일찍 들이기를 원한다.

야외

- 공원이나 해변, 숲속 등 야외에 나갈 때 아기가 누울 부드러운 담요나 소풍 담요를 준비한다. 아기는 나무 아래에 누워 나뭇잎과 나뭇가지가 움직이고 그림자의 모양이 변하는 것을 보기 좋아한다.
- 많은 아기가 아기 캐리어나 유모차에 타고 바깥에서 산책하는 것을 좋아한다. 우리가 보는 것에 관해 아기에게 이야기하고 주변 세상의 소리를 들으며 조용한 순간을 즐긴다. 출산 후 초기(약 3개월 정도)에는 걸으면서 아기와 마주 보고, 우리가 있는 곳을 아기가 보게 하고 그들과 이야기한다. 그러다가 아기의 시선을 우리가 아닌 바깥으로 돌려서 아기가 좀 더 주변 세상을 경험할 수 있게 한다. 유모차에 태우고 나왔다면 아기가 우리를 찾을 때 멈춰서 아기들 옆에 선다.
- 아기가 앉을 수 있다면 놀이터(공간이 허용한다면 집에서도)의 그네를 즐길 수 있다.
- 일단 아기가 뭔가를 짚고 일어서게 되면 곧 (집 안팎에서 사용할 수 있는) 장난감 수레를 밀 수 있게 될 것이다. 태웠을 때 아기를 곧추 세워서 엉덩이에 압력이 가해지는 점퍼jumper나 보행기 사용을 피한다. 아기가 스스로 일어서서 수레를 밀 수 있을 때까지 기다린다.

까다로운 상황을 위한 팁

손위 형제자매가 있는 경우

몬테소리 스타일로 집을 꾸밀 때 일반적으로 묻는 것은 연령이 다른 아이들과 어떻게 공간을 나눠 사용하느냐다. 이 경우 우리는 집에 있는 모든 아이가 필요로 하는 바를 집에서(가끔은 작은 공간)에서 충족시킬 수 있도록 작업한다.

1. 큰 아이용으로 좀 더 높은 교구장을 사용한다

선반의 높이가 서로 다른 교구장을 사용한다. 교구장의 낮은 칸에는 아기용 또는 모든 아이가 이용하는 안전하고 크기가 큰 활동 도구를 둔다. 높은 칸은 큰 아이용으로 부품이 작은 활동 도구를 보관한다.

2. 아기가 열지 못하게 작은 부품은 용기에 넣어 보관한다

망치질용 작은 못, 작은 레고 블록들, 그밖에 작은 부품 같이 큰 아이들이 사용하는 물건은 뚜껑을 돌려서 닫는 병이나 뚜껑이 꽉 잠기는 용기에 보관한다.

3. 아이들이 원한다면 혼자 있을 수 있는 공간을 만든다

큰 아이는 자신이 만들어 놓은 것을 아기가 기어 다니며 일부러 망가뜨리는 것처럼 보이면 짜증이 날 수 있다. 아기도 손위 형제자매한테 이리저리 끌려다니거나, 자기가 가지고 노는 것을 계속 방해하고 빼앗는 형제자매들을 대하기보다는 평화롭게 있고 싶을 것이다. 큰 아이들이 아기의 손이 닿지 않는 식탁이나 책상으로 물건을 가져와서 만들기를 할 수 있게 한다. 의자에 "개인용"이라고 쓴 보자기나 담요를 씌워 놓고 그것을 아기에게 보여 주며, "개인용이라고 적혀 있네?"라고 말한다. 또는 낮은 교구장이나 바닥 러그로 아기의 영역을 표시해 주고 큰 아이들을 위한 장소는 따로 분리해서 마련한다.

그래도 여전히 아이들끼리 문제가 있을 수 있다. 하지만 이를 아이들이 문제를 해결하고, 모두의 욕구를 충족시킬 방법을 찾는 연습을 하는 기회로 생각하라. 그리고 아이들이 자라면서 계속 장소를 조정하고 변경하여 모두를 위해 더 나은 공간을 만드는 법을 찾는다.

좁은 공간

모든 것이 갖춰지고, 모든 것이 제자리에 있는 공간을 준비하는 것은 좁은 공간에서 더 중요하다. 그렇게 하지 못하면 공간이 너저분해지고 아기의 흥미를 끌지 못하게 된다. 공간이 비좁으면 창의력을 발휘할 기회로 여기자.

- 공간을 확보하기 위해 아침에는 매트리스를 말아서 접어놓는다.
- 벽의 위쪽 공간에 보관할 수 있는 공간을 만들어 놓는다. (벽과 같은 색으로 칠을 해서 눈에 잘 띄지 않게 한다.)
- 책상이나 자주 사용하지 않는 소파처럼 필요 없는 가구가 있을 수 있는데 그런 것은 당분간은 치워버린다.
- 공간이 넓게 보이도록 테가 얇고 색깔이 연한 가구를 찾는다.
- 친구와 놀이감을 교환해서 사용한다. 월 단위로 놀이감을 대여할 수도 있다.
- 좁은 공간에서는 지금 아기가 사용하는 것만 꺼내 놓고 나머지는 효율적으로 보관하는 것도 큰 역할을 할 것이다.

잡동사니 치우기

아기가 출생한 후 몬테소리 스타일로 집을 꾸미려 할 때 본격적으로 시작하기 전에 여분의 놀이감과 아기 물건을 많이 갖고 있지 않으면 누릴 수 있는 이점이 있다. 어른들 물건도 아주 많을 수 있는데, 줄여서 좀 더 차분하고 잡동사니 없는 아기에게 흥미로운 공간으로 만든다. 우리에게 더 이상 필요하지 않을 것을 선별해서 없앤다. 타고난 탐험가인 호기심 많은 아기들을 위한 공간을 더 많이 만든다. 그리고 아기를 위해 우리가 집에 가져오는 것들에 대해서도 생각해 본다.

곤도 마리에의 버리기 방법이 인기를 끄는 데는 이유가 있다. 효과가 있기 때문이다. 그는 가지고 있으면 기쁘거나 유용한 것만 골라 보관하라고 조언한다. 물건을 버릴 때는 그 물건을 처음 받았을 때 느꼈던 기쁨을 상기하며 "고마웠어."라고 말한다. 좀 더 알고 싶다면 곤도 마리에의 『버리면서 채우는 정리의 기적The Life-Changing Magic of Tidying Up』을 읽어 보기 바란다.

영유아를 위한 가정 환경 준비하기

아기는 금세 아장아장 걸어 다니는 유아가 된다. 다음 단계를 준비하는 차원에서 어린 유아를 위한 집을 꾸밀 때 도움이 되는 몇 가지 제안을 하겠다.

주방

영유아는 주방에서 일어나는 일에 참여하고 싶어 한다. 준비되는 것을 보고 싶어 할 것이고 간단하게 돕고 싶어 한다. 그래서 아이가 안정적으로 서게 되면 유아용 디딤대나 러닝 타워learning tower를 사용하면 유용하다.

아이들은 쟁반이나 유리잔, 숟가락과 포크를 자신의 간식 탁자로 옮기기 시작할 것이므로 이런 것을 낮은 서랍이나 찬장에 둔다. 아이들 스스로 물을 마실 수 있는 장소(급수기나 물이 소량만 들어 있는 물병, 물을 쏟으면 닦을 행주 그리고 작은 물컵이 있는 곳)에 (아이 스스로 열 수 있는 그릇에) 간단한 간식을 준비해 둔다.

침실

영유아는 잠에서 깨어 일어나면 방 안에서 움직이고 탐험할 더 넓은 공간을 원할 수 있다. 수유에 사용하는 어른용 의자를 뒀다면 이 의자를 치워서 공간을 더 확보한다. 낮은 교구장에 올려놓은 활동 도구의 난도가 점점 더 어려워지도록 해야 한다는 점을 유념하자. 그리고 침실 공간에서의 활동은 조용한 것으로 고른다.

영유아는 뭔가에 지지해 일어서고, 서 있고, 기어오르기를 할 것이므로 공간은 가능하면 안전하게 꾸민다. 필요하다면 창문 자물쇠를 설치한다. 책 선반(예: 벽걸이 책꽂이 또는 매거진랙)은 벽에 견고하게 부착한다. 아기가 만지기 원하지 않는 물건은 치운다. (유아는 상상을 초월할 정도로 기지가 있다.)

거실

활동 공간에서 더 이상 가로로 긴 거울을 사용하지 않게 될 텐데 그렇다면 현관에 세로로 세워 둔다. (집에서 나가기 전에 자신의 모습을 점검하는 데 적격이다.) 마찬가지로 활동 매트를 아직 치우지 않았다면 그것도 치워서 영유아가 움직이고 탐험할 공간을 더 만든다.

영유아는 어딘가에 기어오르는 것을 좋아한다. 공간이 허락한다면 미끄럼틀이 달린 피클러 트라이앵글 같은 놀이 기구를 두면 쓰임이 많다. 공간이 좁다면 접어서 보관하거나 사용하지 않을 때는 벽에 걸어 놓을 수 있는 기구를 고려해 본다. 나무로 만든 징검다리, 평균대 또는 흔들의자는 영유아가 움직임 연습을 하는데 아주 좋은 것들이다. 밀기 수레도 유아가 걷기를 배우는데 인기 좋은 기구다.

아기가 숙달할 활동 도구들을 지속해서 바꿔 준다. 보관 공간에 뒀다가 새로운 도전이 필요하면 꺼내 준다. 책 읽기는 수많은 영유아가 가장 좋아하는 활동이다. 전면 책장에 책을 몇 권 전시해 두고, 쿠션이나 앉아서 책을 읽을 빈백 또는 편안한 낮은 의자를 둔다. 책 선반에 책을 교대로 꽂아 두거나 안 보는 책은 따로 보관해서 아이들이 너무 부담스러워하지 않고 흥미를 갖도록 유도한다.

욕실

영유아는 스스로 손을 닦고 자기 칫솔을 잡고 싶어 한다. 가능하다면 혼자 욕조에 들어가려 한다. 낮은 유아용 디딤대를 준비해 두면 아주 유용할 것이다. 화장실 사용하기에 관심을 보이는 영유아들이 있다. 그러면 아기용 변기(또는 변기에 올라갈 수 있는 발판), 젖은 옷을 둘 장소, 깨끗한 속옷 그리고 청소용 옷을 준비할 시간이 된 것이다.

현관

현관에 가방, 코트, 모자 등을 걸어 둘 낮은 고리를 설치할 시간이 온다. 신발, 장갑, 스카프 같은 것을 보관하는 바구니를 두면 아이는 물건이 있어야 하는 자리가 어딘지 알 수 있다. 아이가 물건을 쉽게 찾을 수 있도록 도울 수 있다. 활동 공간에 있는 거울을 현관으로 옮겨 와 세로로 설치한다. 휴지와 선크림을 놓는 작은 탁자를 두면 집에서 나가기 전에 마지막으로 점검할 때 편리하다.

외부

영유아는 점점 더 활동적이 된다. 일단 일어설 줄 알고 걷게 되면 온 세상이 탐험의 대상이 된다. 아이가 뛰고, 자전거를 타고(예: 아이가 스스로 탈 수 있는 작은 세발자전거), 점프하고, 팔로 매달리고, 미끄럼을 타고, 그네 타기 등을 할 기회를 준다.

간편하게 정원을 탐험하거나 숲속을 산책하는 일이 영유아에게는 아주 풍부한 경험이 될 것이다. 바위나 각종 껍질, 깃털 등을 찾아보면서 자연에서 온 것들을 수집하기 시작한다. 아이는 정원 가꾸기에 관심을 보인다. 정원에서 채소를 키우거나 식물에 물을 주거나, 나뭇잎을 긁어모으는 등의 활동을 돕고 싶어 하기 시작한다.

몬테소리 스타일로 가정을 꾸며서 누리는 이점

몬테소리 스타일로 가정을 꾸미면 좀 더 가볍고 차분한 가족을 위한 공간이 만들어지는 것을 보게 되는데, 놀랍기 그지없다. 다음의 사항을 추가로 고려해 볼 수 있다.

1. 지속해서 기준점을 줘서 아기가 집에서 안정감을 갖게 한다.
2. 아기가 아름다움을 흡수할 수 있게 하고, 우리가 집을 돌보고 아낀다는 것을 아기가 느낄 수 있게 한다.
3. 모든 것이 있고 그 모든 것이 제자리에 있는 공간을 제공한다. 필요한 모든 것이 아름답게 진열되어 있으며 언제라도 이용할 수 있는 공간(어른들의 공간도)을 제공한다.
4. 미술 작품, 도자기 그리고 집에서 찾아볼 수 있는 다른 문화적 요소를 통해 아기가 문화적 측면을 흡수할 수 있게 한다.
5. 아기가 의존적 상태에서 협력하는 관계로, 다시 독립적 존재로 옮겨 갈 수 있도록 돕는 환경을 만든다.
6. 아기가 몸을 움직이고, 각각의 장소를 탐험하고, 여러 가지 활동을 할 수 있도록 공간을 준비해서 아기가 세상에 미치는 영향을 배울 수 있게 돕는다.
7. 아기에게 집의 모든 공간과 가정생활에 포함된다는 소속감을 심어 준다.

아기를 위해 이런 공간을 만듦으로써 우리는 앞으로 아기의 성장을 위한 토대를 마련한다. 마지막으로 집 꾸미기에서 알아 둬야 할 것은 이 작업은 결코 끝나지 않는다는 것이다. 우리의 아기는 유아가 되고, 이후 어린이가 되고 청소년이 된다. 출생 시에 기반을 잘 닦아 두면 아이가 성장하면서 그에 맞춰 조정하기가 쉬워진다.

실천하기

- 아기가 그들의 공간을 최대한 독립적으로 사용할 수 있는가? (예: 흔들의자 대신 활동 매트)
- 우리의 공간은 아름다운가? 아기가 경험하기에 적합하며 잡동사니는 없는가?
- 아기가 무엇을 할 수 있는지 볼 수 있고, 스스로 선택하는 법을 배울 수 있도록 흥미로운 활동과 필요한 도구를 준비할 수 있는가?
- 아기를 먹이고, 기저귀나 옷 등을 갈아입히고, 목욕시키고, 재우는 일을 일관성 있게 할 수 있는 장소가 있는가?
- 저장 공간을 충분히 확보해서 사용하지 않는 활동 도구와 아기 용품을 보관할 수 있는가?
- 아기 옆 바닥에 누워 아기 관점에서 그 공간이 어떻게 보이고 느껴지는지 알아본 적이 있는가?

16개월 된 아기 재크의
시점에서 본 몬테소리 가정

여기에서는 가정 환경을 조성하는 것이 어떤 식으로 아이의 출생 순간부터 시작되는 탐험의 발전을 돕고 기쁨이 되는지 살펴볼 것이다. 이 인터뷰(상상의 인터뷰로 재크의 엄마 필라 베윌레이와 몬테소리가 만들었다.)를 즐기길 바란다.

환영해요! 어서 오세요. 나는 재크예요. 그리고 여기는 우리 집이죠. 나는 위층에 있는 엄마 아빠 침실에서 태어났어요. 그리고 다 합해서 16개월이라는 엄청난 세월을 바로 여기에서 살았어요. 엄마 아빠가 꾸며 놓은 우리 집이 나는 너무 좋아요. 우리 집에서 내가 제일 좋아하는 곳을 알려 줄게요.

부엌에서부터 시작할까요? 내가 혼자서 서랍장을 열 수 있을 만큼 힘이 강해지기 시작하니까 엄마는 부엌 정리를 다시 해야 했어요. 먼저 모든 화학 제품은 화장실(여기 있는 서랍장은 우리 집에서 어린이 보호 자물쇠가 달린 유일한 보관장이에요.)로 옮겼어요. 엄마는 내가 다른 그릇을 가지고 놀다가 실수로 깨뜨리지 않게 유리 저장 용기를 모두 높은 서랍으로 옮겼어요. 그리고 (날카로운 칼은 빼고) 숟가락과 포크는 낮은 서랍에 넣어 둬서 내가 만질 수 있게 했어요. 그거 빼놓고 나머지 물건은 모두 원래 있던 자리에 있어요. 내가 다른 서랍에 있는 깨지기 쉬운 물건들을 뒤져보고 만지려고 하면 엄마가 와서 "안 돼. 그건 네가 만지면 안 되는 거야."라고 말하곤 했어요. 그리고 어떤 서랍에 있는 것을 만지고 놀 수 있는지 보여 줬어요. 그래서 이제는 알아요! 손가락이 무거운 서랍 문에 끼인 적이 몇 번 있었는데 이제는 서랍을 잘 닫을 수 있어요.

부엌 옆에 이 작은 나무 찬장에 내 놀이감을 보관해요. 엄마가 중고품 시장에서 찾았는데 나는 이 찬장이 정말 좋아요. 딱 나한테 맞는 크기거든요. 내 차는 이 바구니에 넣어 두고 공은 다른 바구니에 보관해요. 엄마가 바구니는 멋진 물건이라고 했는데, 정말 그래요! 나는 물건을 던져서 바구니 바깥으로 튕겨 나가게 한 다음 다시 집어넣어요. (기분이 안 내킬 때는 그냥 엉망으로 만든 다음 내버려 두기도 하고요.)

놀이감 옆에 있는 것은 음식을 먹을 때 사용하는 낮은 식탁이에요. 여기서 그릇과 숟가락을 사용해 음식을 처음 먹어 봤어요! 처음으로 이 식탁을 사용한 때는 내가 4개월이었을 때인데, 그때는 앉으려면 도움이 필요했어요. 이제는 엄마가 "밥 먹자."라고 말하기만 하면 내가 달려가서 의자를 빼고 혼자서 앉아요! 가끔은 내 친구 제임스랑 같이 이 식탁에서 음식을 먹어요. 같이 점심을 먹으며 재미있는 시간을 보내지요. 아빠랑 데비 고모가 지하실에 있는 합판으로 이 식탁을 만들어 줬어요. 그리고 러닝 타워(몬테소리 스텝스툴)도 만들어 줬죠. 이 러닝 타워를 부엌으로 가져가서 손을 닦거나 요리를 도울 때 사용해요. 언젠가는 나도 아빠랑 고모처럼 재주가 좋아지기 바라요.

아침이랑 저녁은 엄마, 아빠랑 주방에 있는 식탁에서 같이 먹어요. 트립트랩tripp-trapp 의자(아기용 의자)가 있는데 이건 할아버지, 할머니, 이모, 삼촌 그리고 사촌의 선물이에요. 온 가족이 내가 독립성을 기르는 데 도움을 준다는 것을 알게 돼서 너무 좋아요. 나 혼자 힘으로 이 의자에 올라가서 앉고 내려오는 연습을 하고 있어요. 그리고 엄마, 아빠랑 식사를 같이 하니까 참 좋아요. 밥 먹을 때는 항상 양초를 켜고 진짜 식기, 숟가락과 포크, 그리고 유리컵을 써요. 나는 내 힘으로 혼자 먹는 게 좋아요. 조금 지저분해질 수 있지만 아주 재미있거든요. 접시랑 유리컵을 몇 개 깨뜨린 적이 있어요. 이제는 식사 시간이 되면 아주 조심해서 접시와 숟가락과 포크를 식탁으로 가져가요.

그 계단을 조심해요. 저기 아빠가 만들어 놓은 낮은 난간을 잡아 보고 싶지 않아요? 나는 이 난간을 붙잡고 혼자 힘으로 위아래를 오르내려요. 자, 이쪽으로 가요. 아기용 변기를 사용해야 할 때는 화장실에 갈 수 있어요. 여기가 내 작은 화장실이에요. 위층에 하나 더 있어요. 이게 내 속옷이고 내 책이에요. 엄마랑 여기서 책을 읽고 노래도 하며 시간을 보내요. 엄마는 내가 일을 다 볼 때까지 기다리기도 하고요. 쉬나 응가를 하면 씩씩하게 내가 이 아기용 변기를 화장실 변기에 비워요. 그러면 엄마는 움찔하면서 절대 나를 도와주고 싶지 않은 척을 하곤 해요.

아, 저기 보세요. 화장실 바깥 오른쪽에 멍멍이 물그릇이 있어요. 전에는 옆을 지나갈 때마다 물그릇 근처를 엉망으로 만들곤 했어요. 물그릇을 엎어서 물을 사방에 흩뿌리지 않고는 못 견디겠더라고요. 지금은 훨씬 점잖아졌어요. 그릇이 비어 있으면 엄마에게 가져가서, "아구아 agua"라고 말해요. 그럼 엄마는 "아니야. 지금은 그릇에 물이 없어."라고 말해요. 엄마도 바보 같아질 수 있다니까요! 내가 계속 우기니까 결국 엄마는 그제야 이해하고 내 인식 수준이 한 단계 더 올라갔다고 정말 신나했어요. 아빠한테 말할 때 "인식 수준"이라고 말했어요. 뭐라고 부르건, 엄마 마음대로 불러요. 그런데 아무튼 누군가는 멍멍이에게 물을 줘야 한다고요!

이제 위층으로 올라가요. 계단 맨 아래에 있는 문을 조심해요. 요새 저 계단은 멍멍이들이 위층으로 못 올라오게 할 때만 써요. 계단 맨 위에 있는 문은 엄마가 샤워할 때나 내가 위층에 있어야 할 때 사용하지요.

여기가 내 침실이에요. 이 바닥 침대에서 잔 지 몇 달이 됐어요. 아기 침대용 매트리스를 바닥에 깔아 놓은 건데, 낮잠을 자고 일어났을 때나 졸리지 않을 때 매트리스 위에서 방을 탐험할 수 있어서 정말 좋아요. 내가 정말 잘 구르거든요. 그리고 겨울에는 침대 밖으로 굴러 나와 마룻바닥에서 자면 정말 추웠어요. 그래서 엄마 아빠가 해결책을 찾았어요. 이케아에서 산 바로 이 멋진 침대에요! 원래 디자인대로 나무판 위에 매트리스를 올리지 않고 매트리스는 바닥에 놓고 그 주변에 낮은 벽을 세웠어요. 작은 출입구도 침대 프레임 한쪽 끝에 만들어 놓고요. 그런데 내가 워낙 침대 가장자리를 타고 오르내리는 걸 잘해요.(처음에는 몇 번이나 얼굴을 박기도 했지만 지금은 정말 프로처럼 잘해요.) 침대 옆에는 내 의자랑 세탁물 바구니가 있어요. 엄마는 내가 꾸불꾸불 거리는 벌레래요. 엄마가 옷을 입히려고 앉혀 놓지만 종종 반쯤 옷을 벗은 채로 방구석으로 도망가곤 해요. 하지만 빨아야 할 옷을 세탁 바구니에 넣는 건 좋아요!

위층 화장실에는 유아용 디딤대가 있어서 거길 딛고 올라가 이를 닦아요. 그리고 위층에도 아기용 변기가 있어요. 엄마, 아빠 방 교구장에 놀이감이 몇 개 있어요. 엄마가 옷을 입을 때 대개 그걸 가지고 놀아요. 여기는 내가 지금보다 더 어릴 때 쓰던 활동 공간이에요. 모빌, 거울 그리고 잡고 일어서는 막대 바가 있어요. 이 바를 잡고 걷기를 했어요. 곧 여기를 바꿔서 기어오르기 벽으로 만들 거예요. 그러면 엄마 심장을 '쿵'하게 만드는 일이 더 많아지겠죠? 암벽 기어오르기도 시작하고요!

여기까지예요. 우리 몬테소리 가정 방문이 즐거웠길 바라요. 우리 집에 와 줘서 고마워요. 또 만나요!

출생부터 5개월까지의
아기를 위한 환경

1. 바닥 침대
2. 기저귀를 갈아 주고
   옷을 보관하는 장소
3. 더러운 옷이나 쓰레기를 넣는 통

4. 교구장
5. 어른 의자
6. 활동 매트와 거울
7. 모빌

5개월부터 9개월까지의
아기를 위한 환경

1. 바닥 침대
2. 기저귀를 갈아 주고
   옷을 보관하는 장소
3. 더러운 옷이나 쓰레기를 넣는 통
4. 교구장
5. 어른 의자

6. 활동 매트와 거울
7. 오토만ottoman 의자
8. 이유식 식탁과 의자
9. 벽에 부착하는
   막대 바

**9개월부터 12개월까지
아기를 위한 환경**

1. 바닥 침대
2. 기저귀를 갈아 주고
   옷을 보관하는 장소
3. 더러운 옷이나 쓰레기를 넣는 통
4. 교구장
5. 어른 의자

6. 오토만 의자
7. 이유식 식탁과 의자
8. 벽에 부착하는
   막대 바
9. 공을 넣는 바구니

이 방의 모습은 국제 몬테소리 협회 유아 훈련 부문 쟌나 고비Gianna Gobbi가 제공한 그림에 근거해 그렸다.

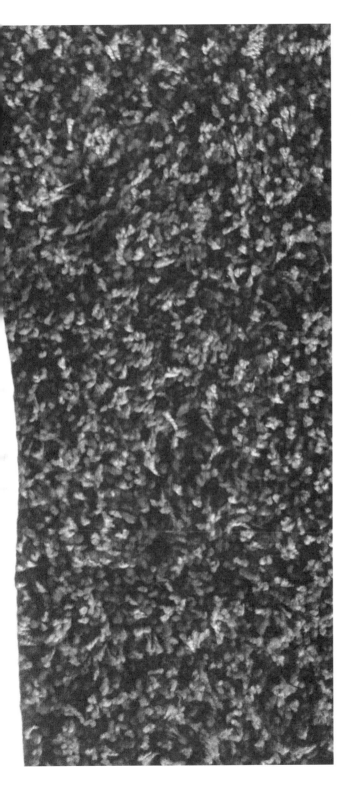

가정 방문

카바나 리포트The Kavanaugh Report 사
이트를 만든 니콜의 집을 둘러보자.
니콜의 가정에는 네 자녀가 있다.
가장 어린 아기가 필요로 하는 것을
충족시키고 아기를 가족에 합류시
키기 위해서 공간을 어떻게 구성했
는지 살펴볼 수 있다.

사진에는 무나리 모빌에서 영감을 받아
직접 제작한 흑백 모빌과 토폰치노가
있다.

침실

침실 공간은 차분하고 편안한 느낌이다. 바닥에 깔린 매트리스는 바닥 침대 역할을 한다. 나무 모빌 행거와 양털 가죽이 있는 곳은 활동 공간으로 활용하고, 낮은 교구장에는 간단한 활동 도구를 진열한다. 식물의 모습을 담은 미술 액자는 낮게 걸어서 아기가 일어났을 때 보고 즐길 수 있게 한다. 구석에 어른용 수유 의자를 둬서 밤에 아기에게 수유할 때 사용한다. 이 공간에서 아기에게 위험한 요소를 없앴다. 그래야 아기가 마음 놓고 자유롭게 탐험할 수 있다.

활동 공간

부드러운 카펫은 아기가 자유롭게 움직이고, 팔다리를 뻗고, 자기 몸과 주변 사물을 탐험하는 활동 매트로 사용할 수 있다. 거울을 이용해 아기는 자기 자신의 모습을 보면서 몸이 어떻게 생기고 구성되었는지(신체 도식)를 배울 수 있다. 그리고 옆에서 바쁘게 활동하고 있는 형제자매의 모습을 볼 수도 있다. 벽에는 막대 형태의 긴 바가 달려 있는데, 아기가 잡고 일어선 다음 걸을 때가 되면 이것을 잡고 오가며 걸음마를 연습할 수 있다. 낮은 교구장에는 아기가 탐색해 볼 수 있는 몇 가지 물건들이 진열되어 있다. 공이 들어 있는 상자, 움켜잡기 연습용 구슬, 손바닥 잡기 연습용 원통, 물건이 담긴 바구니 그리고 보드북 몇 권이 준비되어 있다. 식물과 벽에 걸어 놓은 걸개는 아늑하고 머물고 싶은 느낌이 드는 공간으로 만들어 준다.

먹는 공간

낮은 식탁과 의자는 아기가 음식과 간식을 먹을 수 있는 공간을 만들어 준다. 작은 물컵과 물병이 놓인 쟁반이 준비되어 있고 옆에는 꽃이 꽂혀 있다. 헝겊 매트도 깔아 사랑과 배려가 담긴 아기 전용 먹는 공간을 만들었다. 식탁 높이는 약 30센티미터, 좌석 높이는 약 13센티미터로 아기 발이 바닥에 닿을 수 있다.

가족을 위한 공간

이 사진은 아기가 가족의 일원으로 포함됨을 보여 준다. 아기에게는 탐험할 공간이 있다. 아기는 양털 가죽 위에 누워 손에 뭔가를 움켜쥐고 탐색하거나 뭔가를 하고 있는 형제자매나 부모의 모습을 추적 관찰할 수 있다. 책장에는 큰 아이용 책이 꽂혀 있고, 아기 옆에 있는 매트에는 커다란 퍼즐이 놓여 있다. 아기가 볼 수는 있지만 안전상 손은 닿지 않는 거리다.

갈아입는 공간

아기 옷이 잘 보인다. 아기가 몸을 꿈틀거리며 움직여 근처로 가서 어떤 옷이 마음에 드는지 가리킬 수 있다. 이는 아기가 좀 더 독립적으로 옷을 입게 되면 자기 옷을 어디에 보관하는지 배우면서 질서 감각을 형성하는 데도 도움이 된다. 많은 옷이 필요하지 않으며 계절별로 그리고 아이가 성장하는 것에 맞춰 옷을 교대로 꺼내 놓는다. 낮은 선반 위에는 기저귀 등을 갈 때 사용하는 패드가 있는데, 아기가 크면 바닥에서 기저귀를 갈 수 있다. 아기가 설 수 있게 되면 선 채로 기저귀를 갈 수 있다.(예를 들어 어른이 낮은 등판이 없는 의자에 앉아서) 연습이 조금 필요하다. 아기는 등을 대고 누워 있는 자세를 취할 때 좀 더 취약함을 느낄 수 있다. 일어서 있는 것은 주체 의식을 심어주는 데 반해 누워 있으면 아기는 좀 더 소극적이고 의존적으로 행동하게 된다. 일어서서 하면 아기가 참여하게 되고 기저귀 가는 것에 대한 저항도 덜한 경우가 많다.

몬테소리 방식으로
양육하기

5

신뢰하기

다른 많은 부모처럼 주니파도 아들의 첫 번째 생일에 줄 최고의 선물을 생각하며 조사하는 데 긴 시간을 보냈다. 주니파의 목록에는 나무로 만든 쌓기 블록, 세발자전거, 악기 등이 포함돼 있었다. 그러던 어느 날 거의 한 살이 되어 가는 아이를 관찰하다가 첫 번째 생일 선물은 돈을 주고 살 수 있는 것이 아니라는 것을 깨달았다. 물질적인 것이 아니라 심리적인 것이었기 때문이다. 그것은 바로 기본적인 신뢰. 오로지 첫해에, 올바른 환경에서 아기에게 줄 수 있기 때문에 신뢰는 더욱 특별한 선물이 된다. 두 가지 기본적인 신뢰는 *환경에 대한 신뢰*와 *자아에 대한 신뢰*다.

환경에 대한 기본적 신뢰

첫 번째 기본적 신뢰는 보통 출생 후 두 번째 달 말쯤 획득하게 된다. 이 시기는 새로운 세상에 적응하는 기간이므로 아기의 성장에서 아주 중요한 때이기도 하다. 이 시기의 엄마와 아기는 서로 육체적, 심리적 욕구를 충족시키기 위해 서로 의지한다. 바로 3장에서 다룬 공생 기간이다. 이 때 아이의 개성, 세상과 삶을 보는 관점의 기틀이 형성된다. 환경을 기본적으로 신뢰하는 아이는 삶에 긍정성과 안정감을 가지고 접근할 것이며, 세상은 그들이 번영할 수 있는 좋은 곳이라고 믿는다.

자아에 대한 기본적 신뢰

두 번째 기본적 신뢰는 대개 생후 아홉 번째 달에 습득하게 된다. 이때는 외부 임신 기간이 끝나는 때이기도 하다. 아이는 이제 자궁 내에서 지냈던 시간만큼 외부에서 시간을 보냈다. 자아에 대한 기본적 신뢰는 자신감과 강한 자존감의 토대를 놓는다. 자아에 대한 기본적 신뢰가 있는 아이는 도전에 직면했을 때 자신의 능력에 대한 확신을 갖고 접근할 것이고 실패를 해도 낙심하지 않을 것이다. 이런 아이들은 호기심이 강하고 탐험하려는 자세로 세상에 접근할 것이다.

아이가 독립성을 발전시키도록 도와주고, 움직이고 탐험하고 소통할 기회를 주는 것이 아이에게 주는 선물이다.

아기는 성공할 때마다 자신에 대한 기본적 신뢰가 쌓인다. 아기를 방해하지 않는 것이 중요하다. 가령 아기가 촉각 모빌을 잡고 있는데 거기에 종이나 리본을 달아 주는 식으로 너무 많이 도와주려 애쓰지 않는다. 자아를 형성하고 스스로에 대한 기본적 신뢰를 쌓는 것에 더해 아기는 집중하는 능력도 키우고 있다. 이런 과정을 반드시 존중해야 한다.

아기 스스로 자아에 대한 기본적 신뢰를 쌓을 수 있는 환경을 준비한다. 지속적으로 아기를 관찰해 변화를 간파하고, 아기가 성공할 수 있게끔 능력에 맞춰 도전의 난도를 조절하고, 균형을 잡도록 환경을 조정한다. 또한 아기가 익혀야 할 행동과 사회적 규범을 지속해서 시범적으로 보여 주고 아기의 행동에 대한 피드백을 준다. 아기에게 말을 걸고 노래를 불러 준다. 더 중요한 것은 아기의 말을 듣고 대화를 나누는 것이다. 부모는 아기의 표정이나 행동에 반응하고 말을 하면서 아이가 배가 고프거나 돌봄이 필요한지 알고 졸릴 때 보내는 언어적, 비언어적 신호를 감지한다. 그러면 점차 아기의 소통 능력이 개선된다. 아기는 말이나 신호를 보내거나 배가 고플 때는 자기 턱받이를 가져오는 식의 제스처를 할 수 있다. 아기는 자신이 소통할 수 있고 자기가 원하는 바를 알릴 수 있다는 것을 안다. 이것도 자아에 대한 기본적인 신뢰를 쌓는 방법 중 하나다.

그러다가 생후 1년이 되기 전 어느 날, 아기는 우리와 함께 있다가 미소를 지어 보이곤 걷거나 기어서 다른 곳으로 가 버릴 것이다. 아기는 이따금 우리를 쳐다보겠지만 계속 목적을 가지고 움직일 것이다. 보이지 않는 곳으로 가 버리면 우리는 아기가 돌아오기를 기다릴 테지만 아기는 돌아오지 않을 것이다. 그러면 우리는 아기를 찾을 것이다. 아마도 아기는 교구장 아래 앉아 있거나 교구장을 열심히 탐색하고 있을 것이다. 낮은 식탁에 앉아서 간식을 먹고 있을 수도 있다. 유리컵에 든 물을 마시거나 책 읽는 곳에서 스스로 고른 책을 뒤적이고 있을 수도 있다.

이때 우리는 아기가 태어난 첫해에 가장 멋진 최고의 선물을 받았음을 깨닫는다. 아기는 환경과 자기 자신을 믿는다. 아기들은 긍정적이다. 세상이 좋은 곳이라는 것을 알고 자기 능력을 믿는다. 그래서 혼자 독립적으로 탐험하는 것을 두려워하지 않는다. 행복하고 좋은 생활, 전 생애에 걸쳐 지속되는 배움 그리고 탐험의 기반을 다진 것이다.

부모의 역할은 여전히 중요하다. 아기를 잘 아는 또 다른 보호자(보조 양육자)들이 우리를 도와 두 가지 기본적 신뢰라는 선물을 아기에게 줄 수 있도록 각 과정마다 협력해야 한다.

수용하기

이런 상황을 상상해 보자. 어떤 곳을 방문할 계획이 있는데, 도착하기 전에 그곳 주인이 당신이 오기를 고대하고 있다는 메시지를 보낸다. 그리고 도착했을 때 주인이 당신을 즐거운 마음으로 기다리며 집을 아름답게 꾸몄다는 것을 알게 된다. 그렇다면 그곳에 머무르는 경험이 달라지지 않을까?

똑같은 방식으로 아기를 환영할 수 있다. 그렇게 하는 과정에서 우리는 아기에게 일생동안 그와 함께할 것이라는 수용의 메시지를 전달하고, 모든 미래의 관계와 변화를 위한 주춧돌을 놓을 수 있다. 아기와 상호 소통할 때 이런 수용의 메시지를 전달할 수 있는데, 이는 아기를 잉태하는 순간부터 시작된다. 임신 중 배를 부드럽게 쓰다듬고, 자궁 속에 있는 아기에게 말을 건네고, 아기 이름을 부르고, 책을 읽어 주고, 노래를 불러 주면서 우리는 아기에게 그들을 받아들이니 어서 오기를 고대하고 있다는 메시지를 보낸다. 임신 기간 중 가능한 행복하고 편안하게 있으면 호르몬 균형을 유지하는 데 도움이 되고, 아기에게 받아들임의 메시지를 보내는 효과를 볼 수 있다.

이런 수용의 메시지는 아기가 태어난 후 우리 자신과 환경을 아기를 위해 준비하는 과정에도 계속될 수 있다. 아기를 안고 있는 시간을 갖는 것, 아기를 바라보고 만지고 사랑을 표시하는 것, 돌볼 때 집중해서 관심을 가지는 것 모두가 바로 이 메시지를 보내는 것이다. 아기는 우리가 그들을 기다렸고 기쁘게 맞이했다는 것을 감지할 수 있다. 임신과 출산 후 지속적으로 전달함으로써 강화된 이 메시지는 아기에게 엄마 아빠가 그들을 원하며 안전한 곳에 왔다는 것을 알려 준다. 몬테소리 유아 교육 협력자 중 한 명인 실바나 몬타나로 박사는 아이가 이 메시지를 전 생애에 걸쳐 간직하며, 긍정적 태도와 세상을 향한 긍정적 관점을 갖는 데 도움을 준다고 믿었다.

존중하기

아기나 아이들을 존중이라는 단어와 연관 짓는 사람은 일반적으로 많지 않다.

하지만 몬테소리 박사는 "아이들은 마땅히 존중받아야 할 존재이며, 순수함과 더 큰 미래의 가능성을 가졌다는 점에서 우리 어른보다 우월하다.(『몬테소리 박사의 안내서Dr. Montessori's Own Handbook』 중)"라고 믿었다. 몬테소리 양육의 기본은 존중이다. 아이를 있는 그대로 존중하고 그들이 가진 셀 수 없이 많은 미래의 가능성을 존중한다. 출생 때부터 아기를 존중하는 법은 매우 많다.

아기의 몸을 존중한다

아기는 대개 만지기를 통해 처음으로 세상과 상호 작용을 한다. 특히 태어난 후 첫해는 만지기를 통한 세상과의 상호 작용이 압도적이다. 아기의 보호자들은 수없이 많이 아기를 만진다. 아기를 먹이고, 기저귀를 갈아 주고, 안을 때 만진다. 이때 그들을 존중한다는 것을 보여 줄 기회가 있다.

아기를 다룰 때, 들어 올리거나 다른 누군가, 특히 낯선 사람에게 건네 줄 때 먼저 아기에게 허락을 구하는 것에서부터 시작한다. "안녕 아가? 내가 너를 들어 올려도 될까?"라고 물어보자. 아기에게 만지거나 옮겨도 되냐고 물어보면 아기가 그것을 받아들이는지 거절하는지 알 수 있다. 아기를 향해 손을 뻗고 요청한 다음 기다린다. 그러면 아기의 제스처나 몸에 변화가 보인다. 아기가 웃거나 우리 쪽 방향으로 움직이면 좋다는 뜻으로 알고 아기를 들어 올린다. 그러고 나서 "고마워."라고 말한다. 또는 아기가 수용했음을 말로 표현할 수 있다. 아기가 얼굴을 찡그리거나 다른 곳으로 얼굴을 돌리고 몸을 움츠리면 "걱정 마. 다음에 하자."라고 말한다. 이처럼 처음부터 아기에게 자신의 몸은 자신의 것이며, 자신의 몸이 어떻게 다뤄질지에 대해 선택할 수 있다는 것을 말로 표현한다.

아기를 옮길 때 홱 잡아당기거나 강제로 옮기지 않는다. 최대한 부드럽고 정중하게 옮긴다. 우리는 손으로 아기에게 평화 혹은 폭력을 가르칠 수 있다. 부드럽고 천천히, 조심하는 손은 존중하며 소통하는 방식과 평화를 가르친다. 기저귀를 갈거나 목욕을 시키는 등의 육체적 돌봄을 하면 존중을 표현할 기회가 아주 많다.

아기에게 고맙다고 말한다

우리는 많은 것에 대해 성인들에게는 고맙다고 말하지만 아기를 다룰 때는 그만큼의 예의를 갖추지 않는다. 아기에게도 고맙다는 말하는 습관을 들이면 계속하게 될 것이다. 그리고 아기들도 그것을 흡수하고 실행할 것이다.

"너를 안게 해 줘서 고마워."

"여기서 나랑 함께 시간을 보내 줘서 고마워."

"낮잠을 자서 내가 쉴 수 있는 시간을 줘서 고마워."

아기를 신뢰하고 그들의 능력을 믿는다

아기가 몸을 조절할 수 있다고 믿는다. 아기가 준비되지 않았다고 느낄 때 어떤 자세를 잡게 만들지 않는다. 어떻게 움직일지, 우리가 그들을 위해 준비한 환경과 어떤 식으로 상호 작용할지 아기 스스로 선택할 수 있다고 믿는다. 아기가 문제를 해결할 수 있다고 신뢰한다. 서둘러 도와주려 하지 말고 아기가 애를 쓸 때 곧바로 해결책을 주지 않는다.

아기의 능력을 존중하면 모든 단계마다 아기에게 협력을 구할 수 있다. 가령 갓난아기가 엄마 젖을 찾고 있을 때 기다려 준다. 생후 3개월 된 아기에게 무엇인가를 말하고 아기가 인식하는지 기다린다. 7개월 된 아기가 포크로 아보카도를 찍으려 할 때 제대로 찍어서 입에 가져 갈 때까지 기다린다. 9개월 된 아기에게 셔츠의 팔을 벌려 내밀고 아기가 손을 집어넣을 때까지 기다린다. 이 모든 작은 제스처는 아기에게 우리가 그들의 능력을 믿는다고 말하는 것이다. 이런 제스처는 또한 아기의 기능적 독립성 발달을 지원한다. 가능하면 도와주지 말고 반드시 필요할 때 지원한다. 개입하기 전에 관찰하고 아기가 직접 문제를 해결하게 한다.

관찰은 일종의 존중의 표현이다

일정한 방식으로 대응하거나 이해하기 전에 먼저 아이를 관찰한다. "내가 모르는 걸 너는 알고 있구나. 보여 줄래? 너를 좀 더 이해하도록 도와주렴."이라고 말한다.

아기의 개성을 존중한다

모든 아기는 특별하고 다르며 각자의 시간표를 가지고 있다. 자기만의 개성과 표현 방식이 있다. 시모네는 아이가 둘, 주니파는 셋이다. 이 아이들이 모두 다 다르고 형제들과도 구분되는 것을 보면 참으로 놀랍다. 똑같은 환경을 만들어 주고 똑같이 다룬다고 해도 아기들은 자기만의 특별한 자아를 발전시킬 것이다. 처음부터 이런 점을 수용하면 모든 아기가 가진 저마다의 개성을 존중하고 그들이 특별한 존재임을 받아들일 수 있다. 아이들을 비교하지 않기는 힘들고, 한 아이에 대해 아는 것에 근거해 다른 아이도 그리할 것이라 예상하지 않기란 매우 어렵다. 그러니 대신 아기를 관찰해서 이해하고 그들의 특별함을 지지해 주자. 아기들의 개성이 다를 수 있다는 것을 우리는 뜻밖에도 잠을 통해 알 수 있게 된다. 쉽게 긴장을 풀며 잠이 드는 아기가 있는가 하면, 무엇 하나라도 놓치지 않으려고 온 힘을 다해 자지 않으려 하는 아기도 있다. 이런 개성도 존중한다. 먼저 아이가 이렇다는 것을 받아들이고 도울 방법을 찾는다. 그 개성을 간직하며 잘 클 수 있도록 돕는 것이 바로 아기를 존중하는 것이다.

아기의 욕구를 고려한다

우리는 항상 아기의 경향성과 민감기를 염두에 두기를 바란다. 어떤 것이 아기의 행동에 동기 부여를 하는지 이해하길 원한다. (민감기에 대해서는 35쪽 참고)

아기의 리듬을 따른다

모든 아기가 다르며 자기만의 리듬을 찾을 것이다. 아기가 리듬을 찾을 수 있는 상황을 제공하고, 바쁜 나날 중에도 아기에게 시간을 내는 것을 최우선 순위에 둔다. 이렇게 해서 아기를 존중할 수 있다. 먹기, 잠자기, 기저귀 갈기 리듬 그리고 일상의 다른 전반적인 일의 리듬도 여기에 포함된다. 태어날 때부터 우리는 아기의 신호를 알아차릴 수 있고 그에 따라 일과를 짜고 지속적으로 실천할 수 있다.

아기가 하는 활동을 장려한다

몬테소리 박사는 저서 『가정에서의 어린이The Child in the Family』에서 "아이가 하는 모든 합리적 형태의 활동을 존중하고 이해하기 위해 노력하라."라고 말한다. 그런데 어떤 것이 합리적이라고 결정하는 기준은 무엇이고, 어떻게 그것을 이해하기 위해 노력할 수 있을까?

활동이 안전하다면 합리적이라고 간주할 수 있으므로 관찰을 멈출 수 있다. 이게 바로 우리가 이해하려 노력하는 방식이다. 아기가 무엇인가를 만지고, 무엇인가를 보고, 일정한 방식으로 움직이며 전반적으로 탐색하고 있는 것을 보면 개입하거나 방해하지 않는다. 이것이 바로 그들의 활동을 존중하는 것이다.

아기가 애를 쓰며 힘들어할 때가 종종 있을 수 있지만 그렇다고 반드시 도움이 필요한 것은 아니다. 관찰하면 언제 아기가 도움을 청하는지를 배우게 된다. 도움을 청할 때 딱 필요한 만큼의 도움을 준다. 아기가 놀거나 무엇인가에 손을 뻗을 때 애쓴다는 것을 소리로 표현하거나 몸부림을 칠 수도 있다. 부모인 우리는 처음에는 본능적으로 개입을 하고 도움을 주려 한다. 하지만 그렇게 하지 말고 먼저 관찰하고 지켜본다. 그렇게 참으면 대개는 우리의 개입 없이 혼자서 성공했을 때 기뻐하는 아기의 모습을 보는 즐거움을 경험하게 된다. 아기들도 즐거워한다.

아기의 모든 활동이 아기 자신을 발달시키기 위한 작업이라는 것을 알고, 우리는 아기의 노력을 존중하고 방해하지 않음으로써 아기가 집중할 수 있도록 지켜줄 수 있다. 심지어 우리가 하는 인정의 표현이 아이에게 방해가 될 수도 있다. 아기들이 활동할 때는 뒤로 물러나 앉아서 아기의 탐험을 존중한다. 아기들을 더욱 잘 이해하고 지원하기 위해 관찰한다.

> "아이가 할 수 있다고 느끼는 일은 절대 도와주지 말라."
> "불필요한 모든 도움은 아이의 발달에 장애물이다."
>
> -마리아 몬테소리

아기의 호흡을 존중한다(서두르지 않는다)

아기의 능력을 존중한다는 것은, 아이가 상황을 처리하고 알아내는 데는 시간이 좀 더 오래 걸릴 수 있다는 사실을 이해한다는 의미다. 그러니 아기가 처리하고 시도해 보도록 "지체할 시간"을 준다. 아기에게 뭔가를 말하면 그것을 처리하는데 8초에서 10초 정도가 걸릴 수 있다. 그러니 아기와 소통할 때는 이 시간을 염두에 두고 반응을 기다린다. 또한 아기는 옷을 입고, 수유하고, 다른 일상의 활동을 할 때 시간이 좀 더 걸린다. 그런데 아기를 이런 활동에 참여시키면 시간을 줄일 수 있다. 아기가 쉽게 짜증을 내지 않을 것이다. 아기는 집중하고 독립성을 키우는 기술을 발전시킨다. 주변 세상을 탐험할 수 있는 토대를 다지고 있는 것이다.

아기의 선택을 존중한다

아기를 존중한다면 가능한 많이 아기에게 선택할 기회를 주고, 아기가 선택한 것을 인정한다. 우리 생각이나 감정을 강요하지 않고 듣고 이해하려고 한다. 이는 생후 3개월부터 시작할 수 있다. 두 개의 셔츠를 보여 주면 아이가 어떤 옷을 보고 제스처를 하거나 웃는지 알 수 있다. 책도 두 권을 보여 주면 아기가 선택한다는 것을 알 수 있다. 손이 닿는 곳에 딸랑이 두 개를 두고 아기가 선택하게 한 다음 그것을 어떻게 사용하는지 보라. 더 큰 아기라면 바구니에 놓인 세 개에서 다섯 개 정도의 물건 중에서 선택하게 한다. 선택하게 한다는 것도 존중의 표현이다. 그렇게 우리는 아기의 선택을 존중할 수 있다.

이는 아기가 커서 유아가 되고 미취학, 취학 연령 이후 청소년으로 자라면서 하게 될 수많은 선택과 그것을 존중하는 우리의 자세를 연습하는 기회가 된다. 우리는 아기에게 어떤 나라에 살지 혹은 어떤 학교에 진학할지 선택하라고 하지는 않을 것이며, 당연히 나이에 맞는 선택을 할 기회를 줄 것이다.

"이제 우리는 갓난아기 돌보는 법을 배워야 한다. 사랑과 존중으로 아기를 환영해야 한다."

-마리아 몬테소리

칭찬 대신 할 수 있는 행동

아기를 칭찬하는 것은 버리기 힘든 습관이다. 칭찬하지 않기도 어렵다. 아기가 뭔가를 하면 어떤 방식으로든 그것을 인정하고 뭐라고 말을 해 줘야 한다는 느낌이 든다. 그래서 많은 경우 칭찬을 해서 그런 인정을 표시하는데, 그렇게 하면 아기에게 자기가 한 노력에 대해 우리가 어떻게 느끼는지를 기대하게 만드는 걸 가르치는 셈이다.

몬테소리에서는 아이가 외부 칭찬이나 평가에 익숙하거나 그런 것을 바라기보다 아이 고유의 자아 감각을 형성하기를 원한다. 그러니 칭찬보다는 그저 "잘했어."라고 말하거나 박수를 치는 정도로 표현하자. 다음은 칭찬의 대안으로 고려해 볼만한 것들이다.

1. 아무것도 하지 않는다. 그러면 아기가 자기만의 방식으로 즐길 수 있다.
2. 스포츠캐스팅, 아기가 행동하는 것을 보고 스포츠 캐스터가 중계를 하듯 말로 표현한다.: "구멍 안에 공을 집어넣었구나."
3. 아기의 감정에 대해 당신이 관찰한 것을 묘사해 본다.: "만족스러워. 아주 신나 보이는구나!"
4. 아기가 한 노력을 인정한다.: "오랫동안 그렇게 했지." 또는 "드디어 해냈네!"
5. 부드럽게 미소를 지어 준다.
6. 격려를 한다.: "네가 해낼 줄 알았어."
7. 다음에 할 일이나 벌어질 상황을 이야기한다.: "다 했구나. 그럼 이제 낮잠 잘 준비할까?"
8. 어떤 느낌인지 이야기해 본다.: "네가 해내서 나도 정말 기쁘구나."

다정하지만 확실하게 한계 설정하기

몬테소리는 아이들이 스스로 훈련하는 법을 숙달하도록 돕고, 그 방법으로 "한계 안에서 자유"를 누리게 한다. 이 작업은 출생의 순간부터 시작된다. 안전하며 아기의 능력이 허락하는 한계 안에서 아기에게 가능한 만큼 자유를 준다.

아기에게 선택할 기회를 주고, 활동하고 움직일 시간과 기회를 주며, 스스로 먹게 하는 것이 모두 자유를 부여하는 몬테소리 방식이다. 우리는 규칙 또는 해야 하는 일 같이 "무엇으로부터의 자유"라는 의미에 익숙해져 있기 때문에, 몬테소리에서 말하는 "자유"라는 단어를 이해하기가 어려울 수 있다. 몬테소리 맥락에서 우리는 아기나 아이에게 무엇인가를 "할 자유"를 준다. 선택하고, 움직이고, 자신을 표현할 자유 같을 것을 예로 들 수 있다. 뭐든 자기 원하는 대로 하는 방종이 아니라 우리 가족과 사회가 정한 규칙 안에서의 자유다.

그래서 몬테소리는 한계와 경계를 정한다. 아기에게 어떤 식으로 한계를 설정하는지 살펴보자.

옵션이나 선택지에 한계를 둔다

아기를 위한 환경을 준비할 때 우리는 의식적으로 아기가 사용하기에 안전한 것만 포함시킨다. 아기에게 선택할 것을 줄 때 우리가 허락하고 받아들일 수 있는 옵션만 준다.

긍정적 언어에 대해

말을 좀 더 긍정적인 방식으로 하는 연습을 할 절호의 기회다. 아이들은 "하지 마."와 "안 돼."를 계속해서 들으면 이를 무시한다. 그러니 아이가 하기 원하는 것을 말로 표현한다. "식탁에 올라가지 마." 대신 "발은 땅에 닿게 하자."라고 말한다. 이런 요청 형식의 표현이 아이들 입장에서 처리하기가 더 간단하다. 누군가 "손을 머리 위에 놓지 마."라고 말하면 우리는 머리를 먼저 생각하고 그다음에 그렇다면 손을 어디에 둬야 할지 고심한다.

지금 시작해서 아기가 유아가 되면 점점 더 많이 아이에게 협력을 구하게 될 것이고, 곧 자동적으로 그렇게 돌아갈 것이다.

아기를 안전하게 보호하거나 안전한 대안을 준다

아기는 여전히 세상을 이해하는 과정에 있다. 탐험을 통해 세상을 이해하는데, 때로는 안전한 곳 너머로 가고 위험한 일을 하기도 한다. 이런 상황에서 우리는 아기의 위험한 행동을 제지하고 받아들일 수 없는 행동은 교정해 준다. 예를 들어 아기가 콘센트 쪽으로 기어가면 위험하다고 말해 주고 아기를 안전한 곳으로 옮긴다. 던져서는 안 되는 물건을 던지면 던져도 괜찮은 공이나 물건이 들어 있는 바구니를 준다.

소통하고 있는 메시지나 요구하는 것에 대응한다

아기의 행동은 대개는 무엇인가에 대해 소통하려는 표현 방식이다. 어떤 욕구일 수 있고 메시지가 되기도 한다. 물건을 던지는 아기는 대근육 활동을 좀 더 해야 한다는 것을 표현하는 것일 수 있다. 또는 단순히 배가 부르거나 음식에 흥미가 없다는 의미일 수도 있다. 아기를 관찰하고 해석한 다음 그에 맞춰 대응해야 한다.

환경이나 행동 과정을 교정한다

아기가 물을 마시지 않는데 자주 물을 따른다면 컵을 따로 보관하거나, 꼭 마실 만큼만 물을 따르고 다 마시면 컵을 다시 회수하는 식으로 행동 과정을 교정할 수 있다. 아기가 계속해서 콘센트 쪽으로 가도 안전한지 점검하고 다른 가구를 그 앞으로 옮겨 놓는다. 이런 식으로 환경을 이용해 한계를 정한다.

우리 자신도 몇 번이고 반복할 준비를 한다

아기 스스로 그만둘 수 있을 만큼 의지가 발전할 때까지는 우리도 아주 많이 반복을 해야 한다. 뇌에서 습관 부분을 관장하는 전두엽 피질이 아기의 경우 이제 발달 초기 단계에 있다. 사람의 전두엽 피질은 20대 초반까지 발달할 수 있다. 그러니 우리가 아기의 전두엽 피질이 되어 줘야 할 필요가 있다.

아기가 하지 말았으면 하는 것을 말하기보다 아기가 할 수 있는 것을 가르친다

아기는 이 세상에 새롭게 도착했고, 상황이 어떻게 돌아가는지 탐색하고 있다는 것을 기억한다. 우리 자신을 아기의 가이드로 생각하고 일이 이루어지도록 돕고 직접 시범을 보인다. 이런 점을 기억하면 아기가 한계를 벗어나려 할 때, 이를 적절하고 수용 가능한 행동을 가르치는 기회로 삼을 수 있다. 그러면 우리의 대응 방식도 달라진다. 받아들일 수 있는 것을 가르치면 "물을 쏟지 마."나 "왜 계속 물을 쏟는 거니?"라고 말하는 대신 "물은 컵 안에 있는 거야. 그러니 컵을 여기 아래에 내려 놔."라고 말할 수 있다. 다음과 같이 시범을 보일 수도 있다. "네가 이렇게 하는 거 봤어. 컵을 어디에 둬야 하는지 보여 줄게." 시범 보이기는 아기가 한계를 식별하도록 돕는 데 매우 중요하다.

집중하도록 돕기

아기는 집중할 수 있다. 공간이 준비되어 있고 질서가 잡힌 상태에서 자유로운 시간을 주면 아기는 태어난 순간부터 집중할 수 있다. 다음은 출생 때부터 집중하는 훈련을 할 수 있도록 아기를 돕는 조건이다.

아기를 충분히 재운다

1개월에서 12개월까지의 아기는 하루에 14시간에서 15시간을 자야 한다. 아기의 수면 시간을 지켜 준다. 아기가 피곤해하는 신호를 보내면 긴장을 풀고 잠이 들 수 있도록 도와준다. 일단 잠이 들면 깨우지 않는다. 충분히 자지 않으면 환경이 잘 준비되어 있어도 아기는 집중하기 힘들다.

수분 공급은 충분히, 영양 상태는 좋게 유지한다

일단 아기가 고형식을 먹기 시작하면 탄수화물, 단백질, 지방, 과일과 채소가 들어간 균형 잡힌 음식을 공급해야 한다. 가공식품이나 설탕이 가미된 음식은 아기에게 필요하지 않다. 성인들도 배가 고프거나 당을 너무 많이 섭취하면 집중하기가 어렵다. 그리고 가능하면 빨리 목이 마를 때 물 마시는 법을 아기에게 가르친다. 7개월이나 8개월 된 아기는 기어서 작은 물컵에 든 물이나 병에 든 물을 빨대로 마실 수 있다.

질서가 잡힌 환경을 준비한다

밖에서 질서를 잡으면 안에서도 질서가 잡힌다. 아기에게는 질서가 필요하다. 어수선하지 않고 모든 것이 있는 장소, 그 모든 것이 제자리에 있는 장소가 필요하다는 의미다. 질서가 잡히면 아기는 선택하고 집중할 수 있다. 우리가 뭔가를 비축하는 경향성이 있다면 아기가 사용하지 않는 방이나 저장 공간에 잡동사니를 보관한다.

아기가 평화와 고요함을 경험할 수 있게 한다

우리 집의 소음 수준은 어느 정도인가? 아기가 고요함과 평화를 경험할 수 있는 시간이 있는가? 아무도 전화 통화를 하지 않고 라디오나 TV도 꺼져 있는 시간이 있는가? 냄비가 쟁그랑거리는 소리도 없고 모든 것이 조용하고 고요한 순간. 그런 순간을 상상할 수 있는가? 집중하기에 최적의 순간이다. 주니파는 매일 이런 시간을 가능하면 자주 갖도록 노력한다. 주니파의 집에는 나이지리아의 열기를 식히기 위해 틀어 놓은 선풍기 모터가 돌아가는 소리와 아기가 탐험할 때 웅얼거리는 소리만 날 때가 많다. 이런 시간은 (어른과 아기 모두의) 영혼에 유익하다.

어른이 아기를 즐겁게 해 주는 상황을 제한한다

지속해서 아기를 즐겁게 해 줄 필요는 없다. 어른이 너무 지치게 되고 아기에게도 해로울 수 있다. 아기는 누군가가 즐겁게 해 줘서가 아니라 뭔가를 직접 해서 그리고 적극적인 경험을 통해 배운다. 그러니 아기 스스로 참여하는 환경을 만들어 줘야 한다. 태어났을 때부터 시작할 수 있다. 즐거움을 주는 장난감들은 집중에도 영향을 미친다. 이런 장난감들은 대개 버튼을 누르면 노래가 나오고, 불빛이 반짝이고, 삐삐 소리가 나고, 말을 하는 등 온갖 것을 한다. 이런 식의 즐거움은 수동성을 유발하고 직접 발견해서 느끼는 경이로움이나 성취감을 빼앗는다. 이와 관련해 RIE 접근 방식의 창시자 마그다 거버는 우리가 원하는 것은 수동적인 장난감과 능동적인 아이지, 수동적인 아이를 만드는 능동적 장난감이 아니라고 확실하게 말했다.

두 살 전까지는 영상 자료를 보여 주지 말고 두 살 이후에도 가능하면 보여 주지 않는다

이건 실험을 해 봐도 좋다. 만화나 전형적인 어린이용 TV 프로그램을 틀어 놓고 스톱워치를 꺼내서 3분 동안 얼마나 많은 장면과 색깔 변화가 일어나는지 세어 보라. 진짜 세상은 이보다 훨씬 더 느리게 움직인다. 아이가 이렇게 자극적인 속도에 익숙해지면 뭔가를 천천히 하고 집중하는 데 어려움을 느끼게 될 것이다. 그리고 이런 수동적인 오락거리는 대개 아주 시끄럽다. 우리의 아기는 입과 손을 통해 배우는 데 최적으로 맞춰진 감각 학습자다. 그러니 TV 화면을 끄고 우리가 살고 있는 이 아름다운 세상을 아기가 직접 발견하게 한다.

간단하고 발달에 적절한 놀이감과 교구를 선택한다

아기가 뭔가를 성취하려고 집중하는 수많은 기술은 대개 교구가 필요하지 않은 것들이다. 가령 아기가 자기 손을 발견하고 상당히 긴 시간 동안 유심히 바라본다든가, 뒤집기를 배우고 있을 때는 연속해서 서른 번 이상 뒤집기를 시도하기도 한다. 아기가 하는 탐색의 대다수가 이런 범주에 속한다. 아기에게는 그저 공간과 방해받지 않으며 연습할 시간이 필요할 뿐이다. 다른 방식으로 아기가 탐색할 수 있는 모빌과 아주 간단한 놀이감도 집중력 발달에 도움이 된다.

관찰한다

몬테소리 접근 방식에서 중요한 것을 꼽으라면 단연코 관찰이다. 우리는 관찰을 통해 아기가 충분히 쉬었는지, 배가 고프거나 목이 마르지는 않는지 알 수 있다. 언제 지나치게 자극을 받는지, 무엇에 흥미를 느끼는지 알아낸다. 아기의 발달 단계를 알아서 지원할 방법도 찾아낸다. 그리고 가장 중요한 것은 아기가 집중하는 순간을 인식하는지, 아기를 존중하고 있는지 확인하는 것이다.

방해하지 않는다

아기가 집중하고 있다는 것을 알면 방해하지 않는다. 도와주려 하거나 대견해하지 않는다. 고쳐 주지도 않는다. 그저 혼자 미소를 짓고 아기가 이룬 것과 과정을 즐거워하며 살짝 거리를 두고 바라본다. 발달 과정에서 집중은 아주 쉽게 깨질 수 있다. 너무 쉽게 깨져서 아기가 몇 번 정도 그렇게 집중력이 깨지는 경험을 하면 집중하려 하지 않을 수 있다. 아기가 완전히 뭔가에 빠져서 집중할 때의 모습을 보는 것은 정말 아름다운 일이다.

활동의 자유 주기

아기에게 자유를 주는 핵심적인 방법은 태어난 순간부터 움직일 자유를 주는 것이다. 이미 많이 다룬 주제지만 아무리 강조해도 지나치지 않다. 움직일 자유를 가지면 누릴 수 있는 이점이 아주 많다. 대근육 활동, 소근육 활동, 몸에 대한 인식이 높아지는 것, 자신감, 투지, 문제 해결 방법을 빨리 배울 수 있는 등 일일이 손꼽기 힘들 정도로 장점이 많다. 아기에게 활동의 자유를 주는 몇 가지 방법을 소개하겠다.

음식을 주고 아기가 스스로 먹도록 기다린다

출생 때부터 모유 수유를 했다면 아기를 배와 가슴 부위에 두고 안았을 것이다. 기다리면 아기가 스스로 엄마 젖을 찾아서 그쪽으로 움직일 것이다.

아기를 꽁꽁 싸매지 않는다

아기는 엄마의 자궁 속에서 팔다리를 자유롭게 움직인다. 그러니 세상에 와서도 그렇게 할 자유를 줘야 한다. 더 이상 엄마의 자궁이 주는 제약을 받지 않기 때문에 처음에는 깜짝 놀라는 모로 반사(놀람 반사)를 하다가 차차 상황을 파악하고 받아들인다. 아기를 싸매야 할 때가 있다면 가볍고 느슨하게 감싼다. 아기가 뭔가에 둘러싸여 있거나 보호막 안에 있지만 여전히 움직일 수 있게 한다.

바운서, 엑서소서같이 움직임을 제한하는 기구 사용을 피한다

요리하거나 바쁠 때 아기를 가까이 둬야 하는 경우가 있다. 이럴 때는 아기를 업거나 바닥에 담요를 깔고 그 위에 둔다. 아니면 부엌에 작은 욕조를 둘 수도 있다. 바운서bouncer(아기를 눕히고 흔들어 주는 일종의 간이 침대 스타일의 흔들의자-옮긴이), 엑서소서exersaucer(찻잔 받침처럼 생긴 기구로 가운데가 뚫려 있어서 그 안에 아기를 태운다.-옮긴이) 등 아기를 태우는 기구를 꼭 사용해야 한다면 시간을 최소화한다.

움직이고 활동할 자유로운 시간을 준다

바닥에 담요나 매트를 깔고 그 위에 아기를 두거나 아니면 침대에 둘 수도 있다. 천장을 보고 또는 천장을 등지고 눕힐 수 있다. 관찰하며 아기가 괜찮은지 살펴본다. 아기가 자유롭고 안전하게 탐험할 수 있는 활동 공간을 마련한다. 필요할 경우 임시 활동 공간을 만들 수도 있다. 그러면 집에서 원래의 활동 공간이 아닌 다른 곳에서도 아기가 항상 우리 주변에 있게 할 수 있다.

아기를 앉히거나 설 수 있게 지지해 주지 않는다. 또는 아기 스스로 할 수 없는 자세를 하도록 만들지 않는다

안고 있지 않을 때 아기는 등을 대고 눕거나 배를 깔고 누워 있을 수 있다. 차차 아기는 스스로 앉고, 무엇인가를 지지해 일어서고, 자기 몸으로 감당할 수 있을 때 걸을 것이다.

놀이감을 직접 아기 손에 쥐여 주지 않는다

대신 우리가 놀이감을 아기 가까이에서 쥐거나 들고 있도록 한다. 아기가 손을 뻗어 가지고 갈 수 있게 한다. 너무 멀리서 하면 아기가 답답해할 수 있으니 거리를 조절한다.

움직이기에 좋은 옷을 선택한다

편안하면서 너무 크거나 너무 몸에 꼭 맞지 않는 것이 좋다. 조이는 부분과 장식은 최소화한다. 안 그러면 아기가 눕거나, 미끄러져 나가거나, 기어가려고 할 때 불편해한다. 발과 무릎은 가능하면 최대한 노출시켜 준다.

아기들은 모두 자기만의 속도와 호흡으로 발달한다는 점을 기억한다

아기가 빨리 움직이도록 하는 게 목표가 아니다. 아기는 움직일 때마다 통제와 자신감을 가지고 움직일 것이다.

안정적인 애착

마리아 몬테소리 박사는 인생을 일련의 애착과 분리의 연속으로 봤다. 임신(애착)과 출산(분리), 모유 수유(애착)와 이유식(분리) 기간을 거쳐 청소년기에는 가족이 근거지였다가(애착) 점차 친구들과 더 많은 시간을 보낸다(분리).

애착

안정적인 애착은 아기가 보호자와 발전시킬 수 있는 최적의 애착이다. 이것은 인간에게 내재한 욕구로 아기는 출생과 동시에 애착을 추구한다. 안정적인 애착이 아기의 전반적인 행복 그리고 정서적, 지적, 사회적 발전에 토대를 놓는다는 개념을 뒷받침하는 연구가 아주 많다. 안정적인 애착 관계를 맺은 아기는 즐겁고 호기심이 많으며 환경을 탐험하는 것에 흥미를 갖는다. 이런 아기들은 분리도 긍정적으로 받아들이고 행복하며 공감 능력이 있다. 창의적이고, 회복력을 갖추고, 스스로 절제하고 배우기를 더욱 잘 하는 사람으로 성장할 것이다. 또한 자신에게 긍정적이며 전 생애에 걸쳐 긍정적인 관계를 형성하고 유지할 수 있다.

분리

아기가 안전의 토대가 되는 가정에서 안전하게 탐험할 수 있도록 아기를 관찰하는 것은 부모인 우리에게 달려 있다. 우리는 아기가 매트 위에서 팔다리를 뻗고 자유롭게 움직이게 해 준다. 탐색할 것을 향해 손을 뻗고, 미끄러져 움직이고, 어디론가 기어갔다가 다시 돌아오게 둔다. 그렇게 자신감이 있는 아기로 지내다가 유아로 성장하면 조금 더 긴 탐험과 원정을 늘려 나갈 것이다.

아기가 안정 애착을
형성할 수 있도록 돕는 몇 가지 팁

임신 기간에 애착 형성의 기반을 다진다

엄마의 자궁 안에 있을 때조차 아기는 수용의 메시지를 포착한다. 엄마가 행복하고 편안하며 아기와 연결되려 노력하면(배를 쓰다듬고, 아기에게 말을 걸고, 아기의 발차기에 반응하는 등) 수용의 메시지가 전달된다. 이는 아기의 안정적인 애착의 토대를 형성한다.

반응하는 육아로 신뢰를 쌓는다

몇 가지 통념과는 달리, 아기의 욕구에 반응한다고 해서 아기를 응석받이로 만들고 망치지는 않는다. 우리는 아기가 안정적인 애착을 형성할 수 있도록 돕는다. 출생 때부터 아기는 자신이 바라고 원하는 바를 소리, 얼굴 표정 그리고 기타 몸짓 언어를 사용해 우리와 소통한다. 아기와 시간을 보내고, 아기가 소통하려는 것을 이해하고, 가능하면 빨리 적절하게 반응하는 것이 중요하다. 이는 아기가 환경에 대한 기본적 신뢰를 쌓는 데 도움이 된다. 이것이 바로 안정감이고, 아기의 욕구가 바로 이런 것에서 충족될 것이다. 이 욕구가 충족되면 아기는 자기 보호에서 애착으로 옮겨갈 수 있다.

존중하는 태도, 지속적인 돌봄과 보호는 안정감을 구축한다

아기가 태어난 후 첫해는 많은 시간이 수유, 기저귀 갈기 같은 보호와 돌봄으로 채워진다. 이런 시간은 아기와 연결되는 기회를 제공하며 이 기간에 아기가 안정적으로 애착을 형성하도록 돕는다. 먹이고, 아기를 들어 올리거나 다룰 때 주의하고, 옷을 입히거나 벗길 때 존중하는 방식으로 다루는 것이 안정적인 애착 형성을 돕는 것이다. 또한 베이비시터, 어린이집 선생님 등 보호자를 선정할 때도 정선된 인물을 뽑아 지속적인 관계를 맺으며 함께 아기를 돌본다.

함께 시간을 보내면 유대감이 형성된다

아기와 시간을 보내며 진정 아기와 함께하면 특별한 유대감이 형성된다. 수유는 유대감을 맺을 특별한 기회를 제공한다. 모유 수유가 이상적이기는 하지만 반드시 모유 수유를 해야만 유대감이 형성되는 것은 아니다. 아기와 피부를 맞대고, 시선을 맞추며 아기를 안고, 관찰하고, 아기에게 반응하는 모든 것이 유대감을 형성하게 한다.

아기가 울 때

아기가 울면 우리 안에서 강렬한 반응이 촉발된다. 이는 자연스러운 것이고 자연이 아기를 보호하는 여러 가지 방법 중 하나다. 우리의 정서적 상태와 유년 시절의 경험 같은 것도 우리가 아기 울음에 반응하는 방식에 영향을 미칠 수 있다. 본능적으로 반응하는 것에서 차분하고 존중하는 마음으로 대응하는 쪽으로 옮겨 가는 것이 중요하다. 그렇다면 어떻게 해야 할까?

먼저 잠시 차분하게 마음을 가라앉히는 시간을 가져 본다. 아기가 울면 투쟁 혹은 도주 반응이 촉발되거나 얼어 붙어 버릴 수 있다. 이는 이성적인 상태가 아니다. 그러니 반응하기 전에 먼저 그 상황에서 나와 머리를 식히는 순간을 갖는 게 중요하다. 호흡을 깊게 하거나 진정시키기 위해 자기 자신을 돌아본다. 아기가 위험한 상태가 아니라면 잠시 다른 방으로 간다. 화장실이나 옷장 안에 들어가 문을 닫고 1분 정도 아니면 충분히 진정될 때까지 머물러 본다.

그다음에 아기를 안정시킨다. 아기에게 가기 전에 먼저 차분하게 이렇게 말해 본다. "듣고 있어, 솔루. 엄마가 간다." 그리고 아기에게 가서 상황을 파악하고 대응한다. 우리가 있다는 것만으로도 아기를 진정시키는데 충분한 경우가 있다. 아기를 들어 올려 안아 줘야 할 때도 있다. 그러면 "가서 안아 줄 거야."라고 말하고 아이에게로 가서 들어서 꼭 안아 준다. 우리가 하는 말이 중요하기 때문에 신중하게 선택할 필요가 있다. 아기가 우는 이유를 안다면 예를 들어 "머리를 부딪쳤지. 그래서 아프구나."라고 말한다. "괜찮아."라고 말하거나 "그만 울어."라고 말하면 무심코 아기의 감정을 무효로 만들거나 무시해 버리는 것이 될 수 있다. 그러지 말고 아기의 감정을 허용한다. 우리가 듣고 있다고 아기에게 알려 준다. 그 감정을 인정하며 함께 있다고 알려 준다. 이런 방식으로 우리는 아기의 감정을 받아들이고 존중한다.

아기가 울 때 이해하려 노력하는 게 중요하다. 아기는 울어서 우리와 소통을 한다. 아기 울음소리는 처음에는 똑같다. 그러다 두 달, 석 달이 되면 점점 달라진다. 이런 울음은 대개는 배고프고 피곤하며 불편하다는 등 필요한 바를 채워 달라는 소통의 표현이다. 그러니 이해하고 적절하게 대응하려 노력한다. 아기는 울기 전에 우리에게 신호를 보낼 때가 종종 있다. 처음에는 그 신호를 놓치기도 하지만, 관찰을 하면 이 신호를 포착하고 아기가 필요로 하는 바를 예상할 수 있다. 그렇게 해서 아기가 울지 않고도 소통할 수 있게 도울 수 있다.

아기가 울 때 확인해 봐야 할 것

- 우리 자신을 먼저 진정시킨다.
- 아기는 운다는 점을 인정한다.
- 도움이 필요한지 관찰한다.
- 필요하다면 아기와 함께 있고 안아 준다.
- 아기의 감정을 허용하고 말로 표현한다.
- 아기가 필요로 하는 바에 대응한다.

아기의 가이드가 되기

시범 보이기

몬테소리 방식을 실천하는 부모들은 몬테소리 교사들처럼 아이들의 가이드가 될 수 있다. 이는 우리가 아기의 지배자나 하인이 아니라는 의미다. 가이드로서 우리가 아기를 위해 물리적 환경을 준비할 때 그들을 안내할 수 있고, 어떻게 하는지 시범을 보여 줄 수 있다. 하지만 그렇게 하고 한발 물러나서 아기가 자기 방식으로 찾아 낼 기회를 준다. 참으로 멋진 균형 감각이다. 그런데 아기에게 탐험을 허용할 때와 개입을 해야 할 때를 알려면 연습이 필요하다. 우리는 아기의 지배자가 아니기 때문에 아기가 어떤 식으로 참여할지 명령하거나 강요하지 않는다. 또한 하인도 아니기 때문에 모든 문제를 해결해 주려 서두르지도 않는다. 우리가 옆에 같이 있다는 확신을 주고, 한 발 물러서서 아기가 상황을 해결할 방법을 찾게 도와준다. 필요할 때 충분히 도와주지만 과하지 않게 돕는다.

환경을 다루는 법이나 밖으로 나올 때 어떻게 하는지 시범을 보인다. 우리는 아기가 있는 곳에서 먹고 마시기를 함으로써 컵, 숟가락과 포크 사용법을 시범 보인다. 아기는 우리의 움직임, 우리가 하는 대화와 상호 작용을 관찰하고 흡수한다.

이런 점을 알고 있으면 행동을 조심하게 된다. 우리 자신도 최상의 상태로 준비하는 것이다. 그리고 잘못을 하면 인정하고 사과한다. "이렇게 했어야 하는데…" 또는 "이렇게 말했어야 하는데…"라고 표현한다. 우리가 느끼는 바를 인정하면, 우리는 아기에게 감정과 느낌에 솔직하고 진정성을 띠는 법을 시범 보이는 것이 된다. 힘들 때도 있고 슬프거나 답답하고 피곤할 수 있다. 그런 감정을 아기에게 말하고 스스로 안정을 찾는 법을 시범 보일 수 있다. (8장 참고)

장애물 없애기

가이드로서 우리가 하는 역할 중 하나는 장애물을 치우는 것이다. 아이가 최상의 발달 과정을 밟도록 장애물을 알아보고 없애는 것이 우리의 책임이다. 그러려면 많은 경우 사심 없이 관찰해야 한다. 어떤 장애물은 사실 우리 어른의 삶을 쉽게 만들어 주기도 하지만 아이의 발달에는 걸림돌이 될 수 있다. 고무젖꼭지는 가끔은 도움이 되지만 아기가 욕구를 표현하고 소통하는 데 필요한 기술을 습득하는 과정을 방해할 수 있다. TV 앞에 아기를 앉혀 놓으면 어른이 잠깐 쉴 수는 있지만 이것도 아기의 최적의 발달을 방해하는 장애물이 된다. 우리는 발견한 장애물을 없앨 의지가 있어야 한다. 무질서, 소음, 어울리지 않는 가구, 아기의 움직임을 제약하는 것들이 장애물이다.

아기에게 뭔가를 하라고 압박할 때 우리 자신이 장애물이 되기도 한다. 가령 신호에 맞춰 어떤 행동을 하라고 하는 것을 꼽을 수 있다. 시모네는 아들에게 "할아버지께 박수치는 것/손 흔드는 것/개를 가리키는 법을 보여드려 봐."라고 말하곤 했던 것을 기억한다. 시모네는 그런 것을 좋아했지만 그녀의 아들은 엄마가 시키는 것을 거의 하지 않았다. 곧 그녀는 그런 "테스트"를 그만뒀다. 아기들은 자기만의 시간표에 따라 때가 되어야지만 어떤 기술을 보여 줄 것이라는 것을 상기할 수 있었다. 아기도 하나의 인격체다. 아기에게 독립성을 연습할 기회를 주지 않거나, 관찰하고 나서 대응하지 않고 즉각적으로 반응할 때도 우리는 장애물이 될 수 있다.

아기의 가이드가 된다는 것은 다음과 같은 의미다.
- 아기가 스스로 해낼 공간을 주기
- 필요할 때 아기 곁에 있기
- 존중하고 다정하며 확실하게 표현하기
- 아기를 있는 그대로 받아들이고 바꾸려 들지 않기

- 필요할 때 아기가 기술 배우는 것을 지원하고 도와주기
- 아기를 대할 때 천천히 부드러운 손길로 하고 반응을 기다려 주기
- 아기를 제한하는 대신 환경을 바꿔서 한계를 설정하기
- 가능하면 도움은 최소화하고 필요할 때 도와주기
- 먼저 반응(우리 자신이나 상황을 점검하기 위해 쉬지 않고 곧바로 행동)하기보다는 듣고 나서(먼저 잠시 쉬었다가 그다음에) 대응하기

아기가 세상을 보는 관점의 틀 잡아 주기

출생 초기 여러 가지 면에서 아기는 우리 눈을 통해 세상을 본다. 아기는 우리를 보고 우리가 하는 말을 들어서 안전한지 그렇지 않은지, 좋은지 나쁜지 등을 정의한다. 우리에게서 보고 들은 것을 반영한다.

우리가 전달하는 다양한 주제에 대한 메시지에는 어떤 의도가 담겨 있을 수 있다. 예를 들면 성별과 관련해 힘이 세다든가, 예쁘다든가, 특정 성별을 선호하는 등 어떤 성질을 부여하지 않도록 의식적으로 주의해야 한다. 여자아이도 강할 수 있고 남자아이지만 섬세할 수 있다. 남자아이가 인형 가지고 노는 것을 즐거워할 수 있고 여자아이가 탈 것을 가지고 노는 것을 좋아할 수 있다. 아기에게 이야기하는 방식, 그들을 부르는 방식, 아기에게 주는 기회 등을 통해 우리는 아기가 성별을 인지하고, 각자의 성별에 부여되는 역할을 인식하는 틀을 만들어 준다. 연구에 의하면 생후 1년 동안은 남자 아기와 여자 아기의 뇌는 차이가 거의 없다. 그러다가 아이의 첫 번째 생일쯤에 차이가 생기기 시작한다. 아기에게 책을 읽어 줄 때 성별을 구분하지 않는 중성적인 대명사를 사용하는 식으로 균형 잡힌 관점을 심어 준다. "예쁜" 대 "잘생긴"과 같은 표현을 피하고 아이들을 성별에 상관없이 그만의 능력을 가진 존재로 본다.

아기의 능력이나 성격을 보는 방식에도 이렇게 틀을 만드는 행위가 적용된다. 가령 "이 장난꾸러기 녀석"이라고 말하면, 그저 농담이고 진심이 아니라고 생각한다 해도 여전히 어떤 메시지를 보내는 것이다. 그보다는 "~때문에 힘들구나."라고 구체적으로 표현한다. 일시적 상황만 보고 아기를 정의하지 않는다. 아기를 신뢰

해서 "너는 할 수 있어."라고 말하거나, 그들에게 자유를 주거나, 무엇인가 해결하기 위해 애쓰는 것을 지켜봐 주고 믿을 때, 우리는 아기가 자신을 능력 있는 존재로 인식하도록 관점의 틀을 만들어 주는 것이다.

천천히 하기

능력과 속도의 특성상 아기들은 우리가 삶의 속도를 조금 늦추기를 원한다. 이런 아기를 가장 효과적으로 도우려면 그들 속도에 맞춰야 한다. 아기는 미끄러져 나가고 기어 다닌다. 그러니 아기를 집 안 여기저기에서 직접 들어 올리는 대신, 우리가 어디로 갈 것이고 함께할 것을 원한다고 말한다.

아기를 돌보는 일에 그들을 참여시키면 시간이 걸린다. 아기에게 우리가 하는 행동을 이야기하고 그들의 반응을 기다려 주려면 시간이 소요된다. 지금까지 이 책에서 언급한 다른 많은 것을 할 때 아기와 협력하려면 시간이 필요하다.

이렇게 아기와 함께하며 느려지는 것이 불편하다고 생각할 수 있지만 다른 한편으로는 이를 잘 이용할 수도 있다. 서두르지 않고 천천히 하면서 이 시간을 즐긴다. 즐기다 보면 이 단계가 지나가도 여전히 천천히 하는 것을 좋아할 수 있게 될 것이다. 일상생활을 하면서 속도를 늦출 기회를 찾아보는 것도 좋다. 아기와 함께하며 서두르지 않고 천천히 할 수 있는 방법에는 다음과 같은 것들이 있다.

- 아기를 다룰 때는 천천히 부드럽고 조심스럽게 한다.
- 천천히 또박또박 말해서 아기가 각 음절을 들을 수 있게 한다.
- 뭔가 말하고 난 다음에는 아기의 반응을 기다린다.
- 시간이 오래 걸려도 아기 스스로 움직이게 두고 혼자 하게 한다. 이런 순간을 아기를 관찰하고 경탄하는 시간으로 만든다.
- 아기가 애를 쓰거나 넘어질 때, 우리가 개입하고 싶을 때 반응하기 전에 멈춰서 먼저 관찰한다.
- 아기가 관심을 끄는 무엇인가를 유심히 볼 수 있게 한다. 많은 시간이 걸려도 상관없다.

- 아기와 함께 걸을 때 자연의 풍경, 향기 그리고 소리를 즐길 수 있도록 천천히 걷는다.
- 아기가 낮잠을 잘 때 아무것도 하지 않는다. 세탁을 하거나, 이메일을 확인하거나, 일을 하지 말고 가만히 앉아서 고요함을 즐긴다.
- 아기 물건을 직접 손으로 만들어 본다. 사서 쓸 수 있는 것들이 많지만 아기를 위해 손수 만든 물건에는 안정감을 주는 특별한 점이 있다. 아기의 활동 매트 옆에 앉아서 만들기를 하면 아기는 탐험하면서 우리를 볼 수 있다.
- 음악을 틀어 놓고 아기를 팔에 안고 천천히 춤을 춘다. 또는 아기가 보도록 춤을 춘다.
- 매일 뭔가를 읽어 주는 시간을 갖는다. 아기에 관한 것 또는 무엇이든 흥미 있는 것이면 된다.
- 낮잠을 자거나 일찍 잠자리에 든다.

주니파가 세 아이를 키운 첫해를 생각할 때 떠오르는 단어는 즐거움이다. 주니파 가정의 생활 패턴은 속도가 느리다. 아기들은 모두 탐험을 했고 발달할 시간과 자유를 누렸다. 그래서 즐거웠다. 아기의 기쁨은 전염성이 있다. 여러분도 이런 기쁨을 누릴 수 있기 바란다.

아기를 낳고 첫해는 길고 할 일이 많다고 느껴질 수 있다. 배워야 하는 것이 많고 아기의 삶을 지원하기 위해 많은 일을 해야 하기 때문이다. 하지만 우리 경험과 우리가 참고한 수많은 이들의 경험을 생각해 보면 이 시간은 쏜살같이 날아간다. 아기와 연결되는 방식을 알고 기쁨을 누리며 모든 여정을 즐길 수 있기를 바란다.

실천하기
- 어떻게 아기에게 기본적 신뢰라는 선물을 줄 수 있을까?
- 아기를 있는 그대로 보고 개성을 그대로 받아들일 수 있는가?
- 아기를 존중하는 마음으로 보고 다룰 수 있는가?
- 아기에게 하는 말을 의식적으로 골라서 할 수 있는가?
- 아기와 연결될 기회를 찾을 수 있는가?
- 아기와 함께 이 특별하고 한시적인 시간을 즐길 수 있는가?

아기와의 연결을 돕는
간단한 체크리스트

수유
- 아기와 피부를 맞댄다.
- 아기와 시선을 맞춘다.
- 아기의 신호를 관찰하고 그에 맞춰 대응한다.

양방향 소통
- 우리가 하는 일을 아기에게 알려 준다.
- 아기의 반응을 기다린다.
- 아기의 반응을 우리 행동에 반영시킨다.

부드러운 손길
- 아기를 다룰 때는 천천히 그리고 조심스럽게 한다.
- 옷 입히기, 목욕시키기 등을 할 때 아기와 협력한다.

양질의 시간
- 수유, 기저귀 갈아 주기 같은 활동을 아기와 연결되는 시간으로 활용한다.
- 시간을 내 관찰해서 아기를 더 잘 이해하도록 한다.
- 특별한 목적 없이 그저 아기를 안고 즐기면서 시간을 보낸다.

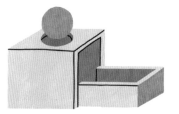

아기를 위한
몬테소리 활동

6

6

PART 1

활동 소개

아기의 발달을 지원하는 법

한 세기 이상 아기들을 관찰하면서 몬테소리 부모들과 교육자들은 아이 발달의 단계와 월령 자료를 수집했다. 아기의 발달을 관찰하면서 이런 단계를 지침으로 사용하고, 발달을 지원할 수 있는 활동이 마련된 환경을 준비해 보자.

아기를 위한 활동을 선택하는 이유

몬테소리 활동들이 아기의 두뇌 발달을 도울 것이다.(세 살이 되면 아기의 뇌는 성인 뇌의 80퍼센트까지 커진다. 짧은 시간 내에 일어나는 엄청난 변화다.) 그러나 이런 활동의 목적은 아기를 "더 똑똑하게" 만들거나 다른 아기들보다 앞서 나가게 하기 위해서가 아니다. 아기들을 있는 그대로 특별한 인간으로 대하고, 발달상에서 필요한 것을 지원하고, 안정적인 애착 관계를 확립하고, 의존적인 상태에서 협력을 하는 독립적인 존재로 이행하는 것을 돕기 위해서다.

유아기에 우리가 지원할 수 있는 발달의 주요 영역은 움직임과 언어다. 몬테소리 활동들은 아기의 지적, 심리적 발달을 지원한다. 아기들은 연결하는 법을 배우고(예: "내가 이걸 발로 차면, 이게 움직여.") 우리 언어에 대한 이해도가 발달한다. 아기의 몸은 도전을 맞이하고 저항을 받게 된다. 그리고 아기는 그들을 둘러싼 세상에서 자신감과 신뢰를 쌓아 간다.

이번 장에서 다루는 활동들은 월령별로 구성되어 있는데 이는 단순한 지침일 뿐이다. 모든 아기는 자기만의 속도와 특유의 시간표에 맞춰 발달할 것이다. 그래도 괜찮다. 우리는 아기가 자기 속도대로 가는 것을 지원하길 원한다. 개인적인 과정의 속도를 앞당기거나 늦추는 게 아니라 아기에게 맞는 속도에 맞추길 원한다. 이건 나쁜 것도 부끄러운 일도 아니다. 아기가 번영하고 잘 발전하고 자라기 위해 필요한 도구를 우리와 아기 모두에게 주는 것이다.

아기를 위한 활동을 선택하는 법

1. 아기의 현재 발달 단계를 확인한다.
2. 아기를 관찰한다.
3. 아기가 현재 발달시키고 있는 것, 연습하고 있는 것, 흥미를 보이는 것은 무엇인가?
4. 이를 지원하기 위해 우리는 무엇을 줄 수 있는가?

아기를 위한 활동을 선택할 때 고려해야 할 몇 가지가 있다.

천연 소재를 선택한다

아기는 입으로 탐험한다. 그래서 아기가 사용하는 물건들은 반드시 아기 입속에 들어갈 것이다. 그러니 맛보고 씹어도 안전한 재료로 만들어진 것이어야 한다. 나무, 천, 고무 같은 천연 재료 그리고 스테인리스 스틸은 대개 안전하다. 이런 물질의 촉감과 온도는 각기 다른 감각적 피드백을 준다. 금속은 차갑고 매끈하다. 나무는 그보다 따뜻하고 결이나 마감에 따라 느낌이 다를 수 있다. 색이 칠해져 있다면 물감 재료가 안전한지 확인한다. 천연 또는 식용 가능한 것으로 염색된 재료를 찾아본다. 천연 재료는 내구성도 더 좋기 때문에 여러 아이들이 가지고 놀 수 있다.

교구를 구성하는 물질은 물론 전체 크기도 고려한다

아기가 가지고 놀 수 있는 크기여야 한다. 모든 구성 요소가 단단히 붙어 있는지 점검하고 삼켜서 질식할 위험은 없는지 확인한다. 세 살 미만 아이를 위해 물건의 크기를 확인할 때 사용하는 질식 위험 테스트기를 쓰는 것도 방법이다. 이 테스트기는 길이 약 5.7센티미터, 폭 3.2센티미터인 원통형으로 대략 손가락 두 개 너비다. 화장실 휴지 심을 테스트기로 사용할 수 있다. 어떤 물건이 화장실 휴지 심 안에 맞으면, 아기가 가지고 놀다가 삼켰을 때 질식 위험이 있는 것이다.

아름다운 교구를 선택한다

2장에서 아기의 흡수정신에 관해 이야기했다. 아기는 모든 것을 받아들인다. 이런 점을 염두에 두고 아름다운 교구를 주거나 무미건조한 교구를 아름답게 만들 방법을 찾아본다. 많은 것을 아기에게 적합한 교구로 다시 만들 수 있다. 예를 들면 빈 물병, 음식 통이나 깡통을 재활용한다. 가장자리에 색깔이 들어간 테이프를 붙이고 리본을 두르거나 예쁜 종이로 싸는 등 미적 가치를 향상시킬 수 있다.

품질과 기능의 차이를 파악한다

서로 다른 일련의 활동 도구들을 제공한다. 다르다는 것은 색깔, 크기, 무게, 촉감 또는 형태를 변형할 수 있다는 것이다. 기능도 바꿀 수 있다. 예를 들면 어떤 물건은 소리를 내고 어떤 것은 그렇지 않다. 통통 튀는 것이 있고 그렇지 않은 것이 있다. 탄성이 있고 조작을 하면 형태가 변하는 것이 있고 그렇지 않은 것이 있다. 아기들은 탐험을 통해 사물의 특성을 이해하고 그것이 어떻게 작동하는지 알아가기 시작한다.

우리가 아기를 위해 선택하는 대부분의 활동 교구는 사용하기에 직관적이다

아기에게 무엇을 할지 보여 주지 않아도 된다. 우리의 역할은 아기들이 놀 수 있는 환경을 조성하고 놀이감과 교구를 준비한 뒤 이상적인 시간에 아기가 가지고 놀 수 있게 하는 것이다. 아기가 특정 교구를 사용해 그들이 할 수 있는 어떤 기술을 연습하고 있다면, 아기는 자연스럽게 해야 할 활동을 하고 있는 것이다. 아기는 자신이 완전히 통제를 할 수 있을 때 이런 탐험의 시간을 갖는다. 아기는 하고 싶다면 언제, 어떻게, 무엇을 할지 선택할 수 있다. 아기는 통제하는 것을 통해 그들이 한 행동과 선택의 효과를 경험할 수 있다. 아기가 이런 통제를 자신의 일상생활의 한 부분으로 경험하는 것이 중요하다. 이렇게 해서 아기는 자기 자신과 능력에 대한 신뢰를 쌓는다. 이런 신뢰를 성인이 될 때까지 쌓아 가고 간직하며 도전에 직면했을 때 그에 의존한다.

어떤 교구를 사용하려고 아기가 애를 쓰거나 혹은 흥미를 보이지 않는다면 아직 준비가 안 된 것일 수 있다. 그러면 그 교구는 치웠다가 나중에 다시 시도해 본다. 아기가 어떤 물건을 사용하는데 맞고 틀린 것은 없다. 안전하기만 하다면 우리는 아기의 탐험과 발견을 얼마든지 허용한다.

우리가 직접적으로 아기에게 보여 주지 않고 아기의 탐험을 안내할 수 있는 한 가지 방법이 있다. 아기가 활동 공간에서 시간을 보낼 때마다 올바르고 완성된 상태의 물건 또는 활동 교구를 찾게 하는 것이다. 예를 들어 퍼즐이 있다면 이 퍼즐은 아기가 처음 봤을 때는 모든 조각이 맞춰져 완성된 상태일 것이다. 아기가 퍼즐을 흩트렸다가 원래 모습으로 맞추지 못할 수 있지만 그래도 상관없다. 이 단계의 목표는 퍼즐을 다 맞추는 게 아니라 아기가 각기 다른 방법으로 손을 사용하고 무엇인가를 만지는 것이다. 그런데 아기가 유아가 되면 목표가 변한다. 그때 우리는 활동을 준비하는 법을 바꾼다. 아기는 퍼즐을 다 맞추지는 못해도 처음 다 맞춰진 상태의 퍼즐을 봤을 때 어떻게 보이는지를 흡수한다. 그리고 아기는 탐색을 하면서 다음에는 퍼즐로 정확하게 무엇을 해야 하는지 알게 될 것이다.

인간이 가진 경향성 중 하나가 자기완성self-perfection이다. 우리는 자신을 독려해 더 잘하고 싶고 성공했다고 느끼기를 원한다. 아기도 이런 경향성을 가지고 있다. 우리 모두 우리 능력의 한계점에 있는 활동들을 즐긴다. 너무 쉬우면 지루해하고 반대로 너무 어려우면 답답해하고 좌절한다. 아기에게 맞는 활동 도구나 교구는 현재 능력보다 약간 더 어려워서 노력을 요구하지만 낙심할 정도로 어렵지는 않은 것이 좋다. 우리는 아기가 활동 도구를 사용하는 모습을 관찰할 수 있고 어떻게 반응하는지 볼 수 있다. 가능하다면 아기가 애를 쓰고 있어도 개입하거나 도와주지 않는다. 아기가 좌절하고 불만스러워하지 않는 이상 가만히 앉아서 그저 관찰한다. 아기가 불만스러워하면 무엇이 그렇게 만드는지 관찰한다. 더 큰 아기라면 우리가 시범을 보이고 다시 아기를 관찰하면 된다. 또는 그 교구는 치우고 나중에 다시 하면 된다.

"애쓰는 것은 필수다."

-니콜 홀트부르어, 라디클 비기닝스Radicle Beginnings

활동의 숫자를 한정한다

활동의 숫자를 한정하면 아기가 압도되지 않으면서 집중할 수 있다. 처음에는 아기의 나이를 기준으로 진열해 놓는 활동의 숫자를 정한다. 예를 들어 1개월 된 아기는 활동 한 개, 2개월 된 아기는 두 개로 제한한다. 이상적이라면 더 큰 아기라도 한 곳에서 한 번에 대여섯 가지 이상의 활동을 하도록 두지 않는다. 아기가 7개월에 접어들면 활동이 모두 한 곳에 있지 않아도 좋다. 네 가지 활동 도구를 놀이 공간의 교구장 하나에 진열해 놓았다면 나머지는 부엌에 바구니를 놓고 그 안에 한 가지 그리고 아기방에 두 가지 정도를 둔다.

대부분의 활동은 따로 보관해 두고 한 번에 몇 개씩 교대로 꺼낸다. 새로운 활동을 꺼내 올 때마다 아기는 그것을 새로운 친구 또는 아주 오랜만에 만나는 친구같이 느낄 것이다.

환경을 유지하고 복원한다

아기는 놀 때 보통 하나에서 다른 것으로 옮겨 가며 흔적을 남긴다. 우리는 질서에 대한 많은 이야기를 들려주고, 큰 아이들에게는 뭔가 하나를 꺼내 오기 전에 먼저 있었던 것을 제자리에 놓는 모습을 보여 준다.

하지만 아기에게는 그렇게 하지 않는다. 그 이유는 아기는 아직 물건을 따로 두는 것을 할 수 없기도 하고, 무엇보다 우리는 아기가 어떤 물건을 다른 데로 옮기는 데 집중하는 것을 방해하고 싶지 않기 때문이다. 아기가 완전히 일을 다 마칠 때까지 기다렸다가 물건을 다시 가져 올 거라고 말한다. 그러면 아기는 우리가 하는 것을 보고 그 움직임을 흡수한다. 아기가 걷기 시작하고 협력할 수 있게 되면, 그때 우리는 아기와 함께 물건을 제자리에 가져다 놓거나 어떻게 해야 하는지 보여 준다. 그러면 나중에 아기가 혼자서 물건을 가져다 놓는 것을 보게 될 것이다.

좀 더 큰 아이들에게는 아이가 옮길 수 있는 쟁반에 교구를 놓고, 그것을 교구장으로 옮기는 활동을 통해 질서 잡기를 알려 줄 수 있다. 아기는 아직 쟁반을 옮길 수 없고, 활동보다 쟁반 자체에 더 관심을 가질 수 있기 때문에 이는 방해가 될 수 있다.

양보다는 질이 중요하다

우리가 아기에게 제공할 수 있는 교구와 놀이감은 아주 다양하고 많다. 하지만 아기는 대다수를 그저 짧은 시간 동안 즐기고, 나머지는 쉽게 망가뜨리기도 한다. 그러니 양보다는 질에 중점을 두는 것이 좋다. 다음 사항을 고려해서 시간이 지나도 괜찮은 질 좋은 활동 교구에 투자한다.

- **활동 교구의 재료**: 천연 재료는 대개 내구성이 좋아서 오래간다.
- **구성**: 아기는 교구를 던지고, 치고, 떨어뜨린다. 그래서 우리는 거칠게 다뤄도 괜찮은 단단하고 튼튼한 물건을 원한다.
- **사용할 때의 유연성 또는 탄력성**: 아기가 커가면서 다른 방식으로 사용해도 계속 쓸 수 있는 교구가 좋다.

품질이 좋다는 것이 무조건 비싸다는 의미는 아니다. 손으로 직접 만든 물건을 파는 시장이나 중고품 상점에서 정말 좋은 것을 찾을 수 있다. 직접 만들 수도 있다.

> "딸랑이, 움켜잡기용 놀이감, 퍼즐, 그밖에 다른 교구들은 모두 특정 목적에 맞춰 선택한다. 아기가 도전이 너무 쉬워서 지루해하지 않도록 또는 너무 어려워서 좌절하고 포기하고 싶지 않도록 세심하게 살피는 것은 어른에게 달려 있다."
>
> -수전 스티븐슨, 『즐거운 아이』

우리의 역할은 아기를 즐겁게 해 주는 것이 아니라 환경을 준비하는 것이다

독립적 놀이의 토대는 생후 1년 내 만들어진다. 몬테소리 표현인 "제가 스스로 할 수 있게 해 주세요."는 아기가 스스로 재미를 찾는 것을 포함해 아기가 하는 모든 일에 적용할 수 있다. 두 살에서 여섯 살 사이인 아이의 부모는 아마 "어떻게 하면 아이가 혼자 놀게 할 수 있어요?"라고 질문할 것이다. 아이에게 독립성을 가르치는 일에 늦은 때란 없다지만 아기 때부터 시작하는 것이 가장 확실한 길이다.

아기의 놀이에서 우리 어른의 역할을 이해하는 것이 중요하다. 우리는 아기의 발달에 대한 지식을 얻고, 환경을 준비하며, 아기와 환경을 연결한다. 그리고 아기가 탐험할 자유와 시간을 준다. 하지만 아기의 활동을 먼저 시작하거나 아기를 즐겁게 해 주는 것은 피한다.

아기와 환경을 연결한다는 것은 어떤 의미일까? 아기를 활동 공간이나 어떤 공간에 두고 자유롭게 탐험하게 한다는 뜻이다. 우리는 먼저 아기의 자연스러운 발달에 대해 좀 더 잘 알기 위해 연구를 한다. 그래서 그들의 욕구를 충족시키는 환경을 준비할 수 있다. 그리고 나서 아기의 리듬을 찾기 위해 관찰하고 아기가 깨어 있을 때, 경계할 때, 만족스러워할 때 그리고 행복해할 때가 언제인지 알아낸다. 미리 준비해 둔 활동 공간에 아기를 둘 때 이런 일이 일어난다. 아기를 활동 공간에 두고 물러나서 관찰한다.

몬테소리에서는 아기가 어떤 활동을 할 수 있도록 할 때, "선물을 준다."라고 말한다. 이 표현은 우리가 아기에게 뭔가 특별한 것을 주거나 할 수 있게 한다는 것을 강조하는 것이다.

아이가 활동할 수 있을 때

1. 아기는 정신이 초롱초롱한 상태다.
2. 배가 부른 상태다.
3. 행복하고 편안한 상태다.

아기가 아무것도 안하고 그 어떤 교구나 물건을 가지고도 상호 작용을 하지 않는다면? 그래도 괜찮다. 우리는 종종 아기가 놀면 시끄럽고 부산스러울 거라 생각한다. 하지만 항상 그렇지는 않다. 아기가 하는 활동은 차분한 경우가 많은데, 감각이 예민하지 않다면 이를 잘 알아보지 못할 수 있다. 아기가 차분해지고 행복해한다면 어른이 개입할 필요가 없다. 가끔 아기의 관심은 우리가 예상하는 것과는 달리 환경의 다른 면에 있는 경우가 있다. 예를 들면 어떤 용기나 상자, 가까이 있는 물건 또는 형제자매에게 관심을 가진다. 아기가 자신에게 필요한 것을 알고 있다는 것을 신뢰한다. 그리고 개입하지 않는다.

주니파는 언젠가 부모-아기 수업에서 모빌을 보고 있는 유아를 관찰했던 일을 여전히 기억한다. 몬테소리 모빌은 공기의 흐름에 따라 움직이게 디자인되어 있어서 아주 천천히 움직인다. 그 아기는 아주 차분하고 편안하게 떠 있는 나비 모빌을 바라보고 있었다. 아기의 보호자가 옆에서 이를 지켜보고 있었다. 얼마간 시간이 지났는데 보호자는 아기가 지루해한다고, 자극이 충분치 않다고 느꼈던 것 같다. 그래서 좀 더 빨리 움직이도록 모빌을 불기 시작했다. 의도는 아주 좋았고 동작도 적절했지만 모빌은 아기의 눈과 목에 맞지 않게 너무 빨리 돌아갔다. 그러자 아기는 곧 시선을 다른 곳으로 돌리더니 울기 시작했다. 모든 것이 빠르게 돌아가고, 시끄럽고 자극이 가득한 세상에서 우리를 포함한 많은 사람이 조용히 앉아 있거나 천천히 하는 것을 즐기지 못한다. 그래서 아이들을 즐겁게 해 주려 할 때도 무의식적으로 빠른 속도를 강요할 수 있다. 변화를 줘야 할 시간이라고 생각하고 결정을 내릴 때 우리 느낌에 의지하기보다, 아기가 변화할 준비가 되었는지 관찰해야 한다는 점을 기억하라.

가능하면 아기 손에 놀이감을 쥐여 주거나 얼굴 위에서 딸랑이를 흔들어서 주의를 집중시키거나 즐겁게 해 주려는 행동을 삼간다. 아기의 시선 내에, 아기 손이 닿는 곳에 활동 도구나 물건을 둔다. 아기가 직접 가서 고르게 한다. 이는 아기가 선택할 수 있다는 것을 알고, 선택하려면 인내심과 끈기를 요한다는 것을 알고 연습하게 하는 것이다. 이렇게 하는 것은 아기가 자신의 직관을 따르도록 이끄는 것이고, 의도와 목적이 있는 행동을 익히도록 하는 것이다.

우리가 아기를 즐겁게 해 주는 데 초점을 맞출 때도 아기가 집중하지 못하게 만드는 경향이 있다. 종종 이야기를 하거나 율동으로 아기를 즐겁게 해 주는데 그러다가 곧 지쳐 버리고, 아기는 여전히 집중을 하고 있는데 우리가 먼저 끝내 버린다. 아기 스스로 즐기려 시도할 때 아기는 이런 상황을 통제할 수 있다. 어떤 활동을 할 때 무엇을, 어떻게, 얼마나 오래 할지를 선택할 수 있다. 그러니 어른은 개입하거나 방해하지 않는다. 칭찬도 하지 않도록 한다.

아기들은 놀랍다. 우리가 환경을 준비하고 관찰하면 그들은 놀라운 일을 해낼 것이다. 속으로만 칭찬하는 법을 배우거나 기다렸다가 파트너나 친구, 친척들에게 이야기를 해 주며 즐거워하면 된다. 아니면 조용히 사진을 찍어 둔다. 아기의 집중력을 흩트리지 않도록 최대한 노력한다. 관찰해 보면 아기는 언제 성과를 냈는지 알고 자기 방식으로 그것을 인정한다는 것을 알게 될 것이다. 긍정적이든 부정적이든 우리가 강한 반응을 보이면, 그건 무심결에 아기가 스스로 느끼는 법을 터득하기보다 우리의 반응을 보라고 가르치는 것이 된다.

아기는 고요함과 정적을 즐긴다. 조용히 앉아서 아기가 원할 때 하고 싶은 활동을 하게 하는 것이 고요함을 즐기는 아기를 보호하고 계속해서 즐기게 도와주는 것이다. 우리가 할 일은 그것이다.

놀이의 주도자는 아기다. 아기는 스스로 자신을 즐겁게 한다. 이는 단추를 누르면 말을 하거나 갑자기 환하게 밝아지고 온갖 소리를 내는 장난감을 치우라는 말이다. 아기가 직접 행동을 해야 활기를 얻는 교구나 도구를 선택한다. 그리고 TV도 사용하지 않는다.

이런 점을 기억하고 아기가 스스로 즐기는 법을 배우도록 도와준다면, 아기는 자라면서 스스로 할 수 있는 능력을 키우는 기반을 마련할 것이다. 우리가 아기와 상호 작용을 하고, 포옹하고, 연결되는 순간은 이외에도 많이 있다. 아기의 기저귀를 갈아 줄 때, 수유를 할 때, 목욕을 시킬 때, 같이 사람들을 구경할 때, 이 모든 때를 우리는 연결의 순간이라고 부른다. 연결의 순간에는 서두르지 않는다. 이 순간들을 이용해 아기와 우리 관계의 기반을 다진다. (127쪽 참고)

아기가 놀이를 할 때 우리의 역할

- 발달의 자연스러운 단계를 이해하기 위해 공부한다.
- 아기가 자유롭게 움직이고 탐험할 수 있게 환경을 만든다.
- 아기를 활동 공간으로 데려오기에 적합한 시간을 알아낸다.
- 더 잘 이해하기 위해 아기를 관찰한다.
- 아기가 언제 피곤해하는지, 배고파하는지, 자극을 심하게 받는지, 지저분해지는지 본다.
- 아기의 활동에 끼어들거나 방해하지 않는다. 집중력을 키우도록 돕는다.

아기가 애를 쓰거나 어딘가에서 막혔을 때 돕는 법

아기가 뒤집기를 하려고 하는데 손이 잘 떨어지지 않아서 버둥거리는 것을 보았다고 하자. 이렇게 아기가 노력하고 애를 쓰고 있으면 관찰을 하되 방해하지 않는다. 좌절해서 짜증을 내기 시작하면 좀 더 가까이 다가가 우리가 보고 있는 것을 말해 주고 도와주겠다고 제안한다. 이럴 때는 적절히 도움을 줄 수 있다. 손을 떼는 것만 도와주고 뒤집는 것은 아기 스스로 하게 두는 식으로 도와준다. 적절한 만큼만 도움을 주고 아기가 하고 싶어 하는 일에서 성공할 기회를 빼앗지 않는다.

아기를 위한 활동에서
추가로 알아 둘 점

1. 자발적으로 물건을 알아보고 탐험하기

여기서 우리가 제공하는 교구들은 아기의 대근육과 소근육 발달을 돕는 것들이다. 거기에 아기가 자유롭게 탐험하고 개방된 곳에서 놀 기회를 주는 것을 더할 수 있다. 우리는 이것을 스스로 발견하는 체험적 형식의 놀이라고 부른다.

움직일 수 있는 능력이 좋아지면 아기는 이동해서 환경 속에 있는 물건을 연구할 수 있다. 이렇게 탐색하게 하면 아기가 어떤 것에 가장 길게 관심을 보이고 집중하는지 알게 된다. 아기가 탐구하고 살피는 물건이 놀이감이 아닐 때가 종종 있다. 주니파는 아들이 덥수룩한 러그를 손가락으로 쓸어내리다가 러그의 실 가닥을 움켜잡으려 하고, 창문가에 생긴 빛의 반영을 쫓아 기어 다니던 것을 기억한다.

또한 주니파는 아들이 오랫동안 즐겁게 가지고 놀던 블록 조각들, 작은 플라스틱 병(쌀, 착색제, 반짝이 다시 착색제, 기름 그리고 콩이 층층이 채워져 있다.) 네 개를 보관한 바구니를 간직하고 있다. 아이는 이 플라스틱 병을 흔드는 것을 재미있어했고 병이 굴러가면 그 뒤를 쫓아 기어 다니며 즐거워했다. 주니파는 또한 아이가 모서리에 세워 둔 형의 세발자전거 바퀴를 계속해서 돌리던 일, 베개의 주름 부분을 만지고, 뱅글뱅글 돌아가는 팽이를 열심히 탐구하고, 줄이 달려 있어서 당기면 음악이 나오는 음악상자를 가지고 놀던 일 등을 기억한다.

주니파의 아이들은 교구 자체보다는 쟁반, 바구니 또는 교구가 들어있는 용기를 살피고 탐구하는 것을 더 재미있어했다. 주니파는 암소, 닭, 개 그리고 공작새(나이지리아에서는 일반적으로 볼 수 있는 풍경이다!)처럼 그들이 사는 환경에 있는 동물 중 두세 개 정도를 골라 똑같은 동물 모형을 바구니에 넣어 뒀다. 그러면 아기들이 이 동물 모형을 보고 만지고, 옮겨 보기도 하고, 입으로 느껴 보며 즐겁게 놀았다.

아이들이 탐색할 때 우리는 조용히 관찰한다. 가끔은 물건의 이름을 말하고, 어떤 소리가 나고 어떤 느낌이 드는지 또는 아이의 경험에 관해 이야기함으로써 언어에 노출될 수 있도록 한다. 그리고 다시 탐구할 수 있게 두고 방해하지 않는다.

2. 활동을 위한 옷차림

장애물을 제거하는 것은 어른인 우리가 할 역할 중 하나다. 옷은 가끔 간과하고 지나치기 쉬운 장애물 중 하나다. 가령 맞지 않는 종류의 옷을 입히면 아기의 경험과 움직임 발달에 방해가 된다.

생후 석 달 동안 아기는 바닥에 등을 대고 눕거나 엎드려서 시간을 보내는데 이때 단추, 지퍼 또는 다른 액세서리의 위치를 확인한다. 아기 몸에 파고 들어가지 않도록 하고, 같은 위치에서 배기는 느낌이 들지 않도록 한다. 너무 딱 맞는 옷은 피하고 팔다리를 자유롭게 움직일 수 있는 옷을 선택한다. 아기는 본의 아니게 팔을 마구 흔들고 발로 찬다. 그런 움직임도 가능한 옷을 고르는 게 좋다.

포대기로 감싸 놓으면 아기의 움직임에 방해가 되고 모로 반사(놀람 반사)와 긴장성 경반사(펜싱 반사)를 방해할 수 있다. 감싸기를 할 거라면 포대기 안에서 손과 다리를 어느 정도 움직일 수 있도록 여유 공간을 준다.

아기가 미끄러져 가거나 기어 다니기 시작하면 끌기를 할 때 무릎과 발가락을 이용한다. 이 단계의 아기는 대개 온도에 적응한 상태인데, 온도가 적절하다면 움직임을 방해하지 않는 옷을 고르는 것을 최우선으로 한다. 반바지, 우주복 또는 무릎이 노출되는 옷이 가장 좋다. 드레스나 긴 셔츠는 아기가 밟고 넘어질 수 있다. 특히 기어 다니기 시작하면 이런 일이 일어난다.

발도 노출하는 것이 좋다. 발은 수많은 자세와 위치를 바꿀 때 쓴다. 그리고 신발을 신기면 발에 대한 인식과 발달 두 가지 측면에서 아기에게 방해가 될 수 있다. 양말도 신기지 않는다. 맨발이어야 아기가 기어가거나 서두를 때 발가락에 힘을 줄 수 있다. 또한 계단이나 피클러 트라이앵글 미끄럼틀, 다른 장애물에 기어오를 때 더 나은 자세를 잡을 수 있다. 꼭 신겨야 할 때는 미끄럼방지가 된 양말이나 얇고 신축성이 좋은 밑창을 단 신발을 신기면 발을 움직일 수 있다. 작은 스니커즈 운동화는 보기에는 귀엽지만 아기가 움직이고 기고 걷는 데는 그다지 도움이 되지 않는다.

손도 노출하는 것이 좋다. 신생아의 손을 싸서 얼굴을 긁지 못하게 하고 싶은 마음이 들겠지만, 아기가 손을 얼굴 가까이 두려는 것은 엄마 배 속에 있었을 때 겪은 촉각 경험 때문이다. 가능하면 손을 노출시킨다.

PART 2

언어 활동

여기서 언어는 말로 하는 소통과 말로 하지 않는 소통 모두를 의미한다. 우리는 자신을 표현하고 다른 사람을 이해하기 위해 소통하려는 인간의 경향성을 따른다. 또한 언어는 인간의 다른 경향성과 연결되어 있다.

- 언어는 우리가 새로운 환경과 익숙한 환경에서 방향을 잡는 데 도움을 준다.
- 언어는 우리가 탐험, 탐색하는 데 도움을 준다.
- 언어는 환경에 적응하는 데 도움을 준다.

이런 경향성을 아기의 관점에서 생각해 보자. 태어나는 순간부터 아기는 우리 목소리를 듣고 익숙한 누군가가 가까이 있다는 것을 인지한다. 언어는 아기가 방향을 잡게 도와주고 위로를 해 주며 안전하다고 느끼게 만든다. 우리 목소리를 듣고 아기는 주변을 둘러보고 소리의 근원을 찾으려 탐색한다. 아기는 새로운 환경에 적응하면서 곧 우리가 내는 소리를 따라 하기 시작하고 우리처럼 되려고 한다. 태어날 때부터 우리 인간은 노출되는 언어를 배우게 되어 있다. 뇌의 배선이 그런 식으로 구성되어 있는 것이다.

주니파는 아이들의 언어 발달 과정을 보고 놀랐던 것을 기억한다. 주니파의 셋째 아이는 두 가지 언어에 몰입했었는데 두 살쯤 됐을 때는 두 언어로 말을 하면 모든 것을 이해했고 두 가지 언어 모두 문장으로 말할 수 있었다고 한다.

아기의 말하기를 발전시키려면 아기가 (성대를 작동시켜서) 말할 수 있어야 하고, 우리가 만드는 소리를 들을 수 있어야 하며(아기의 청각을 자주 점검한다. 특히 생후 첫해 귀에 감염이 있었다면 더욱 신경 쓴다.) 말하고 싶어 해야 한다. (그래야 소통하려는 아기의 노력에 우리가 대응할 수 있다.) 그리고 풍부한 언어가 주어져야 한다. (우리가 제공하는 입력 부분이다.) 첫해에 이 작업을 하는데 교구나 도구는 거의 필요 없다. 우리가 할 수 있는 가장 중요한 일 중 하나는 아기에게 풍부한 언어를 제공하고, 우리가 그들의 말을 듣고 있다는 것을 보여 주는 것이다.

아기의 언어 발달을 지원하는 우리의 작업은 아기가 태어나기 전부터 시작된다. 언어 발달은 자궁에서 시작된다. 23주 차가 되면 태아는 소리를 듣기 시작한다. 엄마의 호흡과 목소리는 물론 외부 환경에서 들리는 다른 목소리와 소리도 들을 수 있다. 아기에게 말을 걸고, 노래해 주고, 자궁에 있을 때부터 음악을 틀어 놓으면 태어날 때 아기는 이 소리들을 인지한다.

아기가 태어난 첫해에 할 수 있는 언어 활동

- 자궁에 있는 아기에게 풍부한 언어를 사용해 말을 건다. 이상하거나 말이 안 되는 단어를 사용하지 않는다.
- 또박또박 정확하게 말해야 아기가 단어를 구성하는 분명한 소리를 들을 수 있다.
- 아기의 청력을 점검하고, 잘 들을 수 있도록 좋은 환경을 조성한다.
- 고무젖꼭지, 텔레비전, 주위 소음 등 소통을 방해하는 것을 제거한다.
- 아기가 울기, 옹알이하기, 라즈베리 불기("푸-푸" 하며 입술 사이를 진동시키며 만드는 옹알이의 일종-옮긴이), 재잘거리기 등을 통해 소통하려는 모든 노력을 인정하고 장려한다.
- 노래를 하거나, 동요를 불러 주거나, 시를 읽어 주거나, 음악을 튼다.
- 실생활에서 일어나는 일을 다루거나 등장인물이 나오는 책을 읽어 준다.
- 시선을 맞추며 대화하는 시범을 보이거나, 표현하거나, 몸짓 언어를 한다.
- 일상생활에 아기를 참여시키고 대화를 듣게 한다.
- 아기에게 말을 할 때 아기 수준으로 내려가거나 우리 수준으로 아기를 올리는 것을 습관화한다.
- 부드럽고 존중하는 태도로 말한다.

출생부터 석 달

아기에게 말 걸기

아기는 사람 목소리에 특별한 민감도를 가지고 태어나는 것 같다. 생후 첫날에도 아기는 익숙한 목소리를 향해 몸을 돌리고 환경에서 들리는 다른 목소리에 관심을 보인다.

아기는 하루 중 많은 시간을 누군가의 품에 안겨 있거나 돌봄을 받는다. (여기서 돌봄이란 우리가 수유를 하고, 목욕을 시키고, 기저귀를 가는 등 아기와 함께하는 상호 작용을 의미한다.) 이때가 아기에게 말을 걸 좋은 기회다.

아기 이름을 부르거나 행동을 통해 말을 걸 수 있다. "메투, 이제 너를 들어 올릴 거야. 목욕할 시간이 됐거든. 먼저 네 왼쪽 다리를 씻기고 그다음에 오른쪽을 씻을 거야." 아기가 하는 행동이나 반응에 관해 이야기할 수도 있다. "웃었네! 그게 좋았구나." 또는 "귀를 잡아당기는구나. 졸린 거야?" 이런 식으로 말하면 아기는 행동과 단어를 연결하기 시작한다.

아기에게 말할 때 그것을 대화로 만든다. 무엇인가를 말할 때는 반드시 시선을 맞추고 아기의 반응을 기다린다. 아기는 어른보다 처리하는 시간이 조금 더 걸린다. RIE 철학에는 *지체할 시간*tarry time이라는 개념이 있다. 아기가 처리하고 반응하도록 기다려 주는 시간을 갖는 것이다. 먼저 말을 하고 잠깐 기다리며 아기의 반응을 관찰한다. 아기는 아마 어떤 소리를 내거나 몸짓을 할 것이다. 그것을 아기에게 다시 반복해 주거나 아기가 했다고 생각하는 것을 말로 표현해 본다. 혀를 쏙 내밀어 보고 그것을 보고 아기가 입을 움직이려는 몸짓을 하는지 기다린다. 아기는 대화의 예술을 배우고 있으며 그렇게 아기가 "말하는 것"이 우리에게 중요하다.

> "아기에게 말을 걸면… 아기는 당신의 입을 볼 것이다. 아기에게 말을 걸 때 매력적이고 애정이 깃든 방식으로 말을 하면 아기가 비록 당신이 하는 말을 이해하지 못해도 그 감정을 느끼고 신이 나서 자기 입을 움직이기 시작할 것이다."
>
> -마리아 몬테소리

아기와 함께 머무는 공간에 있는 어떤 물건을 지목하고 그 이름을 말해 준다. 주니파가 처음 아기들과 집에 돌아왔을 때 그녀는 먼저 집을 한 바퀴 돌면서 아이들에게 방을 보여 주고 각 방에서 무슨 일을 하는지 말해 줬다. 이것을 아기들이 태어난 첫해에 자주 반복했다. 우리는 아기가 매일 반복하는 일에 대한 신호를 아기에게 알려 줄 수 있고, 농담을 하거나 즐겁게 아기와 대화할 수 있다. 아기가 이해하지 못하는 것처럼 보이지만 아기의 뇌는 언어가 작동하는 방식, 단어를 만들고 소리를 반복하는 방법을 알아내서 계속 연결하고 있다. 아기는 자신만의 언어 은행을 만들고 나중에는 모아 둔 것을 표현할 수 있게 된다.

몬테소리는 아기에게도 풍부한 언어를 사용하고 정확한 단어를 구사하라고 권한다. 아기의 신체 부위, 개의 품종, 꽃의 종류 등 우리가 주변에서 볼 수 있는 것들을 표현할 때 풍부한 언어를 사용하고 정확하게 구사한다. 우리가 알고 있는 지식이 충분치 않아 제약을 받을 뿐 다른 제약은 없다.

다중 언어를 구사하는 아이로 키우기 원하면 한 사람이 아기에게 (다중 언어로 말하지 말고) 하나의 언어로 말하는 것이 좋다. 가령 부모 중 한 사람이 1번 언어로 말하면 나머지 한 사람은 2번 언어로 말하는 것이다. 아니면 조부모나 보조 양육자가 1번 언어로 말하고 부모는 2번 언어로 말하는 식이다. 아기와 하는 다른 모든 활동과 마찬가지로 일관성이 중요하다. 이중 언어에 대해서는 155쪽에서 좀 더 자세히 다루겠다.

아기가 태어나기 전부터 글을 읽어 주기 시작해서 태어난 다음에도 계속한다. 갓 태어난 아기에게 글을 읽어 줄 때의 핵심은 읽어 주는 것의 내용이 아니라, 소리와 운율을 들려 주는 것에 있다. 그러니 우리가 읽어 주고 싶은 책을 골라도 된다. 책을 골라서 아기 앞에서 큰소리로 읽어 준다. 그림이 많고 글은 조금 있는 간단한 책을 골라서 그림을 묘사해 주면서 읽을 수도 있다. 친밀한 사람들이나 물건을 이용해 직접 책을 만들어 보는 것도 재미있다. 작은 앨범에 가족사진을 넣거나 빈 보드북에 우리 사진을 채워 넣어서 만들어 본다. 그 사진들을 아기와 함께 보면서 사람들에 관해 이야기해 준다. 아기들은 커가면서도 이렇게 아기 때 만든 책을 계속 보며 즐거워한다.

태어난 후 바로 아기의 청력을 점검하고 이후에도 지속해서 살펴보는 것이 중요하다. 감기나 다른 감염으로 문제가 생길 때 일찍 알아내지 못하면 청력에 영향을 미칠 수 있기 때문이다. 많은 병원과 출산 센터가 태어난 후 바로 청력 검사를 한다. 아기 이름을 부르거나 박수를 치고 멀리서 종을 울려서 그리고 아기의 반응이나 대응을 점검해서 지속적으로 아기의 청력을 살필 수 있다.

아름다운 음악을 틀어 놓고 아기와 함께 즐긴다. 아기와 함께 춤을 추거나 안아 주고 노래의 리듬에 맞춰 몸을 흔들어 준다. 리듬을 식별하는 것도 언어를 배우는 것의 일부이기 때문에 아기의 언어 발달에 도움이 된다.

주니파에게는 멋진 음악상자가 몇 개 있는데 하루 중 일정한 시간에 틀어 놓곤 했다. 그 중 하나는 투명한 것이라 안에서 상자가 작동하는 기계적 구조를 한눈에 볼 수 있었다. 아기들은 음악을 즐길 때 이 음악상자를 유심히 관찰하곤 했다. 다른 것은 줄을 잡아당기면 음악이 나왔다. 음악이 나오는 동안 줄이 들어가면서 점점 짧아졌다. 아기들은 이것도 아주 좋아했고, 상당히 빠른 시기(6개월에서 7개월 사이)에 줄을 잡아당기는 법과 줄을 잡아당겨서 음악 듣는 법을 배웠다. 음악을 다른 형태로 제공한 것이다. 새가 있는 곳에 산다면 아침에 창문을 열고 또는 아기를 정원으로 데리고 나가 새 지저귀는 소리와 다른 자연의 소리를 즐긴다. 이것 또한 언어와 리듬을 발달시키는 데 도움이 된다.

아기는 사람들 사이에 벌어지는 대화를 경험하고 흡수할 필요가 있다. 그러니 파트너, 친구 또는 큰 아이들과 대화할 때 아기와 함께 또는 아기를 가까이 두고 이야기 나누자. 아기 캐리어나 포대기를 이용해 아기를 데리고 밖에 나가면 이때도 아기는 오가는 대화를 듣고 사람들을 관찰할 수 있다.

방해물 제거하기

시끄러운 환경, 텔레비전이 항상 켜져 있는 방처럼 지속해서 소음이 나오는 공간은 언어 습득에 방해가 될 수 있다. 아기가 말을 선명하게 듣기 어렵고 뇌가 받는 자극도 과해질 수 있다. 배경 음악도 아기한테는 걸러져야 할 필요가 있다. 그러니 계속해서 음악을 틀어 놓기보다 아기와 함께 음악을 들을 때는 시간을 정해 놓고 틀어 놓는 것이 낫다.

고무젖꼭지도 언어 발달에 방해가 될 수 있다. 뭔가를 입에 계속해서 물고 있으면서 옹알이를 하거나 재잘거리고 말하기는 어렵다. 특히 혼자 힘으로 고무젖꼭지를 치울 수 없는 나이라면 특히 더욱 그렇다. 처음에 아기가 소통하는 주요 수단은 울기다. 그러니 울면 아무래도 고무젖꼭지를 물리고 싶은 마음이 굴뚝같겠지만 이는 잠재적으로 아기의 소통을 방해한다. 아기가 말하는 것을 듣고 싶지 않다는 메시지를 보내는 것이 될 수도 있다.

고무젖꼭지를 써야 한다면 잠자는 공간에 둔 상자 안에 보관하고 사용을 제한하려 노력한다. 그러면 첫해가 끝나는 시점으로 갈수록 고무젖꼭지 사용을 점차 줄일 수 있다. 아기가 뭔가를 빨고 싶어 할 때 고무젖꼭지를 물려 주고, 아기가 더 이상 필요로 하지 않는 순간을 관찰했다가 치워 버린다. 그러면 아기는 소리를 내고 울어서 우리와 소통하려 할 것이다.

아기가 태어난 첫해에 읽어 줄 책을 고르는 법

- 견고한 보드북은 움켜잡기와 책장을 넘길 수 있는 능력을 연습하는 데 최적이다. 이런 책들은 아기가 물고 씹어도 찢어지지 않고 견고하다.
- 흑백 이미지로 시작하고 4주 내지 6주쯤 하얀색 배경에 색깔이 들어간 책을 선택한다. 그 다음에 세부 묘사가 더 많은 이미지가 있는 책을 본다.
- 글이 없는 책으로 시작해서 단일 단어들 그다음에 짧은 문장이 있는 책으로 바꾼다.
- 그림이 아름다운 책을 고른다. 아기는 우리가 제공하는 아름다움을 흡수한다. 책에 있는 그림도 예외가 아니다.
- 동물, 소리, 냄새, 계절, 감각, 탈 것 등과 같이 일상생활과 관련된 것이 수록된 책을 선택한다. 출생 후 첫해에서 6세까지 아이들은 주변 세상에서 그들이 보고 경험하는 것을 이해한다. 아이들이 현실적인 책을 더 좋아한다고 시사하는 연구가 상당히 많다. 그러니 판타지보다는 현실, 주변 세상에서 이해할 수 있는 것들을 기본으로 하는 책을 고르는 것이 좋다.
- 비슷한 맥락에서 동물과 장난감이 인간 같은 일을 하는 내용, 예를 들면 곰 인형이 자동차를 몰고 코끼리가 롤러스케이트를 타는 장면이 있는 책은 피한다. 우리는 아기에게 가능하면 정확한 정보를 주길 원한다.
- 아기가 한 살 정도가 되면 아마 입체 팝업북을 좋아할 것이다. (그런데 아기가 실수로 튀어나오는 팝업 부분을 찢을 수도 있다.) 재미있는 것은 이런 책의 팝업 부분이 아이의 주의를 분산시켜 실제 책에서 배우는 내용은 조금 적다는 연구가 있다. 하지만 입체 팝업북은 재미있다.
- 아기가 책장을 넘기는 것 또는 뒤에서부터 거꾸로 읽는 것에 관심을 보이면 그대로 따라간다. 이런 현상은 영원히 지속되지 않는다. 책 살펴보기를 다 끝내지 못해도 괜찮다. 책 읽기에 흥미를 갖는 과정이기 때문이다.

석 달에서 여섯 달

아기가 커 가면서(대략 생후 3개월에서 4개월경) 우리가 이야기를 할 때 아기가 우리 얼굴을 응시하고 입을 더 열심히 본다는 것을 알게 될 것이다. 들리는 소리가 마치 우리 입술의 움직임으로 만들어진다고 생각해 어떻게 그렇게 되는 것인지 알아내고 싶어 하는 듯한 모습이다. 아기가 우리 얼굴을 볼 수 있는 높이에서 천천히 말을 해서 그 원리를 알아낼 기회를 주자.

조금 더 있으면 아기는 우리가 말을 할 때 우리 입을 관찰하는 데 흥미를 느낄 뿐 아니라 입을 움직여 우리를 따라 하려 한다. 우리가 혀를 쏙 내밀거나 물고기처럼 뻐금거리는 입을 만들고 그밖에 과장된 제스처를 보이면 아기도 따라 할 것이다. 이런 제스처를 해서 아기가 따라 하게 하고 미소를 지어 그 노력을 인정해 준다. 또 다른 제스처를 해서 아기가 따라 하게 해 본다.

계속해서 아기와 이야기를 하는데 기억할 것은 대화를 나누는 것이지 혼잣말을 하는 게 아니라는 점이다. 그러니 이야기를 하다가 잠시 멈춰 아기가 반응할 기회를 준다. 아기는 소리나 제스처로 아주 잘 반응할 수 있다. 생후 3개월에서 4개월 정도가 되면 아기의 반응이 더욱 눈에 띈다. 아기의 반응을 관찰하고 인지해서 그 반응을 우리의 말에 반영시켜 다시 아기에게 전달한다. 아기가 낸 소리를 우리가 반복해서 내거나 아기에게 웃어 준다. 또는 우리가 볼 때 아기가 소통하려는 것을 말로 해 본다. 이는 우리가 아기의 말을 듣고 있다는 것을 의미하며 대화의 시범을 보이는 것이기도 하다. 이렇게 해서 아기는 우리가 그들이 말하는 것에 신경 쓰고 있으며 언제나 우리와 이야기할 수 있다는 것을 알게 된다.

아기가 내는 소리를 반복해 다시 그들에게 보내는 것은 (구구, 갸갸 같은) "유아어"와는 다르다. 아기와 대화할 때 유아어로 말하면 그것은 아기가 이 이외에는 이해하지 못하는 것처럼 대하는 것이다. 아기에게 자연스럽게 "아기 말(또는 유아어)"를 사용하게 될 테지만 그것을 과장할 필요는 없다. 아기는 유아어 톤을 좋아하기는 한다. 하지만 우리는 아기를 친구나 파트너 또는 다른 사람처럼 존중하는 태도로 대하고 싶다.

그리고 이 시기에 아기는 모음 소리를 내기 시작한다. 우는 것을 빼고 내는 첫 소리다. 이런 달콤한 소리는 비둘기가 "구구"거리는 소리와 비슷하기도 하다. 이런 소리는 즐겁고 어른이 쉽게 인지할 수 있다. 우리는 시선을 서로 마주하면서 듣는다. 아기가 소리 내는 걸 멈추면 우리가 그 소리를 반복해서 반대로 아기에게 말을 건다. (예를 들면, "아아아… 그래 네 말을 듣고 있어. 오오우… 정말? 좀 더 이야기해 줘.") 그리고 아기에게 말할 기회를 준다. 이렇게 하면 아기가 소통하려는 노력을 장려하고 서로 주고받는 대화를 시범 보이는 것이 된다. 다시 말하지만 이것은 대화지 "유아어"가 아니다. 아기의 청각 능력을 주기적으로 점검하는 것도 잊지 말자.

소리를 만들고, 소통을 인정받고, 소통하도록 격려를 받은 아기는 생후 4개월에서 5개월경 우리가 "음성 수련vocal gymnastics"이라고 생각하는 것을 시작할 것이다. 아기는 소리를 지르면서 자기 목소리의 한계를 테스트한다. 이런 소리는 짜증스러울 수 있지만, 그런 시간도 지나갈 것이다. 가능하면 아기에게 소리 지르지 말라고 말하기보다 이런 탐험과 실험을 할 수 있게 허용한다.

아기들은 또한 라즈베리 불기, 침으로 거품 불기를 하고 이상한 소리를 내기도 한다. 이 모든 것이 언어 발달의 단계이니 장려할 필요가 있다. 아기는 이런 식으로 목소리를 조절하고 어조와 음의 높이, 크기 등을 알아낸다. 또한 횡격막, 입, 혀 그리고 입술의 협응을 연습할 것이다. 그러니 라즈베리 불기를 하면 같이 맞받아치고 보조를 맞춰 준다. 그러면 재미있기도 하고 대개 아기는 크게 웃으며 깔깔거릴 것이다. 자연스럽게 유대감이 형성되는 것이다. 그리고 이전과 마찬가지로 계속해서 아기와 이야기하고, 노래하고, 책을 읽어 준다.

생후 3개월에서 6개월쯤 된 아기는 책의 특정 부분에 반응하기 시작할 것이다. 제일 좋아하는 부분을 보고 웃거나 책에 나온 얼굴을 따라 하려 노력한다. 5개월에서 6개월이 되면 아기는 모음에 자음을 더해 처음으로 음절을 만들어 낼 것이다. 첫 자음은 대개, "ㅁ", "ㄴ", "ㄷ" 그리고 "ㅍ"이다. 그래서 아마 "마마", "나나", "다다" 또는 "파파"를 말해 부모를 놀라게 한다. 이 반응에 아기는 계속해서 이런 소리를 만들어 낼 것이다.

이때가 몸짓 언어를 가르쳐 주기에 적절한 시기일 수 있다. 아기들은 말로 표현할 수 있는 것 이상을 이해하는 경우가 많은데, 간단한 신호로 소통하는 운동 기능motor skills을 발달시키고 있는 아기는 이를 이용할 수 있다. 손으로 신호를 보내는 운동 신경이 초기에 발달하는 덕분에 아기는 말하기 전, 신호를 만들어 보낼 수 있다. "우유", "좀 더", "먹어.", "다 했어." 그리고 "잠"과 같은 기본적인 단어 신호를 가르칠 수 있다. 몇 달 후 아기가 이런 신호를 맞받아 보내기 시작하면 그때 새로운 신호를 더 가르쳐 준다. 그 신호도 완전히 습득하면 또 새로운 것을 가르쳐 준다.

아기 신호에 대해 좀 더 알고 싶다면 레인 레벨로의 『아기의 몸짓 언어 쉽게 이해하기Baby Sign Language Made Easy』를 추천한다.

여섯 달에서 아홉 달

6개월이 끝나갈 때 쯤 아기는 단어를 이해하고 "박수 쳐.", "입 벌려." 그리고 "아가, '안녕'이라고 말해 봐."와 같은 요청에 반응할 수 있다. 이제 가족의 이름을 알고 "아빠가 문가에 있네?" 같은 문장을 말하면 쳐다보거나 문을 향해 기어가는 식으로 적절하게 반응할 수 있다. 또한 다른 어조의 목소리와 "안 돼."라는 단어도 이해한다.

아기에게 계속해서 이야기하고 물건의 이름을 정확하게 알려 주는 식으로 아이의 발달을 지원한다. 아기가 보게 되는 사물과 소리의 이름을 말한다. 예를 들어 전화 벨소리가 울리는 쪽으로 아기가 고개를 돌리면 "전화기가 울리고 있어."라고 말한다. 개가 짖는 소리를 듣고 아기가 주변을 둘러보면 "개가 짖는 소리 들리니?"라고 말해 준다. 또는 우리가 숟가락을 들고 있는 모습을 아기가 보면 "이게 숟가락이야. 숟가락, 숟가락. 네가 쥐어 볼래?"라고 말해 본다.

노래를 하면 음의 높이, 음색, 속도 그리고 음량을 가지고 노는 기회가 된다. 다른 목소리, 속도, 음량으로 같은 노래를 불러 본다. 악기를 연주하며 노래할 수 있다면 아기가 입을 열고 가끔은 뭔가 우리가 내는 소리와 똑같은 소리를 내는 것을 볼 수 있다.

출생 때는 부모가 말하는 언어의 소리를 더 좋아하지만, 생후 7개월까지 아기들은 그 어떤 언어든지 소리를 재생할 수 있다. 아기들이 내는 구구 소리와 옹알이 소리는 7개월에서 8개월경 아기가 "목적 의식을 가지고 옹알이"를 시작할 때 그리고 그들이 언어(또는 두 개 이상의 언어)의 소리를 연습할 때 변한다. 듣고 있으면 몇 가지 소리를 들을 수 있다. 많은 경우 아기들은 그들이 듣는 소리를 반복하려 한다. 다시 말하지만 이 모든 것이 이루어지려면 아기의 입이 자유롭고 언어가 풍부한 환경이 제공되어야 한다.

아홉 달에서 열두 달

9개월 정도가 되면 아기는 말로 표현하지 못해도 많은 단어를 이해한다. 옹알이를 많이 하고 신호와 제스처를 이용해 소통하려는 노력을 많이 한다. 이때부터 아기들은 대상 영속성을 더 잘 이해하게 되는 것 같다. 연구에 의하면 4개월 된 아기는 어떤 물건이 있다는 것을 기억할 수 있다. 9개월 정도가 되면 아기는 이렇게 "숨어있는 물건"을 더 잘 찾을 수 있게 된다. 이때쯤 아기는 우리와 까꿍 놀이하는 것을 즐길 것이다. 또한 이 시기에 아기는 검지로 가리키기를 시작한다. 아기가 손가락으로 어떤 물건을 가리키면 우리가 그 물건의 이름을 말하면 된다.

우리는 계속해서 말을 하고, 노래하고, 읽어 준다. 구체적인 단어를 또박또박 말한다. 딸랑이를 흔들거나 방의 이곳저곳에서 박수를 쳐서 소리를 낸 다음 아기가 소리 방향으로 몸을 돌리거나 기어 오는 놀이를 한다.

이 시기에 아기는 물건에 관심을 가지며 원인과 결과를 탐색하기 시작할 것이다. "안 돼."나 "하지 마."라고 말하는 대신 긍정의 언어로 표현하자. 예를 들어 아기가 먹다가 음식을 던지면 "음식은 접시에 두거나 입에 넣는 거야."라고 말한다. 먹기를 끝낸 것 같으면 "다 먹은 것 같구나. 그럼 이제 접시를 치울 거야."라고 말한다. 몬테소리에는 "고쳐 주지 말고 스스로 깨닫게 해서 가르친다."라는 표현이 있다. 그러니 그저 "안 돼." 라고 말하기보다 아기가 무엇인가를 시도하고 있으면 관찰을 하고 기다렸다가 무엇을 해야 하는지 보여 준다. 그리고 하지 말아야 하는 것, 대신 할 것을 말해 준다. "안 돼."라는 말을 절대 하지 않는다는 의미가 아니다. 다만 드물게 사용해서 아기가 그 중요성을 알게 하라는 것이다.

열두 달 이후

첫 돌을 맞이할 무렵이 되면 아기는 아마 첫 단어를 말할 것이다. 그다음부터는 몇 개 단어, 대개는 가족의 이름을 기억하고 "물", "우유", "위쪽" 등의 자신이 원하는 것을 요청할 때 쓰는 단어를 말할 것이다. 이것이 1년 간 작업의 결과물이다. 모든 아이는 자기 시간표에 맞춰 말하기를 배울 거라고 한 점을 기억하기 바란다. 아기가 첫 단어를 말하는 시기는 범위가 아주 넓고(5개월에서 36개월 사이) 평균적으로 첫 단어를 말하는 때는 11.5개월이다.

또한 이때쯤 아기는 걷기 시작하고 손은 자유롭게 뭔가를 할 수 있게 된다. 이제부터 아기를 요리, 청소, 식탁 차리기, 식료품 치우기 등과 같은 집안일을 하는데 합류시킬 수 있다. 이런 활동을 하면 아기가 음식, 과일, 채소, 조리 도구, 밥그릇, 가구 등의 이름 그리고 그들 문화에 있는 특정 어휘들을 배울 수 있으므로 풍부한 단어를 배울 기회가 된다.

동물 모형 같은 복제품, 사진도 아기에게 새로운 단어를 가르쳐 줄 때 사용할 수 있다. 이 시기의 아기는 언어를 흡수하는 놀라운 능력을 가졌다. 그래서 이때 가능하면 많은 단어를 가르쳐 준다. 계속해서 말하고, 노래하고, 읽어 준다. 아기의 수준과 눈높이에 맞추고 아기가 말을 할 때는 주의 깊게 듣는다.

생후 1년 중
언어 발달의 중요 단계

- 배 속에 있을 때부터 아기에게 말을 건다.
- 또박또박 정확하게 말해서 아기가 단어를 구성하는 뚜렷한 소리를 듣게 한다.
- 소통(예: 고무젖꼭지)과 듣기(예: 텔레비전)의 방해물을 제거하고 아기의 청력을 점검한다.
- 소통하려는 아기의 노력을 인정하고 장려한다.
- 노래하고, 동요를 불러 주고, 시를 읽고, 음악을 틀어 준다.
- 현실 세계를 반영하는 진짜 주제와 등장인물이 나오는 책을 읽어 준다.
- 아기와 시선을 맞추고, 표현을 하고, 몸짓 언어를 써서 대화하는 시범을 보인다.
- 아기를 일상생활에 합류시켜서 대화를 듣게 한다.
- 아기에게 말을 걸 때 그들 수준으로 내려오거나 어른 수준으로 올려서 말한다.
- 다정하고 존중하는 태도로 말한다.

신생아
- 소리를 듣고, 부드럽거나 익숙한 소리에 반응할 것이다. 아기가 조용해질 것이다.
- 시끄럽거나 예상치 못한 소리에 놀라거나 눈을 깜박일 것이다.
- 울어서 필요한 바를 표현한다.
- 안면 제스처를 흉내 내려 시도한다.

두 달
- 소리가 나는 쪽으로 머리를 돌린다.
- 먹을 때 보호자에게 집중한다.
- "구구" 소리를 낸다.
- 얼굴을 찌푸리거나 미소를 짓는다.

석 달
- 모음 소리(예: 아아어)를 내기 시작한다.
- 신나고 흥분한 모습을 보이기 시작한다.
- 목욕 같은 육체적 돌봄 활동을 즐긴다.
- 얼굴을 열심히 연구한다.

넉 달에서 여섯 달
- 발성 훈련: 거품을 내뱉고 큰 소리를 낸다.
- "나", "마", "바" 같이 간단한 음절을 구성하는 옹알이에 자음을 넣는다.
- 옹알이에 리듬이 있다.

일곱 달에서 아홉 달
- 희미한 소리를 찾아 위치를 알아낸다.
- "안 돼."라는 말을 이해한다.
- "안녕 안녕"을 하며 손을 흔들 수 있다.
- 음절을 음악적으로 종알거리고 ("마마", "바바"와 같이 소리를 따라할 수 있는 곳에서) 표준적 옹알이를 한다.
- 아기 이름을 부르면 그쪽으로 몸을 돌린다.
- 아기 신호baby signs 배우기를 시작할 수 있다.

아홉 달에서 열두 달
- 까꿍 놀이를 할 수 있다.
- 간단한 지시 사항에 반응할 수 있다.
- 몇 가지 단어를 인식할 수 있다.
- 신체 부위를 인식하고 가리킬 수 있다.
- 한 음절 단어를 말할 수 있다.
- 울지 않고 원하는 것과 선호하는 것을 표현할 수 있다.
- 아기 신호를 반복할 수 있다.
- 재미있는 광경을 가리켜서 우리에게 알려 줄 수 있다.

언어 발달 관찰하기

- 아기가 익숙한 목소리를 들을 때 어떻게 반응하는가?
- 아기가 익숙하지 않은 목소리를 들을 때 어떻게 반응하는가?
- 아기의 울음소리: 들릴 때마다 다르게 들리는가? 원인별로 울음소리를 구분할 수 있는가?
- 다른 소리에 아기는 어떻게 반응하는가?
- 우리가 아기에게 말을 걸 때 아기는 눈과 입을 어떻게 하고 있는가?
- 아기가 내는 소리를 관찰한다. 모음 소리를 내는가? 아니면 자음 소리를 내는가?
- 아기는 어떻게 소리를 내는가?
- 아기가 자기 이름을 들으면 어떻게 반응하는가?
- 하나의 소리를 만들어 내는가?
- 같은 소리만 결합하는가?
- 다른 소리를 결합하는가?
- 아기 신호를 사용하면 아기가 언제 반응하기 시작하고, 언제 신호를 사용하는지 의식해서 알아 둔다.
- 책을 읽어 줄 때 어떻게 반응하는지 의식해서 알아본다. 아기의 주의를 끄는 특정 방향이 있는가? 그쪽을 보고 있을 때 아기는 입과 얼굴로 무엇을 하고 있는가?
- 아기가 즐거움 또는 불편함을 어떻게 소통하는지 알아본다. 울어서 또는 울지 않고 소통하는 법을 알아본다.
- 아기가 언제 의도가 들어간 단어를 사용하기 시작하는지 알아본다.

이렇게 관찰했을 때 아기에 대해 새롭게 알게 된 것이 있는가? 그래서 바꾸고 싶은 것이 있는가? 환경에서 무엇을 바꿀까? 아기들을 지원할 다른 방식은 무엇이 있을까? 나 자신의 개입을 포함해서 우리가 제거해야 할 방해물은 무엇인가? 즐겁게 관찰하라!

이중 언어

아기는 흡수정신을 가지고 있고 언어 습득의 민감기에 있기 때문에 유아기에 하나 이상의 언어에 노출되면 언어 습득에 아주 효과가 좋다. 아기는 외견상 힘들게 노력하지 않아도 추가적으로 언어를 습득할 것이다.

가정에서 하나 이상의 언어로 말한다면 "한 사람 한 언어" 접근 방식을 취한다.

부모가 각자 자기 모국어로 아기에게 말을 하고 가족은 합의한 "가족 언어"를 사용한다. 사용 범위domains of use 방식을 취할 수도 있다. 집에서 특정 언어를 사용할 때 가족이 합의한 시간과 장소를 구분한다. 예를 들어 주말에는 영어로 말하고 밖에 나가서는 그 지역 언어를 사용하기로 한다. 그리고 집에서는 부모의 모국어로 말하기로 약속한다.

아이가 어떤 언어를 읽고 쓸 줄 아는 수준까지 되려면 집에서 일주일에 30퍼센트는 해당 언어를 사용해야 한다. 아기가 특정 언어에 노출되는 시간을 늘리고 싶다면 그 언어를 구사하는 10대 아이가 책을 읽어 주고 아기와 놀아 준다거나, 보호자(보조 양육자)가 그 언어로 말하거나, 놀이 그룹이 그 언어로 말을 하면 된다. 이 부분은 창의성을 발휘해 조율한다.

이중 언어를 익히게 하면 아이의 언어 습득이 느려지지 않을까 걱정하는 부모가 있다. 연구에 따르면 아이가 하나 이상의 언어를 습득할 때 학습 지연은 일어나지 않는다고 한다. 비교를 해 보면 단일 언어에 노출된 1년 6개월 된 아기는 열 개 단어를 습득한다. 이중 언어에 노출된 아이는 1번 언어의 단어를 다섯 개, 2번 언어의 단어를 다섯 개 정도 안다. 따라서 이중 언어에 노출된 아이는 전체로는 열 개 단어를 알지만 단일 언어에서는 언어 수준이 더 낮다고 볼 수 있다.

 이중 언어나 하나 이상의 언어 학습에 대한 사항은 콜린 베이커의 『내 아이를 위한 이중 언어 교육 길라잡이A Parents' and Teachers' Guide to Bilingualism』를 참고할 것을 추천한다.

PART 3

움직임 활동

움직임은 사람이 주변 환경을 탐색하고 접촉하는 방법이자 자기표현의 수단이다. 움직임을 통해 우리는 영양을 섭취하고, 안전을 유지하고, 환경을 개선하기 위해 애쓴다. 다양한 움직임의 방식은 우리의 생존과 발전에 연결되어 있으므로 우리는 아기가 이 기술을 완전하게 발달시킬 수 있도록 지원하고자 한다.

아기들은 태어날 때부터 움직인다. 머리, 손, 다리를 움직이고 뻗는다. 하지만 이런 움직임은 비자발적으로 일어난다. 아직 조절이 되지 않으며 의식적으로 선택해서 이루어지는 것도 아니다. 출생 시 아기 움직임의 많은 부분은 원시 반사와 관련이 있다. 원시 반사primitive reflexes는 자극을 받으면 자동적으로 일어나는 근육 반사다. 이런 반사는 아기의 뇌와 신경 체계가 작동하도록 신호를 보내기 때문에 중요하다. 원시 반사는 아기가 자발적으로 움직일 수 있을 때까지 생존(예: 수유)에 필요한 여러 가지를 아기에게 공급할 때 도움이 된다.

아기는 자발적으로 움직일 수 있도록 근육 훈련을 해야 한다. 아기가 자기 뜻대로 움직이기 시작하면 선천적으로 가지고 태어나는 여러 가지 반사 움직임은 통합되고 사라진다. (움직임이 자연스럽게 그리고 최적으로 발달하지 않으면 이런 반사 현상 중 몇 가지는 남게 된다. 나중에 발달의 다른 영역을 방해할 수 있다. 부모가 이를 알고 있으면 아기가 태어나고 초기에 이런 반사를 하는지, 하지 않는지 알아볼 수 있다. 그리고 이런 반사 현상이 통합되고 사라지는지, 혹시 그대로 남는지 관찰해서 알아내도록 한다. 유아의 원시 반사 목록이 321쪽에 수록되어 있다.)

움직임을 최적으로 발달시키면 아기는 자발적으로 움직이며 협응을 할 수 있다. 이런 움직임은 아기가 시작하고 총괄한다. 우리는 아기가 근육을 훈련하고 반복적 움직임을 통해 몸을 통제할 기회를 제공한다.

아기의 역할은 탐험하고, 움직임을 시작하고, 몸으로 하는 도전을 즐기고, 협응 능력을 개선하는 것이다. 어른의 역할은 이런 아기의 탐험을 방해하지 않고 지원하는 것이다. 우리는 아기의 현재 발달 수준에 맞는 지원을 하기 위해 풍부한 환경을 마련하고, 아기가 성취할 새로운 도전과 과제를 제공한다.

출생 후 첫해 아기가 발달시켜야 할 움직임 활동이 많다. 이를 대근육 활동과 소근육 활동으로 나눌 수 있다.

대근육 활동은 공간 안에서 이뤄지는 아기 몸(팔다리를 포함해)의 움직임이다. 기어가기, 걷기, 팔 흔들기 등이 이에 속한다. 이런 움직임을 하려면 보통 큰 근육을 사용해야 한다. 대근육 활동은 균형과 협응 능력을 키우는 데 필요하다.

소근육 활동은 손, 손목 그리고 아래팔 운동을 할 때 필요하다. 신체 부위가 독특하게 회전해 이루어지는 이런 기술은, 인간이 다른 (대부분의) 동물과 구별되는 방식으로 도구를 움켜쥐고 작업할 수 있게 한다. 우리는 아기의 협응 능력과 손을 사용하는 능력 발달 수준에 큰 영향을 미친다. 몬테소리 박사는 손이 인간 지능을 보여 주는 도구라고 말했다. 또한 우리가 무엇인가를 정신에 공급하려면 먼저 손에 쥐어야 한다는 말도 했다. 본질적으로 손은 아기의 지능과 직접 연결되어 있다. 아기가 소근육 활동을 발달시키기 위해 노력하는 것을 도우면 그것은 아기의 지능 발달을 돕는 것이다.

우리는 아기의 근육 활동의 발달과 활동 개선을 지원할 수 있으며, 뇌가 정상적으로 기능을 하는 모든 아기가 따라가는 발달의 자연스러운 과정이 있다는 것을 숙지할 필요가 있다. 이 과정은 속도를 빨리 할 수는 없지만 느리게 하는 것은 가능하다. 우리의 목표는 속도가 아니고 아기가 통제와 협응 능력을 키울 수 있게 하는 것이다.

이해를 돕기 위해 간단한 과학적 사실에 대해 살펴보자. 출생 시 아기는 아주 제한적인 대근육, 소근육 활동을 할 수 있다. 아기가 특정 영역의 근육을 조절할 수 있기 전에 먼저 이 영역 내 신경 속에 있는 축색 돌기가 미엘린myelin으로 감싸져 있어야 한다. 미엘린은 축색 돌기들을 분리하는 지방질로, 미엘린이 축색 돌기를 감싸면 신경을 따라 메시지가 전달될 수 있다. 그래서 이 영역이 미엘린화되면 아기는 그 근육을 통제할 수 있게 된다. 미엘린화는 머리에서부터 발가락, 가슴에서부터 팔, 손 그리고 손가락으로 뻗어나간다. 아기의 대근육 활동과 소근육 활동 발달도 똑같은 과정을 따른다. 이렇게 아기는 머리를 조절하는 능력을 갖고 그다음에 몸통, 발을 조절할 수 있게 된다. 그리고 팔을 움직이고 그다음에 손가락으로 물건을 쥘 수 있다.

운동 감각kinesthetics은 팔다리와 몸의 움직임을 느낄 수 있는 능력이다. 근육 감각인 것이다. 반복을 통해 아기는 움직임의 결과와 감각 경험을 지속적으로 느낀다. 이 과정에서 아기는 이러한 움직임을 구현하고, 신경 세포에서 다른 신경 세포를 연결하기 위해 필요한 수상돌기도 만든다. 그리고 이는 아기의 두뇌 발달에 도움이 된다.

아기를 자세히 관찰하면 미엘린화 진행을 볼 수 있다. 아기의 팔, 손, 손가락 그리고 다리의 움직임 조절이 향상되는 것을 관찰할 수 있는데 이것이 바로 미엘린화의 진행이다. 이에 맞춰 환경을 준비하거나 조정할 수 있고, 각각의 발달 단계에 도달할 때마다 발전을 지원할 활동을 제공할 수 있다.

생후 12개월에서 14개월쯤이면 움직임을 위한 모든 축색 돌기의 미엘린화가 이루어지지만, 아기의 실제 움직임의 정확한 발달 상황은 아기가 접하는 환경에 따라 달라질 수 있다. 아기가 자유롭게 움직일 수 있는 환경, 물건이나 교구를 찾을 수 있는 잘 준비된 환경은 발달과 탐험을 촉진할 것이다. 그러면 움직임의 발달이 최적화될 것이다. 우리는 단순한 움직임 이상을 원한다. 아기의 움직임을 더욱 촉진하고 싶은 것이다. 아기의 움직임 발달movement development을 돕는 활동들을 살펴보기 전에 월령별 움직임의 발달 단계를 참고하자.

Note · 이것은 일반적인 지침이다. 아기들은 각자 자기의 시간표를 따르기 때문에 몇 주, 몇 달의 차이가 있을 수 있다.

아기의 발달 과정 중 다음 시기에 소근육 활동이 나타난다.
- **팔 뻗기**: 3개월에서 4개월경이면 아기는 자발적으로 팔을 통제하고 조절할 것이다.

- **움켜잡기**: 출생 시 아기는 움켜잡기에 비자발적 반사 작용을 보일 것이다. 4개월쯤에는 의도적으로 움켜잡기를 할 수 있을 것이다.
- **긁어모으기**: 4개월쯤 된 아기는 손으로 사물을 잡아 쥐고 손가락으로 감쌀 것이다.
- **엄지손가락 맞섬 움켜잡기**: 8개월에서 9개월이 되면 아기는 엄지손가락과 네 손가락을 사용할 것이다. 10개월에서 12개월쯤이면 아기는 손가락을 집게처럼 만들어 움켜잡기를 발전시킬 것이다. 처음에는 손가락 두 개와 엄지손가락을, 익숙해지면 그 다음에는 손가락 하나와 엄지손가락을 이용해 잡기를 할 것이다.
- **내려놓기**: 8개월쯤 되면 아기는 자력으로 물건을 자신이 고른 작은 공간에 놓을 수 있게 될 것이다.

환경을 준비하고 아기의 움직임 발달을 돕는 활동을 제공함으로써 우리는 또한 다음 사항을 지원할 수 있다.

- **"할 수 있어." 태도**: 아기는 움직임 발달에서 자기 자신이 의식을 가진 참여자가 된다는 기분을 경험할 것이다. 성공할 때마다 아기의 자신감이 쌓여 간다.
- **자존감**: 아이가 활동을 하게 하려면 어른은 아이를 믿어야 한다. 아기는 이 신뢰를 흡수한다. 긍정적인 자존감을 발전시키는 데 도움을 얻는다. 안전하고 준비된 환경을 만들면 부모는 아기를 신뢰하기가 더 쉬워진다.
- **신체 도식 인식**: 아기는 그들의 몸, 몸의 위치, 신체 부위의 위치 등을 인식하고 알게 된다.
- **자기 인식**: 아기는 환경에서 자신의 몸이 어떤 식으로 작동하는지 배우게 된다. 환경에 대응하는 법과 자립성을 갖는 법을 이해하게 될 것이다.

움직임 발달을 지원하는 활동

아기의 움직임 발달을 지원하는데 많은 것이 필요하지 않다. 갖춰야 할 가장 중요한 것은 발달의 자연스러운 과정에 대한 지식이다. 이것을 알면 현명하게 관찰하고, 환경을 준비하고, 아기에게 자유를 주고, 움직임에 방해가 되는 것을 없애고, 지연되거나 다른 걱정거리가 있는지 빨리 알아낼 수 있다.

방해물 제거하기

방해물을 제거하는 것은 활동을 지원하는 방법을 제공하는 것만큼 중요하다. 우리는 다음을 실천할 수 있다.

- 아기의 몸을 압박하거나 제한하는 옷을 입히지 않는다. (141쪽 참고)
- 아기 놀이 울타리에 아기를 두지 않는다. 대신 아기가 탐험을 할 수 있는 "좋아" 공간을 마련한다.
- 유모차, 카시트, 자전거 시트 같은 곳에 오래 아기를 태우지 않는다. 아기 캐리어나 포대기로도 오랫동안 싸매거나 안고 있지 않는다.
- 아기를 점퍼나 보행기, 엑서소서에 태우지 않는다. 이런 기구들은 아기 엉덩이에 과한 압력을 가하고 아기 스스로 움직임을 조절하지 못하게 제한한다.
- 아기 스스로 할 수 없는 자세를 잡게 하지 않는다. (예: 혼자 앉지 못하는 시기의 아기를 앉히려는 것)
- 걸을 준비가 되기 전에 아기 손을 머리 위로 올려 잡고 있지 않는다.

출생부터 석 달

태어나서 첫 달, 아기는 새로운 세상에 적응하고 스스로 방향을 잡고 있다. 이때 최고의 활동은 어른 품에 안겨 있거나 파묻혀 있는 것이다. 집이나 주변 환경의 자극이 적다면 이상적이다. 빛은 너무 밝지 않아야 한다. 공간은 조용하고, 부드러운 목소리와 낮은 음악이 좋다. 온도 조절이 되어야 한다. 이런 환경에서 우리는 아기를 환영하고 유대감을 맺을 수 있다. 그러면 아기는 안전하다고 느끼고 세상에 적응하고 환경에 대한 신뢰를 쌓아간다. 아기가 안전하다고 느끼면 탐험을 할 수 있고, 우리가 제공하는 활동을 할 수 있기 때문에 이는 매우 중요하다. 아기가 적응하기 시작한다는 것을 알게 될 것이다. 아기는 좀 더 편안해하고, 덜 울고, 우리들 이외 다른 것을 보기 시작할 것이다. 그러면 아기가 활동 매트에서 시간을 더 보낼 준비가 되었다는 것을 깨닫게 된다.

Tip · 아기를 안고 있다가 매트나 침대에 눕힐 수 있는 시기가 되면 토폰치노를 사용할 수 있다. 토폰치노를 사용하면 온도나 느낌, 냄새가 비교적 일관적이어서 아기는 방향을 잃거나 놀라지 않는다. 아기를 내려놓을 때는 항상 천천히 하고 무슨 일이 일어나는지 아기에게 말해 준다.

활동 매트

생후 2개월쯤 된 아기는 깨어 있는 시간의 상당 부분을 활동 매트에서 보내게 될 것이다. 아기는 담요를 깔아 놓은 곳에서 등을 대고 누워 있거나 움직일 수 있다. 활동 매트가 아직 준비가 되지 않았다면 활동 공간에 대해 살펴보고 준비하는 법을 알아본다. (78쪽 참고) 이번 장에서 다루는 많은 활동을 활동 공간에서 할 수 있다.

바닥 침대

아기는 바닥 침대에서 움직일 수 있다. 바닥 침대는 아이의 활동을 촉진하여 대근육 발달에 도움이 된다. 몬테소리는 아기 침대로 바닥 침대를 제안한다. 이 침대는 바닥에서 아주 가깝고 아기는 바닥 침대 위에서 주변 환경을 아주 선명하게 볼 수 있다. 출생 때부터 사용할 수 있고 생후 3개월쯤 되었을 때 바닥 침대로 옮길 수도 있다. 아기와 함께 자는 가정도 낮잠 잘 때나 밤에 잘 때 바닥 침대를 이용할 수 있다.

주니파는 세 아이를 키울 때 모두 함께 잤다. 저녁 7시쯤 아이들을 바닥 침대에 눕혔다가 밤에 깨서 수유를 할 때 침대로 데려갔다. 신생아를 바닥 침대에 두고 관찰해 보면 아기가 무의식적으로 움직인다는 것을 알게 된다. 처음에 우리가 아기를 재운 위치가 아닌 다른 곳에 있는 경우가 종종 있는데, 신기하게도 아기들은 바닥 침대 아래로 떨어지지는 않는다. 아기는 아주 천천히 움직이고 모서리에 닿았다는 것을 아는 것 같다. 그러면 방향을 바꾸거나 스스로 멈출 것이다.

딸랑이 움켜잡기

태어나서 두 달간 아기는 움켜잡기 반사를 하기 때문에 손바닥에 닿는 것은 무엇이든 손가락으로 감싼다. 모유 수유를 하거나 혹은 다른 때 아기 손바닥에 손가락을 갖다 대면 아기는 자기 손으로 우리 손가락을 감싸 줄 것이다. 아기에게 작고 가벼운 딸랑이나 속에 솜을 넣은 좁은 비단 튜브를 줄 수 있다. 원시 반사는 이후 차차 통합될 것이다. 이런 활동이 원시 반사나 움켜쥐기 반사 등을 촉진할 것이고, 아기의 관심은 손으로 갈 것이라는 점을 기억한다.

시각 모빌

시각 모빌은 출생 후 석 달까지 아기가 활동 공간에서 사용하는 주요 몬테소리 활동 도구다. 시각 모빌은 아기의 발달상에 여러 면에서 많은 도움이 된다. 몬테소리 시각 모빌은 일정한 순서에 따라 구성된 수제 모빌이다. 집에서 직접 만들 수 있고 구입할 수도 있으며 생후 초기 여러 주 동안 아기가 사용하는데, 발달 과정에 따라 교대로 사용할 수 있다. 모빌은 여러 가지 방법으로 아기의 발달을 지원하며 다음과 같은 발달을 돕는다.

시각 감각

출생부터 아기는 눈으로 세상을 받아들이고 탐색할 수 있다. 아기의 시각은 출생 때는 아직 발달되지 않은 상태지만 점차 개선되며 잘 준비된 환경에서는 특히 개선이 빠르다. 아기는 시각 모빌은 물건을 추적(눈으로 따라가며)하고 초점을 맞출

움켜잡기 그리고 움직임 발달

출생부터 석 달

움켜잡기 반사

자기 손 관찰하기

움켜잡기

석 달부터 여섯 달

의도적으로 움켜잡기

조작하기

손뼉 치기

여섯 달부터 아홉 달

한쪽 손에서 다른 손으로 옮기기

놓기

손가락으로 잡기

아홉 달부터 열두 달

좀 더 정밀한 움직임

집게 손가락으로 잡기

수 있게 한다. 또한 시각 모빌은 아름답고, 아기에게 기준점 역할도 한다. 그리고 시각이 발달하면 대근육과 소근육 발달에도 도움이 된다.

대근육 활동과 소근육 활동

출생 초기에 아기는 목과 팔 근육을 조절하는 법을 익힌다. 처음에 아기는 오직 눈으로만 모빌의 움직임을 따라갈 것이다. 그러다가 머리를 쓰고, 옆에서 옆으로 돌리고, 그다음에 몸통, 몸 전체를 돌리며 시선으로 모빌을 쫓아갈 것이다. 그리고 곧 모빌에 손을 뻗기 시작할 것이다. 처음에 움직임은 대개 비자발적으로 이루어지지만 아기는 수차례 반복을 하면서 근육의 강도와 조절하는 법을 배워 나간다.

방향 잡기 그리고 적응하기

모빌은 대개 아기의 활동 매트 위에 하나씩 매달아 놓는다. 아기는 이것을 보고 환경에서 인지할 수 있는 익숙한 물건으로 여긴다. 자연스럽게 아기의 기준점 역할을 하는 것이다. 아기가 흥미를 잃거나 발달에 진전이 이루어져 다른 모빌을 즐길 준비가 되었다고 생각되면 모빌을 바꾼다. 아기가 보는 데서 모빌을 바꾸는 것이 이상적이다. 아기에게 모빌을 바꿀 거라고 말을 하고 바꾼다. 이런 상황을 상상해 보라. 당신이 항상 가는 방에 들어갔는데 어느 새 방이 바뀌어 있다. 충분히 혼란스럽지 않을까? 아기도 마찬가지다. 아마 어른보다 더 심하게 혼란스러워 할 것이다. 그러니 아기가 혼란스러워 하지 않도록 가능하면 아기를 존중하면서 모빌을 바꾸는 것이 좋다.

아름다움

아기의 흡수정신 그리고 아기가 환경에서 보는 것을 흡수하는 방식에 대해 앞에서 이미 다뤘다. 모빌은 아름답다. 그래서 모빌을 보는 아기들은 그 아름다움을 흡수한다. 이제 네 가지 시각 모빌을 소개할 것이다. 이 모빌을 참고 삼아 다른 모빌을 만들거나 고르면 된다. 출판사 홈페이지 몬테소리 섹션에 무나리munari, 고비gobbi 그리고 무용수 모빌의 견본이 나와 있다.

무나리 모빌(흑백 모빌)은 보통 우리가 아기에게 선물하는 첫 번째 모빌이다. 연구에 의하면 신생아는 강한 대조를 이루는(흑과 백) 기하학 형태를 보는 것을 좋아한

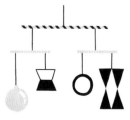

무나리 모빌

다. 아기의 시각을 관장하는 신경 세포와 망막이 아직 발달하지 못했기 때문이다. 이때 대조적인 것을 보면 시각과 망막 발달에 도움이 된다. 무나리 모빌은 흑백이고 기하학적 모형이며 빛을 포착하고 반사하는 유리 구체 그리고 기타 다른 모형으로 구성된다. 이 모빌은 태어난 지 며칠 되지 않은 아기도 오랫동안 집중하게 할 수 있다. 아기가 태어났을 때부터 이 모빌을 활동 매트 위에 매달아 두면 아기가 준비되는 대로 모빌을 즐기기 시작할 것이다. 주니파는 아기가 태어난 후 2주째 접어들었을 때 모빌을 즐길 준비가 되었다고 느꼈다.

팔면체 모빌

두 번째 시각 모빌은 **팔면체 모빌**이다. 이 모빌은 팔면체 세 개로 구성되어 있으며 세 가지 기본 색으로 칠한다. 팔면체는 종이를 자르거나 접어서 만든다. 광택이 나는 빨간색, 파란색, 노란색 종이를 이용한다. (선물 상자를 재활용해도 좋다.) 빛을 반사하는 종이를 쓰면 모빌이 빛을 포착하고 반사한다.

세 번째 모빌은 **고비 모빌(색깔 변화 모빌)**로 크기가 동일한 다섯 개의 공으로 구성되어 있다. 다섯 개의 공은 기본적으로 같은 색상인데 농담이 점차 옅어진다. 배열도 농담의 변화에 따라 이루어져 있다. 이렇게 배열을 하면 아기는 작은 색의 변화를 볼 수 있다. 그리고 햇빛이 비치는 창문

고비 모빌

가까이에 매달아 두면 모빌이 빛을 받아서 보는 재미가 있다. 공은 각기 바로 옆 공에 그림자를 드리운다. 아이들은 이 모빌을 좋아한다. 공의 겉 부분을 자수 실로 감싸서 만들 수도 있다. 겉 부분을 털실로 뜨거나 색깔을 칠하고 착색시킨 것도 있다. 아기가 이 모빌을 사용할 수 있을 때쯤(생후 2개월 말쯤)이면 아기가 손이나 팔로 모빌을 치는 것을 보게 될 것이다.

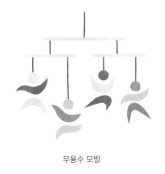

무용수 모빌

무용수 모빌은 몬테소리 시각 모빌 시리즈 중 마지막 단계다. 다른 모빌처럼 이 모빌도 아기의 주의력을 오랫동안 집중시킬 수 있다. 금색이나 은색 그리고 대비를 이루는 기본 색상의 종이를 사람 모양으로 잘라서 만든다. 이 모빌이 움직이면 무용수가 춤을 추는 것처럼 보인다. (그래서 이름을 무용수 모빌이라고 붙였다.)

여기서 소개한 모빌들은 몬테소리에서만 사용한다. 하지만 우리가 직접 만들거나 살 수도 있는데, 모빌을 구입하거나 만들 때는 다음 사항을 염두에 둔다.

• 간결하고 아름다우며 흥미로운 모빌을 선택한다.
• 배터리나 전기로 작동하는 것이 아닌 공기 흐름에도 움직이는 가벼운 모빌을 고른다.
• 시각 모빌은 시각적 자극을 위한 것이므로 모빌에서 음악이 나와야 하는 것은 아니다. 한 번에 한 가지 감각에 집중하는 것이 감각을 발달시키기에 좋다. 이 때의 목적은 시각 자극이다.
• 밑에서 모빌을 본다. 어떻게 보이는가? 기억할 것은 아기의 시점이다.
• 현실 세계에서 보는 기하학적 형태나 진짜 동물 또는 사물이 주제인 모빌을 고른다. 만화 캐릭터 모빌은 피한다.
• 새, 나비, 구름, 비행기 등 하늘을 날거나 하늘에 떠 있는 것들도 좋다.
• 밝고 흥미로운 색깔을 고른다.
• 각도에 따라 다른 시점을 보여 주는 모빌이어야 한다.
• 모빌에 너무 많은 요소가 들어간 것은 자극이 심하기 때문에 좋지 않다. 개수가 적을수록 좋다. 생후 3개월 된 정도 아이에게 사용할 모빌이라면 다섯 개나 여섯 개 이상 넘어가지 않는 게 이상적이다.
• 지루하거나 너무 자극이 없는 모빌은 고르지 않는다.

아기는 깨어 있는 시간의 상당 부분을 활동 매트에서 보낼 것이므로 모빌은 아기의 활동 매트 위에 거는 것이 이상적이다. 모빌을 달아 놓으면 아기는 집중할 대상이 생긴다. 아기를 모빌 아래 매트에 등을 대고 눕힌다. 신생아일 경우 위로 최소 20센티미터에서 30센티미터 높이에 모빌을 매단다. 아기가 태어났을 때 사물을 볼 수 있는 거리가 이 정도다. (모유 수유를 할 경우 엄마와 아기의 얼굴 사이의 거리도 대략 이 정도다.) 아기가 볼 수 있는 범위는 점차 늘어난다. 자라서 시각이 발달하는 것과 궤를 같이해 보는 거리도 늘어날 수 있다. 아기 침대는 휴식 공간이기 때문에 모빌을 침대 위에 달아 놓지 않는다. 말하자면 모빌은 "일"의 영역에 속한다. 아기는 모빌을 보며 시각 발달을 하고 있는 것이다.

아기를 모빌 아래 매트에 두고 아기가 모빌에 흥미를 갖는지, 상호 작용을 하는지 관찰한다. 모빌을 즐긴다면 방해하지 않는다. 가까운 곳에서 책을 읽거나 휴식을 취한다. 울거나 기분 상해하면 모빌을 조정해 제대로 잘 작동하게 할 필요가 있다. 주니파의 아이 중 하나는 모빌이 바로 위에 걸려 있는 것을 싫어해서 모빌 아래 누워 있을 때마다 울곤 했다. 아기를 관찰한 뒤 주니파가 모빌을 살짝 옆으로 옮겼더니 상황이 달라졌다. 아기는 모빌을 즐기기 시작했다. 아기가 시각적으로 모빌에 짜증을 내면 치우거나, 위치를 다시 잡거나, 다른 날 다시 걸어 본다.

아기의 배가 부르고(배고프지 않고) 졸립지 않으며 정신이 또렷할 때 모빌과 다른 활동의 효과를 극대화할 수 있다. 처음에 아기는 몇 분간 모빌을 관찰하고 아마 흥미를 잃을 것이다. 이는 정상적인 반응이다. 시간이 점차 늘어날 것이다. 우리는 아기가 모빌을 15분 이상 유심히 보는 것을 관찰한 적이 많다. 이때 아기는 집중력을 키우고 있다. 그러니 방해하거나 집중력을 산만하게 만들지 않도록 해야 한다는 점을 기억하라. 계속해서 아기에게 말을 걸 필요도 없다. 아기가 모빌이 아닌 다른 것을 보기 시작하고 더 이상 편안해 보이지 않거나 울면 모빌 보기는 끝난 것이다.

아기가 태어난 후 몇 달 동안 세 개에서 다섯 개 정도의 시각 모빌을 바꿔가며 사용한다. 아마 2주 내지는 3주 후에 또는 관찰해 보고 아기가 지루해하거나 흥미를 잃을 때 모빌을 바꿔 준다. 아기가 더 이상 모빌과 상호 작용을 하지 않거나 집중하는 시간이 지속적으로 줄어드는지 또는 모빌 밑에 누워 있을 때 짜증내는 신호를 보이는지를 관찰을 통해 알 수 있다. 이런 신호는 이제 모빌을 교체해야 할 때가 되었다는 의미다. 2주 정도 후 다시 모빌을 꺼내 오면 아기는 또 다시 재미있어하고 이전과 다른 방식으로 모빌과 상호 작용을 할 수 있다.

벽에 아름다움 미술 작품이나 이미지를 걸어 놓을 수도 있다. 낮게 달아서 아기가 볼 수 있게 한다. 초기 몇 주 동안 아기 시야에 들어오는 범위 내에 흑백 또는 대비가 강한 책을 세워 둘 수 있다. 나무는 아주 특별한 모빌이 될 수 있다. 흔들리는 나뭇잎과 가지는 빛과 그림자가 춤을 추게 만들고 아기는 그 장면을 보고 마음을 빼앗긴다. 이와 흡사하게 아기가 집중하도록 우리 손 뒤에서 조명을 쏘거나 그림자를 만들면 이 또한 시각 감각을 발전시키는 아주 풍성한 효과를 볼 수 있다.

"감각을 훈련하고 연마하면, 지각의 영역이 확대되고 지적 성장을 위한 더욱 탄탄한 기반을 다지는 확실한 이점을 누릴 수 있다."

-마리아 몬테소리

출생에서 석 달까지 관찰하기

- 환경을 흡수할 때 아기의 눈은 무엇을 하고 있는가? 예를 들면 아기가 익숙한 얼굴을 보고 익숙한 목소리를 들을 때 눈은 무엇을 하고 있는가?
- 몸이 처음으로 침대나 매트에 접촉했을 때 아기는 어떤 반응을 보이는가?
- 아기가 언제 머리를 옆에서 옆으로 돌리는지 알아 두라. 아기는 한 방향을 보는 것을 더 좋아하는가? 머리를 돌릴 때 아기의 손과 다리는 어떤 상태인가?
- 아기가 머리를 들 수 있는가? 머리를 들 때 등을 대고 누운 상태인가 아니면 배를 깔고 누워 있는가?
- 아기는 모빌을 어떻게 보는가? 아기의 눈이 계속해서 모빌을 쫓아가는가 아니면 모빌이 시야에 들어올 때만 보는가? 시간이 지나면서 이것이 변하는가?
- 모빌을 볼 때 특히 더 좋아하는 요소가 있는가? 아니면 매번 같은가?
- 모빌을 제외하고 아기가 환경에서 다른 무엇을 바라보는가?
- 손은 어떤가? 대부분 손을 펴고 있는가 아니면 쥔 상태인가?
- 팔과 다리는 어떻게 움직이는가? 몸 전체를 움직일 때가 많을 것이다. 아직은 손목이나 팔꿈치, 발목 또는 무릎을 구부리지 못한다.
- 아기의 이름을 부르면 어떻게 반응하는가?
- 등을 대고 누워 있을 때 머리를 돌리면 아기의 손과 발은 무엇을 하는가?

이렇게 관찰했을 때 아기에 대해 새롭게 알게 된 것이 있는가? 그래서 바꾸고 싶은 것이 있는가? 환경에서 무엇을 바꿀까? 아기들을 지원할 다른 방법은 무엇이 있을까? 나 자신의 개입을 포함해서 우리가 제거해야 할 방해물은 무엇인가? 즐겁게 관찰하라!

석 달에서 여섯 달

출생해서 석 달까지 우리는 아기의 시각과 청각을 자극하는 활동을 제공한다. 3개월 무렵이 되면 움켜잡기와 촉각 발달을 위한 활동을 더할 수 있다. 많은 활동 교구가 대근육과 소근육 두 가지 모두의 발달을 돕지만 이제 우리는 소근육 발달과 대근육 발달을 위한 활동을 구분할 것이다.

미엘린화(미엘린은 신경 세포 안의 축색 돌기를 감싸는 물질로 운동 조절 능력을 키운다.)는 두 가지 경로를 따른다. 하나는 출생 시 머리에서 시작해 대근육 운동을 가능하게 하면서 천천히 발로 이동한다. 또 다른 경로는 가슴에서 시작해 천천히 바깥쪽 손가락으로 이동한다. 이 두 가지 경로는 아기가 대근육 활동과 소근육 활동을 동시에 발달시킨다는 것을 의미한다. 3개월 쯤 되면 축색 돌기의 미엘린화가 어깨, 상부 몸통, 팔 그리고 손에서 일어난다. 아기의 시력도 더 나아져 자발적으로 소근육 활동을 시작하는 것을 보게 될 것이다.

소근육 활동

3개월 차에 접어들면 아기의 손동작 범위가 더 넓어지는 것을 관찰할 수 있다. 아기에게 모빌을 보여 줬다면 이제 아기가 모빌로 손을 뻗는 것을 보게 될 것이다. 그러면 이제는 촉각 모빌을 시작으로, 물건으로 손을 뻗고 움켜잡는 활동을 도입할 시기다.

물건 움켜잡기는 아기의 소근육 발달을 돕는다. 특히 손 뻗기와 움켜잡기가 향상된다. 우리는 아이가 태어날 때부터 움켜잡기 반사의 결과로 무엇인가를 무의식적으로 움켜잡는다는 것을 알고 있다. 손가락을 아기 손바닥에 갖다 대면 아기는 우리 손가락을 감싸 줄 것이다. 이는 무의식적인 행동이다. 시각이 선명해지는 때가 되면 아기는 자기 손에 관심이 아주 많아진다. 이때 아기를 관찰하면 손에 완전히 마음을 빼앗겼다는 것을 알 수 있다. 아기는 아주 오랫동안 손을 관찰할 것이다.

이 시기의 아기는 몸통 상부를 조절할 수 있게 되고 팔을 쓰는 것도 더 나아진다. 아기가 팔을 뻗어 모빌을 손으로 치는 것을 보게 될 것이다. 아기의 손 탐색을 방해하지 않아야 하고, 시각 모빌을 촉각 모빌로 바꿔 준다. 아기에게 딸랑이를 줄 수 있다. 최고의 촉각 도구는 간단하면서도 아름다운 것이다. 선택을 할 때 다음을 생각해 본다.

- 크기를 고려한다. 너무 크지 않아야 한다. 우리 손가락을 참고해 너비와 길이를 가늠해 보자. 크기가 커도 아기가 잡고 조작할 수 있거나 움켜잡을 수 있는 부분이 있어야 한다. 또한 삼켜서 질식할 위험이 있으니 너무 작아서도 안 된다. 화장실 휴지 심을 써서 크기를 가늠할 수 있다. 물건이 휴지 심 안에 들어가면 질식 위험이 있을 수 있다.
- 재료를 고려한다. 아기는 분명히 움켜쥐고 있는 것을 입으로 가져갈 것이다. 아기는 그렇게 탐색을 한다. 그러니 입에 넣어도 안전한 재료로 만들어진 도구를 준비해야 한다. 예를 들어 나무, 헝겊, 고무, 은, 스테인리스 스틸 같은 것이 좋다. 아기에게 각기 다른 자극을 줄 수 있도록 다양한 것을 제공한다. 예를 들어 스테인리스 스틸은 손으로 잡거나 입에 대면 나무나 천의 느낌과 달리 서늘하다.
- 움켜잡기용 모빌, 목탁이나 차임벨, 부드러운 소리를 내는 딸랑이는 만지면 소리가 나는데 이것은 아기가 들인 노력에 대한 피드백이라 볼 수 있으므로 좋은 도구다.

촉각 모빌

촉각 모빌은 아기가 만지고 조작할 수 있도록 디자인되었다. 섬세하고 부서지기 쉬우며 오로지 보기만 해야 하는 시각 모빌과는 달리 촉각 모빌은 아기가 만지고 움켜잡는다. 입에 넣기도 한다. 아기는 자기 힘으로 촉각 모빌을 사용할 수 있다. 모빌을 아기 눈에 보이고 손이 닿는 곳에 매달아 놓는다. 그러면 아기가 만지면서 상호 작용을 할 수 있다. 아기가 계속해서 손을 뻗고 만지고 치다가 원할 때 그만할 것이므로 반복 훈련에도 좋다.

시각 모빌처럼 몬테소리에서 사용하는 촉각 모빌이 있고 권장하는 사용 순서도 있다. 촉각 모빌을 고를 때는 품질을 고려한다. 몬테소리용이 아닌 촉각 모빌을 사용할 때도 마찬가지다. 딸랑이도 모빌에 걸어 놓을 수 있다. 아기는 모빌로 손 뻗기, 움켜잡기, 잡아당기기를 할 테니 모빌 한쪽 끝에 고무줄을 달아서 모빌을 당기면 쭉 늘어나게 해도 된다. 다만 끊어지지 않게 잘 묶어서 모빌이 아기에게 떨어지지 않도록 조치한다.

리본에 종 달기

아기 주먹 크기의 종을 리본에 매단다. 리본의 끝에는 10센티미터 정도 길이의 고무줄을 단다. 이것을 아기가 누워 있는 곳 위에 매단다. 처음에는 아기가 무심결에 팔을 흔들어 종을 때리면 소리가 날 것이다. 이런 청각적 자극은 유용하므로 아기가 어떤 의도를 가지고 동작을 반복하도록 돕는다. 연습을 하면서 아기의 팔 뻗기는 점점 더 정확해질 것이다. 종에서 나는 소리는 아기가 환경에 영향을 미칠 수 있다는 메시지를 주는 최초의 인상이 될 것이다.

이런 장면을 상상해 보자. 아기는 누워서 모빌을 보면서 손을 움직인다. 그러자 '딩' 소리가 들린다. 처음에는 자기가 이 소리를 나게 했다고 생각하지 않겠지만 같은 일이 반복되면 아기는 깨닫게 될 것이다. '내 손이 모빌을 건드릴 때마다 소리가 났어. 내가 소리가 나게 한 거야!'라고 생각할 것이다. 그러면 이제는 의식적으로 노력을 한다. '다시 소리가 나게 하고 싶어. 똑같은 방법으로 손을 흔들어 때리면 소리가 계속 날거야.' 아기는 결코 포기하지 않는 조용한 결의를 보일 것이고 우리는 그것을 관찰할 수 있다. 아기는 계속해서 시도할 것이고 그러다가 종을 움켜잡아 입으로 가져갈 것이다. 그래서 고무줄이 필요한 것이다. 아기가 당기면 고무줄이 늘어날 것이다. 모빌이 발 가까이에 달려 있다면 아기가 발로 찰 수도 있다.

리본에 고리 달기

아기가 움켜쥐거나 자기 쪽으로 잡아당길 수 있도록 나무나 금속으로 만들어진 고리를 예쁜 리본에 단다. 앞서 소개한 종은 아기가 무의식적으로 혹은 의식해서 쳤을 때 소리가 나고 그래서 만족감을 얻었다면, 이 고리는 아기가 직접 리본을 당겨서 자기 입에 가져가 경험함으로써 만족감을 얻게 된다. 아기가 먼저 손을 뻗어 손바닥과 손가락을 이용해 리본을 잡은 다음에 고리를 움켜잡고 입으로 가져오게 되니 이것이 좀 더 심화된 단계다.

아기는 스스로 완성하고픈 경향성을 가지고 있으며 발달에 맞춰 도전의 강도를 높이고 싶어 한다는 것을 기억하라. 이런 경향성에 맞춰 수준이 높아지는 활동 교구를 제공하자.

다른 움켜잡기 연습용 교구

아기가 움켜잡기를 어느 정도 발달시켰고 스스로 기어 다니거나 돌 수 있을 때라면 딸랑이를 혼자 가지고 놀 수 있다. 이 단계 전에는 딸랑이를 떨어뜨리고 스스로 집을 수 없다. 아기가 손을 뻗고 움켜잡는 기술을 발전시켜 나갈 때 다양한 딸랑이와 색깔, 형태, 촉감 그리고 무게가 다른 안전한 물건을 준다. 아기는 이런 물건을 손을 이용해 다양한 방식으로 다뤄볼 수 있다. 각기 다른 촉감을 주는 여러 가지 다양한 재료로 만든 딸랑이들이 있다. 예를 들어 금속은 나무보다 시원하고 매끈한 느낌을 준다. 아기는 무엇이든 입으로 가져갈 것이니 그 점을 염두에 두고 안전한 재료로 만들어진 활동 도구를 준비한다.

주니파는 아이들에게 나무로 만든 공, 나무를 달걀 모양으로 깎은 다음 표면을 울로 뜬 니트로 씌운 것, 여러 개가 겹쳐진 은색 링, 움켜잡을 수 있는 굵기의 막대 원통을 주었다. 은색 링들은 아기 손에 딱 맞아서 아이들이 이가 나는 시기에 입으로 물면서 가지고 놀았다. 또 다른 도구로는 이가 날 때 사용하는 공이 있는데, 재질은 안전한 플라스틱이고 움켜잡기도 쉽다. 이 공은 아기가 잇몸이 아플 때 마사지를 해 주는 용도로도 완벽하다. 그밖에도 다양한 딸랑이가 있는데 아기들이 여러 가지 방식으로 움켜잡기를 연습할 수 있다.

대근육 활동

활동 공간

생후 3개월에서 6개월 시기에 대근육 움직임의 발달을 지원하는 가장 간단하면서도 중요한 활동은 바닥에서 보내는 시간동안 이루어진다. 바닥 활동 시간을 활동 공간 내 활동 매트에서 갖는다. 이 공간에 거울을 부착해 아기가 자신이 하는 무의식적이고 의식적인 움직임 모두를 관찰할 수 있게 한다. 움직임을 방해하는 장애물이 없는 안전한 공간에서 활동이 이루어져 아기가 근육을 강화하고 움직임에 필요한 조절 능력을 완벽하게 연습할 수 있게 한다. 여기서 아기는 완전히 자유롭고 자기 몸을 조절하며 무의식적인 움직임을 할 수 있다. 거울을 이용해 아기는 자기 행동과 그 결과로 나타나는 움직임을 관찰한다. 아기는 전혀 제약을 받지 않기 때문에 자유롭게 원하는 만큼 손과 발을 움직일 수 있다. 우리가 항상 아기를 데리고 있거나 흔들의자, 엑서소서, 보행기 등 아기용 탈것에 태워서 항상 제약을 받게 한다면 아기는 다른 움직임을 조절할 기회를 얻지 못한다.

몬테소리, RIE 그리고 기타 다정한 육아를 지향하는 공동체들은 아기를 배 위에 올려 두는 시간, 일명 터미 타임tummy time을 가지는 것에 대해 서로 견해가 엇갈린다. 아기 스스로 이 자세를 취할 수 없기 때문에 배 위에 아기를 올려 두는 것을 좋아하지 않는 사람들이 있다. 하지만 우리는 아기가 등과 배를 모두 대고 있는 시간이 중요하다고 생각하며 가능하면 아기가 태어났을 때부터 이 두 가지 자세 모두를 취하고 있는 시간을 줘야 한다고 본다.

터미 타임을 가지면서 거울을 사용하면 아기가 거울에 비친 자기 모습을 보며 즐길 수 있다. 아기를 우리 몸에 올려 두거나 아기와 나란히 바닥에 누울 수도 있다. 모빌 앞에서 터미 타임을 가져서 흥미 유발을 할 수도 있다. 이렇게 하면 아기는 다른 각도에서 모빌을 볼 수 있다. 터미 타임을 가지면 아기는 대근육 활동에 필요한 핵심 부위의 힘을 기를 수 있다. 이는 미국 소아과 학회도 추천하는 것이다. 아기가 불편해하면 자세를 바꾸고 필요한 경우 아기를 들어 올린다.

발차기 활동

아기가 자기 발을 관찰하고 다리 움직임을 조절할 수 있는 활동을 하게 한다. 간단한 방법은 촉각 모빌을 걸어 두거나 아기의 발 위에 발차기용 공을 매달아 두는 것이다. 패치워크 공(천 조각을 꿰매 만든 조각보 공)도 효과가 좋고 나중에 아기가 기어 다닐 때가 되어서도 사용할 수 있다. 종이나 단추 또는 리본 같이 흥미로운 물건을 아기 양말에 붙여서 꿰매는 것도 좋다. 그러면 이것이 아기의 관심을 끌 것이고 아기는 입에 넣으려 할 것이다. 그럴 때 아기는 협응 능력을 연습할 수 있다.

Note · 항상 질식 위험 가능성을 염두에 둔다. 작은 종을 사용할 때는 항상 지켜본다.

흥미로운 물건

아기가 머무르는 곳에 흥미로운 물건을 둬서 아기가 물건을 향해 움직이게 유도한다. 교구장을 설치해 아기의 흥미를 끌 재미있고 발달에 도움이 되는 적절한 물건들을 진열해 놓는다. 물건이 아기의 시야 안에 있지만, 물건에 도달하기 위해서는 움직여야 하도록 활동 매트에서는 어느 정도 거리를 둔다. 아기 손에 놀이감을 쥐어 주면 움직일 동기 부여가 되지 않는다. 아기에게서 약간 떨어진 거리에 놀이감이나 아기 주의를 끌 물건을 둬서 움직이도록 유도한다. 아기가 움직일 수 있기 전에도 이 활동을 할 수 있다. 아기는 계속해서 그 물건을 관찰할 것이고 어느 날 물건을 향해 움직이려 할 것이다. 그리고 천천히 하겠지만 분명 성공할 것이다. 아기들은 저마다 나름의 방식으로 움직이는 법을 찾는다. 미끄러져 나가는 아기가 있고 구르는 아기도 있다. 이런 방법은 모두 아기의 노력과 인내를 요하며 아기들은 일생에 걸쳐 드러나게 될 성격을 형성하기 시작한다.

천천히 굴러가는 물건

아기가 미끄러져 다니기 시작할 때 재미있는 공이나 굴러다니는 딸랑이를 준다. 하지만 너무 빠르게 굴러가거나 멀리까지 굴러가는 것은 좋지 않다. 이렇게 굴러다니는 물건들은 아기가 움직이도록 유도하고 목표를 달성해서 얻는 만족감을 준다. 그러면서 무의식적으로 아기 스스로 어떤 일을 할 능력이 있음을 가르친다. 아기들은 손을 계속해서 뻗고 또 뻗으며 결국에는 움켜잡는다. 이런 작은 성공이 아기의 자신감 은행에 차곡차곡 쌓인다. 아기는 자기 자신과 능력에 대해 기본적인 신뢰를 쌓아 가는 중이다. 주니파의 아기들은 굴러가면서 아름다운 소리를 내는 레인 스틱rain stick(원기둥 모양의 통 안에 작은 돌이나 곡식을 넣어 소리를 내는 악기-옮긴이)을 즐겼다.

석 달에서 여섯 달까지 관찰하기

- 출생해서 석 달까지의 제안 사항을 계속해서 관찰한다.
- 아기의 어깨를 관찰한다. 아기가 어깨를 위로 올릴 수 있는가? 언제 어깨를 올리며 그때 손은 어떻게 하고 있는가?
- 아기가 팔을 어떻게 움직이는가? 한 번에 하나씩 움직이는가 아니면 양팔을 같이 움직이는가?
- 배를 깔고 있다가 등을 대고 눕고, 다시 배를 깔고 누울 수 있도록 몸을 언제부터 돌리기 시작하는지 관찰한다. 어떤 것을 먼저 하는가? 어떤 것을 더 자주 하는가?
- 아기가 의식적으로 몸을 돌리는가? 아니면 무의식적으로 하는가?
- 우리가 어디에 아기를 두고 어디에서 찾는지 유심히 살펴본다. 아기가 움직였는가? 그렇다면 어떻게 움직였는가? 어느 방향으로 움직였는가?

- 아기의 움직임에서 발전된 면을 발견할 수 있는가? 아기가 더 빨리 움직이는가? 움직일 때 손을 사용하는가, 무릎을 사용하는가?
- 아기가 움직일 때 목적지나 목표가 있는가? 거기에 도달하는가? 멈추면 무엇을 하는가?
- 아기가 움켜잡기를 할 때 손을 주시해서 보라. 손의 어떤 부분을 사용하는가? 손가락? 손 바닥? 엄지손가락?
- 일단 물건을 움켜잡으면 그다음 무엇을 어떻게 하는가?
- 물건을 어떻게 내려놓는가?

이렇게 관찰했을 때 아기에 대해 새롭게 알게 된 것이 있는가? 그래서 바꾸고 싶은 것이 있는 가? 환경에서 무엇을 바꿀까? 아기들을 지원할 다른 방식은 무엇이 있을까? 나 자신의 개입을 포함해서 우리가 제거해야할 방해물은 무엇인가? 즐겁게 관찰하라!

여섯 달에서 아홉 달

이 시기에는 몸통 아랫부분, 넓적다리 그리고 다리에 미엘린화가 일어난다. 또한 미엘린화는 손가락까지 일어난다. 다른 시기와 마찬가지로 이 단계에서 발달을 지원하는 최선의 방법은 아기가 바닥에서 자유롭게 움직일 시간을 주는 것이다.

대근육 활동

이 시기에 아기는 미끄러져 다니고 천천히 기어 다니기 시작할 것이다. 더 넓은 공간을 탐험하고 움직임도 더욱 효율적이며 더 긴 거리를 움직일 것이다. 방 한쪽 끝에 아기를 두었다면 다른 끝에서 발견하게 될 것이다. 바닥 침대를 사용하고 있다면 아기가 잠에서 깨었을 때 침대에서 빠져 나와 우리를 찾을 것이다. 육아를 하며 얻는 큰 기쁨 중 하나는 아기가 낮잠을 자고 일어났는데 처음으로 울지 않고 바닥 침대에서 기어 내려와 소리가 들려오는 쪽으로 움직여 우리를 찾기 시작하는 순간이다. 아기가 자기 자신과 능력을 믿는다는 것이 드러나는 순간인 것이다.

유용한 팁

다음 사항을 실천해 우리 집을 아이에게 안전한 곳으로 만든다.

- 커튼의 높이를 올려서 아기가 커튼을 뒤집어쓰지 않게 한다.
- 전선 등 각종 선이 드러나지 않게 정리한다.
- 가구를 벽에 단단히 고정시켜 아기가 짚고 서거나 기댔을 때 넘어지지 않게 한다.
- 전기 콘센트는 커버를 씌우거나 막는다.
- 찬장을 닫아 둬서 아기가 열지 못하게 한다.

아기 크기에 맞는 가구와 짚고 일어서는 막대 바

관찰한 결과 아기가 기어가고, 짚고 일어서고 앉는 일이 빨리 연속적으로 자주 일어난다는 것을 알 수 있었다. 일단 아기가 기어 다니기 시작하면 이런 다른 움직임에 대비해 활동 공간에 몇 가지를 변화를 준다. 활동 공간에 매트나 러그를 깔아 놓았다면 이제는 방해가 될 수 있으니 치워야 한다.

　　아이 신장에 맞는 교구장을 활동 공간에 설치한다. 아기는 이 교구장을 짚고 일어서고 기대 설 수 있으며 한쪽 끝을 잡고 이리저리 오갈 수 있다. 또한 몸을 낮춰 앉거나 무릎을 꿇는 연습을 할 수 있다. 교구장에 진열해 둔 물건들도 아기가 움직일 동기를 부여할 수 있다.

　　이때쯤 고형식 먹기를 시작한다. **아이 신장에 맞는 낮은 식탁과 의자**도 공간에 둔다. 식탁도 움직임 활동을 도울 수 있다. 주니파가 아기에게 고형식 먹이기를 시작한 후 저녁이 준비되면 식사가 준비되었다고 알렸다. 그러면 아기들이 식탁으로 기어 와 식탁을 짚고 선 다음 의자에 올라가 앉았다. 등받이가 없는 튼튼한 의자나 작은 **오토만**을 두고 아기가 짚고, 서고, 돌아가면서 밀어 보고, 자신이 선택한 목적지에 도달하기 위한 지지대로 사용하게 할 수 있다. 무거운 커피테이블도 지지대로 좋

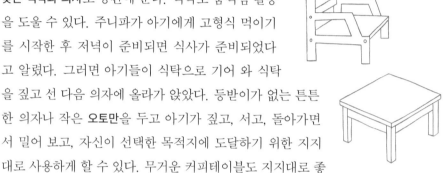

다. **거울을 따라 가로로 긴 막대 바**를 설치한다. 그러면 아기는 이 막대 바를 짚고 서서 쭉 따라 걸을 것이다. 막대 바는 아기의 가슴 높이 정도에 오고 벽에서 4~6센티미터 정도 떨어뜨려서 아기가 손으로 바를 감싸 쥘 수 있게 설치한다.

　　아기에게 형태, 크기, 무게 그리고 촉감이 다른 **공들이 담긴 바구니**를 준다. 그러면 아기는 자기만의 방식으로 탐색할 것이다. 공은 굴러가기 때문에 아기는 공을 보고, 돌리고, 쫓아서 기어가고, 색다른 방법으로 움직이면서 협응 능력을 발전시킬 것이다. 공을 만지고 다루면 소근육 발달에도 도움이 된다.

　　이 시기에 아기들은 대개 도움을 받아 앉을 수 있다. 그래서 무엇인가로 지탱해서 아기를 앉히고 싶은 충동이 일 것이다. 하지만 아기가 스스로 앉은 자세를 할 수 있을 때까지 기다리는 것이 좋다. 준비가 되지 않았는데 꼿꼿이 앉혀 놓으면 아기의 뼈와 근육에 부담을 주고 스스로 할 수 있을 때 느끼는 성취감을 빼앗는 셈이 된다. 아기가 앉는 자세를 아주 좋아해 앉아 있고 싶어만 할 수 있는데 그러면 기어다니기나 다른 중요한 이행 자세와 움직임을 하지 않게 될 수 있다.

　　주니파는 첫째와 둘째(아들)를 키울 때 이것을 배웠다. 그래서 셋째(딸)는 스스로 할 수 있기 전까지 앉히지 않았다. 그랬더니 커다란 차이점을 발견할 수 있었

다. 먼저 셋째 아이는 앉기 전에 기었다. 팔과 다리로 기어 다니다가 자연스럽게 앉기로 이행했다. 그리고 딸은 혼자 앉기 자세를 취하고 풀 수 있었으며 오빠들처럼 앉히면 무너지지 않았다. 아들들은 앉혀 놓으면 넘어지고 도움이 없이는 다시 앉기 자세로 돌아오지 못했다. 또한 주니파가 아들들을 앉히면 아들들은 앞으로 약간 구부정하게 기울어졌는데, 딸은 꼿꼿하게 앉은 자세를 취한다는 것을 알게 됐다.

소근육 활동

딸랑이, 공 그밖에 우리가 아기에게 주는 물건들은 대근육 발달을 촉진하는데 동시에 소근육 발달에도 도움이 될 수 있다.

손 움직임이 좀 더 정확해지면 아기는 물건을 한 손에서 다른 손으로 옮기고 두 손을 같이 쓰는 것을 시작할 것이다. 생후 7개월 정도가 되면 아기는 손목 구부리기를 할 수 있고 손바닥과 엄지손가락을 사용하기 시작한다. 아기가 어떤 물건이나 교구를 접하면 아마 움켜잡고 한 손에서 다른 손으로 옮겨 보거나 손과 입으로 탐색을 할 것이다. 아기는 곧 원숭이처럼 움켜쥐기를 할 것이다. 즉 아기가 물건을 집어들 때 엄지손가락이 집게손가락을 마주 보고 향하는 게 아니라 다른 손가락들과 나란히 하는 모양을 만들 것이다. 손을 쓰는 법을 연습하도록 계속해서 아기에게 형태, 크기, 무게, 촉감이 모두 다른 다양한 물건을 준다. 딸랑이와 얇은 팔찌같이 둘레가 가느다란 물건을 줘서 아기가 엄지손가락을 더 잘 사용 할 수 있게 돕는다.

일단 아기가 앉기 시작하면 손이 자유로워 탐색을 할 수 있게 된다. 그러면 **보물 바구니 또는 발견 바구니**를 탐색할 기회를 더 준다. 이런 활동은 풍부한 감각적 경험을 할 수 있게 하고, 집중 시간이 연장되며 무엇보다 즐겁다. 바구니 안에 아기가 탐색해 볼 물건을 임의대로 세 개에서 여섯 개 정도 넣어 둔다. 아기는 여기서 무엇을 탐색할지 고르는 법을 배운다. 하나의 범주에 속하는 물건들로 바구니를 구성할 수도 있다. 예를 들어 나무 숟가락, 금속 거품기, 고무 주걱 등은 부엌에서 사용하는 물건들이다. 이들은 모양이 다르고 만들어진 재료도 달라서 아기는 이 활동을 통해 물건 특유의 감각적 경험을 할 수 있다. 아기는 이런 물건들과 상호 작용을 함으로써 소근육을 발달시키고 소근육 활동 기술을 개선할 기회를 갖게 된다.

범주별로 바구니를 나누고 그 안에 물건을 넣어 둔다.

- 천 바구니(촉감이 다른 천들. 예를 들면 면, 린넨, 펠트, 새틴, 양모, 튤 등. 이런 천의 색깔은 모두 같고 촉감만 다른 것을 바구니에 넣어 두면 이상적이다.)
- 부엌에서 쓰는 도구(나무 숟가락, 금속 숟가락, 컵, 거품기 등)
- 욕실 용품(솔빗, 칫솔, 빗, 수건 등)
- 색깔을 주제로 한 바구니(같은 색깔의 다른 물건을 담는다. 고비 모빌에 달아 둔 공을 여기에 넣으면 아주 좋다.)

이 바구니들을 가지고 활동을 하려면 아기가 미끄러져 나가거나 기어가야 하는 경우가 자주 있기 때문에 대근육 발달에도 도움이 된다. 이 바구니들을 집의 여러 장소에 두고, 아기가 그곳에서 시간을 보내는 동안 사용할 수 있게 한다. 예를 들어 우리가 요리를 할 때 부엌 한쪽 모퉁이에 담요나 매트를 깔고 그 위에 조리 도구가 담긴 바구니를 둔다.

Tip · 보물 바구니를 탐색할 때 아기가 만지는 물건의 이름을 말해 주면 아기가 언어를 배울 기회가 된다. 항상 하라는 것은 아니다. 아기가 그저 뭔가에 집중하고 탐색하는 모습은 사랑스럽다. 그러니 가끔씩만 한다.

이 시기 아기들이 가장 좋아하는 도구 중 하나가 글리터 드럼glitter drum이다. 반짝이는 북은 나무로 만들어졌는데 아기가 손으로 북을 때리면 통이 회전한다. 안에 들어있는 공이 마음을 달래 주는 편안한 소리를 낸다. 이 소리도 아기에게 추가적 피드백을 주는 역할을 한다.

아기에게 고형식을 먹이기 시작하면 소근육을 발전시킬 수 있는 실용적인 기회를 제공하는 셈이다. 아기는 자기 신체에 맞는 크기의 컵과 도구를 사용하게 될 텐데 그러면서 손을 사용하고 조작하는 법을 배운다. 아기는 또한 각기 다른 움켜잡기 방식으로 음식을 만지고 다룰 수 있다. 이는 음식 크기와 아기의 능력에 따라 달라진다. 가령 썰어 놓은 당근과 콩이 들어간 음식이라면 손 전체로 움켜잡기와 집게손가락을 이용해 집기를 하게 될 것이다. 아기가 음식을 놀이감으로 보길 원하지 않지만, 먹으면서 손을 목적 의식을 가지고 사용할 수 있는 기회를 줄 수도 있다.

앉아 있는 아기에게 모빌을 준다. 아기가 손을 좀 더 잘 조절할 수 있게 되어도 여전히 협응 능력에 한계가 있을 수 있다. 아기가 앉아 있으면 누워서 모빌에 손을 뻗어 잡으려 할 때와는 다른 관점을 갖게 될 것이다. 아기는 이제는 앉아서 앞으로 손을 뻗어 모빌을 잡으려 한다. 그러려면 다른 기술이 필요하다. 공을 잡으려면 눈과 손의 협응과 움직임을 좀 더 정교하게 조절하는 능력이 필요한데, 아기에게 이를 연습할 기회를 줄 수 있다. *타카네*takane(또는 패치워크) **발차기용 공**은 앉아 있는 아기에게 아주 좋은 활동 도구다.

이 시기의 아기는 주변 환경에서 사용되는 물건에 관심을 보이니 그런 것들을 탐색할 기회를 준다. 비틀어 여는 뚜껑이 달린 빈 물통은 새롭게 익힌 소근육 활동을 촉진시킬 수 있다. 아기의 놀이감을 둔 바구니나 쟁반 또는 바퀴가 달린 놀이감도 좋다. 움직일 수 있다는 것은 아기가 흥미를 느끼는 것을 추구할 수 있는 자유를 누린다는 의미다. 안전하다면 아기의 탐험을 방해할 이유는 없다. 대신 관찰을 하며 무엇이 아기의 관심을 끄는지 살피고 탐색할 기회를 주도록 한다.

여섯 달에서 아홉 달까지 관찰하기

- 아기가 어떻게 움직이는지 관찰한다. 가슴과 배, 그리고 무릎과 발을 본다. 이 부위들이 어떻게 함께 움직이는지 살펴본다.
- 아기가 사물을 어떻게 조작하는지 관찰한다. 양손은 무엇을 하고 있는가? 손가락은 무엇을 하고 있는가? 엄지손가락으로 무엇을 하고 있는가?
- 아기의 의도를 관찰한다. 교구장에 있는 어떤 물건에 손을 뻗을지 결정하고 그것을 향해 움직이는가? 아니면 일단 먼저 교구장에 가서 살펴보며 무엇을 집을지 결정하는가?
- 하려는 활동이 잘 안 돼 애를 먹을 때 아기가 어떻게 반응하는지 살펴본다.
- 애를 쓰는 것과 좌절하는 것의 차이를 살펴본다.
- 아기가 미끄러져 나가거나 기어 다닐 때 방향을 어떻게 바꾸는지 관찰한다.
- 기어가다가 앉기로 바꿀 때 아기가 어떻게 하는가? 그 반대일 때는 어떻게 행동하는가? 서 있다가 앉을 때의 행동, 그 반대의 경우 어떻게 하는지 살펴본다.
- 침대에 기어 올라가거나 내려오는 방식을 관찰한다. 아기가 앞으로 기어 올라가는가? 아니면 뒤로 올라가는가?
- 아기가 물건을 탐색하는 방식을 관찰한다. 입으로 알아보는 것을 줄이고 손과 눈을 사용해 물건을 탐색하기 시작하는 때가 언제인지 살펴본다.

- 언제 무엇인가를 짚고 일어서는가? 서 있는 동안 언제 탐색을 하며 그때 무게는 어디에 싣고 있는가?
- 아기가 선호하는 것을 관찰한다. 집에서 특히 더 좋아하는 곳이 있는가? 더 좋아하는 물건이 있는가?
- 아기의 활동 주기는 어떤가? 어떻게 탐험을 시작하며 다 끝난 다음에는 무엇을 하는가? 아기가 하는 제스처를 관찰한다.

이렇게 관찰했을 때 아기에 대해 새롭게 알게 된 것이 있는가? 그래서 바꾸고 싶은 것이 있는가? 환경에서 무엇을 바꿀까? 아기들을 지원할 다른 방법은 무엇이 있을까? 나 자신의 개입을 포함해서 우리가 제거해야 할 방해물은 무엇인가? 즐겁게 관찰하라!

아홉 달에서 열두 달

생후 9개월은 아기의 발달에서 중요한 시점이다. 일반적으로 외부 임신 기간이 끝나는 시점으로 간주된다. 아홉 달이라는 시간 동안 아기는 수정된 알에서 시작해 출생할 준비가 된 완전히 형태를 갖춘 인간이 된다. 그리고 또 다시 아홉 달이 흐르는 동안 아기는 전적으로 도움이 필요하고 스스로 전혀 통제하지 못하는 신생아에서 능력이 있고 통제를 할 수 있는 사람으로 변화한다. 9개월 쯤 된 아기에게 올바른 환경과 기회를 준다면 아기는 환경과 자신에 대해 기본적인 신뢰를 얻을 것이다. 이런 징후는 관찰을 통해 알 수 있다. 우리는 아기가 할 수 있다고 느끼는(움직이고, 소통하고, 스스로 먹기나 즐기는 등의 독립성 등을 보일 수 있다는) 신호를 보게 될 것이다. 아기는 간단한 선택을 하고 우는 것 이상의 소통을 하며 작은 목표를 세워 성취할 수 있다. 그리고 스스로 간단한 문제도 해결할 수 있다. 가장 중요한 것은 아기가 자신의 개성을 만들고 보여 주기 시작할 것이라는 점이다.

대근육 발달

9개월이 될 무렵 아기는 기어 다니기 시작할 것이다. 몇 주 동안 무엇인가 짚고 일어서기를 하고, 가구를 잡고 걸어 다니기를 하다가 지지하는 것 없이 서는 것을 시도할 것이다. 이 과정을 지켜볼 때 아기가 시도하도록 유도하거나 너무 빨리 도와주려고 개입하지 않는 것이 중요하다. 앉고 서는 법을 배우듯 아기는 넘어지는 법도 배운다.

처음에는 아마 뒤로 넘어져서 뒷머리를 바닥에 찧을 수 있다. 활동 매트에는 어느 정도 완충 효과가 있으니 만약 넘어진다면 바라건대 활동 매트에서 일이 발생하길 바란다. 우리가 너무 심하게 놀란 반응을 하지 않으면 대개 아기는 다시 놀이로 돌아갈 것이다. 아기는 두 번, 세 번 정도 넘어지고 나면 머리를 떠받치는 법을 배울 것이다. 이는 관찰을 통해 드러난 바인데 이 기술은 아기가 자라서 유아기와 유년기 내내 도움이 될 것이다. 그러니 아기 스스로 사물을 짚고 일어서고 낮은 표면을 잡고 걸어 다니는 연습을 하게 두라. 어느 날 아기가 지지대 없이 스스로 일어서고 교구장에서 하고자 하는 일을 하는 모습을 보게 될 것이다.

대근육 발달에 도움이 되는 활동은 지난 단계와 동일하다. 아기가 짚고 일어서서 오갈 수 있는 **높이가 낮은 가구**가 매우 중요하다. 짚고 걸어 다니기를 잘하게 되면 **보행 연습용 차**walker wagon를 사용할 수 있다. 이 차에는 손잡이가 달려 있어서 아기가 차를 멈추고 밀어서 방향을 돌릴 수 있다. (이 차는 찻잔처럼 생긴 탈 것 안에 아기를 태우고 걷게 하는 보행기가 아니다. 보행기는 아기의 엉덩이를 크게 압박한다. 그리고 아직 준비가 되지 않은 상태의 자세를 잡게 만든다.) 아기가 가구를 짚고 걸어 다니기 시작하면 아기 시야 내에 이 보행 연습용 차를 둔다. 어느 날 준비가 되면 아기는 이 차로 기어가서 짚고 일어선 다음 차를 밀며 걸을 것이다.

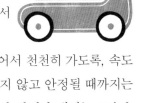

걷기를 시작하는 아기를 위해 차 안에 무거운 책을 넣어서 천천히 가도록, 속도를 줄일 수 있도록 조치한다. 차가 움직여도 발이 흔들리지 않고 안정될 때까지는 이렇게 속도를 천천히 하는 것이 좋다. 아기가 차에 올라가 타거나 내리는 모습을 즐거이 관찰해 보라. 우리 수업에서 아기가 이 차에 타고 일어선 다음 서핑을 하듯 균형 잡는 자세를 취하는 것을 본 적이 있다. 내버려 두면 아기가 얼마나 놀라운 도전을 하는지 신기할 정도다.

커다랗고 안정성이 뛰어나 아기가 짚고 일어설 수 있는 **공 추적기**ball tracker에 공을 떨어뜨리고 허리를 구부려 공을 찾는 활동을 반복한다. 공 추적하기는 이 시기 아기가 즐기는 여러 가지 활동 중 하나인데 인기가 좋다. 서기, 구부리기, 반복하기를 주기적으로 하면 근육과 협응 능력을 키우는 데 큰 도움이 된다. 또한 아기는 눈으로 공 따라가기와 몸의 정중선 넘어가기(오른팔이 몸통 왼쪽으로 넘어가거나 왼팔이 몸통 오른쪽으로 넘어가는 행위)를 함으로써 이점을 누린다.

이 시기의 아기는 기어서 계단을 올라가는 것을 정말 좋아한다. 집에 계단이 있다면 옆에서 지켜보면서 아기가 계단을 기어 올라가게 한다. 아기는 곧잘 도움 없이 계단을 올라갈 수 있다. 하지만 내려오는 법을 알려면 시간이 더 필요하다. 또는 시범을 통해 지도를 받아야 할 수도 있다. 이 시기의 아기는 피클러 트라이앵글처럼 계단이 있는 장비에 올라가는 것도 좋아한다.

시모네의 수업을 듣는 아기들이 가장 좋아하는 활동 중 하나는 크기와 질감이 **다양하고 부드러운 공을 담은 바구니**를 이용한 활동이다. 부드럽기 때문에 아기들이 한 손으로 공을 움켜잡고 굴렸다가 다시 잡을 수 있다. 무엇보다 가장 좋아하는 것은 기어서 공을 쫓아가는 것이다.

12개월쯤 되면 일어서기를 할 때처럼, 아기는 짚고 걸어 다니기를 할 때 지탱했던 가구나 사물에서 손을 떼고 도움 없이 걸으려 할 것이다. 자연스러운 수순이니 아기가 하도록 두고 지켜보면 어느 날 걷고 있는 모습을 보게 될 것이다. 이 중요한 시기는 9개월쯤에 도달하게 되는데, 때로는 16개월 혹은 그 이후가 되는 경우도 있다. 모든 아이의 시간표가 다르다고 말했던 점을 기억하기 바란다. 한두 발자국을 걷고 넘어지는 아기가 있는 반면, 완전히 안정감 있게 걸어서 방을 가로질러 갈 수 있을 때까지 기다리는 아기도 있다.

주목해야 할 점은 걷거나 말을 하려면 엄청난 신경학적 노력이 필요하다는 것이다. 움직임과 언어 습득 두 가지를 놓고 볼 때, 어떤 하나가 또 다른 하나가 도약하는 데 발판 역할을 하는 것을 종종 목격하게 된다.

아기가 새로운 기술을 거의 습득하거나 독립성을 성취하면서 새로운 단계에 도달하는 것을 보는 것은 언제나 재미있고 흥미진진하다. 그래서 아기를 도와주거나 그 과정에서 속도를 내는 법을 알려 주고 싶을 수 있다. 하지만 그렇게 하면 그 과정에 개입해 방해가 될 수 있고 아기 스스로 무엇인가를 성취해 내는 기쁨을 빼앗게 될 수 있다. 그러니 느긋하게 앉아서 관찰하도록 하자. 우리의 역할은 환경을 준비하고 장애물을 제거하는 것이다. 아기가 걸을 때 "아주 기쁜가 보구나. 혼자 힘으로 걸었어!"라고 말해 보자.

아기가 안정적으로 걷기 전에 함께 걷고 싶다면 손가락을 주고 아기가 주도해

대근육 발달

출생부터 석 달

등을 대고 누워 있기

머리 들기

가슴 들기

석 달부터 여섯 달

뒤집기

앉기

미끄러져 기어가기

여섯 달부터 아홉 달

기어가기

사물을 짚고 일어서기

서기

아홉 달부터 열두 달

무엇인가 짚고 걸어 다니기

걷기

아기가 넘어질 때 어떻게 해야 할까

아기가 협응 능력을 쌓고 몸을 조절하는 법을 배우다 보면 넘어질 수밖에 없다. 아기는 앉아 있다가, 서 있다가 또는 가구를 짚고 걸어 다니거나 어딘가에 기어 올라가다가 뒤로 넘어질 수 있다. 부모로서 그렇게도 작은 아기가 넘어지는 것을 보는 것은 매우 힘들 수 있다. 그래서 소리치고 놀란 얼굴을 하거나 얼른 아기에게 달려가 들어서 안는 등 격한 반응을 보일 수 있다. 그런데 아기에게는 넘어진 것보다 우리의 반응이 더 강한 영향을 미친다. 아기는 바닥에 가까이 있기 때문에 대개는 이렇게 넘어져도 보이거나 넘어질 때 들리는 소리만큼 아프지 않다. 아기가 넘어졌을 때 다음과 같은 일을 하지 말아야 한다.

아기를 쫓아다니며 넘어질 때 잡거나, 넘어지는 것을 막지 않는다. 넘어질 때마다 막지 않는 것은 아기가 문제에 직면했을 때 그것을 평가하고 해결하도록 기회를 주는 것이다. 그렇게 하면서 아기는 자신이 할 수 있는 것과 할 수 없는 것을 식별하는 법을 배울 것이다. 자기 몸의 한계와 환경을 읽는 법을 배운다. 이후 살아가면서 자신이 감수할 위험에 대처하는 긍정적인 태도로 발전시켜 나갈 것이다.

아기가 넘어질 때 소리를 지르거나, 놀란 얼굴을 하거나, 얼른 아기에게 달려가지 않는다. 먼저 환경을 안전하게 꾸민다. 아기가 태어나고 첫해 대부분의 시간을 보내는 공간에 커다란 러그를 깔아 둔다. 그러면 넘어질 때 충격이 완화될 것이다.

아기가 넘어지면 호흡을 깊이 하고 잠시 멈췄다가 차분하게 가장 편안한 표정을 지으며 대응하려 노력한다. 그러면 아기는 우리가 갖고 있는 두려움이나 충격에 대한 반응이 아니라 넘어진 것에 대한 진정한 반응을 보일 것이다. 아기의 뇌에 있는 거울 신경 세포는 우리 표현 속에서 위험, 차분함, 안전 그리고 행복감 등의 감정을 잡아내 똑같이 흉내 낼 수 있다. 우리가 잠시 멈췄다가 차분하게 반응하면 아기는 일어서서 하던 활동을 계속할 것이다. 이런 일은 종종 일어난다. 잠시 멈추면 아기는 그렇게 할 것이다. 이런 식으로 대응함으로써 우리는 아기가 자기 감정을 조절하고, 육체적, 감정적으로도 스스로 위안을 얻도록 도울 수 있다. 아기는 일에 차질이 생겼지만 차분하고 우아하게 대응하는 법을 배우고 성인이 되어서도 그런 태도를 보일 것이다.

아기가 울면 들어 올려서 진정하도록 차분히 말로 위로해 준다. 넘어질 때마다 서둘러 아기를 구출하러 달려가 바로 들어 올리면, 넘어지면 항상 구해 줄 누군가가 필요하다는 메시지를 보내는 것이다. 또한 아기가 다시 해 볼 기회를 빼앗고 아이의 활동 주기를 방해하는 것이기도 하다. 넘어지고 일어나서 다시 하는 것을 배우는 것은 삶에서 중요한 준비 과정이다.

Note · 부모들이 종종 "걱정 마." 혹은 "괜찮아."라고 말하는 것을 듣게 된다. 아기가 심하게 흥분했을 때 감정을 무시하기보다는 놀랐는지, 충격을 받았는지 물어본다. 그러면 아기가 더 빨리 진정한다.

걷게 한다. 그렇게 하지 못한다면 아직 준비가 덜 된 상태인 것이다. 손가락 하나를 주고 아기가 주도하게 하는 것은, 아기가 양손을 모두 머리 위로 올리고 함께 걷는 것과는 다르다. 이때는 어른이 아기의 체중을 거의 모두 짊어지는 것이고 아직 준비가 되지 않은 자세를 아기가 하도록 만드는 것이나 다름없다. 발레 무용수가 너무 일찍 토슈즈를 신어서 발가락을 다치는 것과 흡사하다. 인내심을 가지라. 몸이 발달하고 준비가 되면 아기는 걸을 것이다.

소근육 발달

아기의 움켜잡기가 더욱 개선된다. 엄지손가락을 나머지 손가락들과 반대 위치에서 사용할 수 있게 되고 자발적으로 손가락을 펴기 시작한다. 또한 눈과 손의 협응도 시작한다. 아기는 숨겨 놓은 물건을 찾아 낼 수 있고 원인과 결과를 탐색하기 시작한다.

이 시기의 아이는 **대상 영속성 상자**object permanence box 같은 활동 도구를 즐긴다. 아기는 상자 안에 난 구멍으로 공을 집어넣어 보고 굴러 나오기를 기다릴 것이다. 구멍에 말뚝 또는 병에 빨대 끼우기를 할 수도 있다. 처음에는 큰 구멍에만 넣지만 협응력과 소근육을 다루는 기술이 개선되면 더 작은 구멍에도 집어넣을 수 있게 된다. 큰 아기들은 좁은 슬롯에 포커 칩 두께의 동전을 집어넣을 수 있다.

계속해서 아기에게 **종류(크기, 질감, 재료 등)가 다른 공, 딸랑이, 숟가락, 기타 물건** 등을 준다. 그러면 아기는 손으로 능력을 시험하고 발전시킬 수 있다. 이 시기에 우리는 공작용 점토, 찢을 수 있는 휴지, 손으로 쥐면 구겨지는 욕실 놀이감 그밖에 엄지손가락 사용을 촉진하는 잘 휘어지는 재료 등을 아기에게 줄 수 있다. 아기 손의 힘을 길러 주는 것이다. 그러면 나중에 아기는 가위로 무엇인가를 자르고 연필을 쥘 수도 있게 된다. 아기가 공작용 점토를 먹으려 하면 아기에게 "여기 볼까?"라고 말하고 책상 위에서 손으로 점토를 평평하게 만들거나 주먹으로 꽉 누르는 것을 보여 준다. 그래도 아기가 점토를 먹으면 치웠다가 몇 주 후에 다시 준다.

아기가 **각기 다른 방식으로 손을 사용**하고, 눈과 손의 협응 능력을 연습하고, 인지와 문제 해결 능력을 기르도록 다양한 활동을 계속해서 제공한다.

잡기 능력이 발전하면 아기는 다음을 즐길 것이다.

- 어떤 공간에 꼭 맞는 물건을 집어넣는 활동, 나무로 만든 달걀이나 말뚝을 그에 맞는 용기에 집어넣는 활동, 놀이감을 끼워 넣는 활동 역시 정확성을 키우는 데 도움이 되고 아기가 움켜잡기와 손의 조절 능력을 발전시키도록 유도한다.

- 수평 또는 구불구불한 모양의 막대에 고리를 끼우는 것 같이 어떤 꽂이에 물건을 끼우는 것. 이 활동은 팔찌와 머그컵 홀더를 이용해서도 할 수 있다. 아기가 능숙해지도록 작은 고리를 줘도 된다. 고리 쌓기도 아기가 즐겁게 할 수 있는 활동이다. 먼저 고리를 모두 꺼낸 다음 막대에 차곡차곡 쌓는다. 고리의 숫자를 조정하고, 아기가 능숙해지면 숫자를 늘린다.

- 꼭지 달린 간단한 한 조각 또는 세 조각 퍼즐. 9개월에서 12개월의 아기는 퍼즐 조각을 모두 꺼낼 텐데 그러면서 다른 방식으로 집게손가락을 이용한 잡기를 연습한다. (입으로도 탐색한다.) 아기에게 퍼즐을 끼워 맞추고 다시 꺼내는 것을 보여 준다.

- 세 가지 색깔의 막대기에 고리를 끼우는 활동. 이 활동을 하며 아기는 꿰기를 하고 색깔별 분류를 시작할 수 있다.

- 서랍장 열기. 발이 안정감을 찾을수록 아기는 서랍장을 열고 비우는 활동을 즐길 것이다. 이 활동은 대근육과 소근육 기술 모두를 연마하는 데 도움이 된다. 집에 아기 키 높이에 맞는 서랍을 선택해서 쏟아내도 상관없는 물건들 몇 가지를 넣어 둔다. 시판되는 제품 중에는 아기가 구멍 안으로 물건을 떨어뜨리고 그 물건을 서랍장에서 꺼내게끔 구성된 것도 있다. 이런 활동을 하면 아기는 양손을 사용하게 되는데 왼손과 오른손이 각자 다른 일을 한다. 예를 들어 한 손으로는 서랍을 밀어서 열고 다른 손으로 안에 있는 물건을 꺼내는 것이다.

고형식 먹기를 시작하면 이것도 아기가 소근육 발달을 연습할 기회가 될 것이다. 7장에서(211쪽 참고) 포크와 유리컵 사용하기를 포함해 이에 대해 좀 더 자세히 다룰 것이다. 섬세한 반복을 통해 아기는 어떤 동작을 완전하게 터득한다는 것을 기억하자.

아홉 달에서 열두 달까지 관찰하기

- 움직일 때 아기는 어떤 방식을 선호하는가? 가구나 물건을 짚고 걸어 다니는 것을 좋아하는가 아니면 기어 다니기를 더 좋아하는가? 더 빨리 움직이고 싶을 때 방법을 바꾸는가?
- 아기가 설 때 발은 어떻게 하고 있는가? 발끝으로 서는가 아니면 발바닥을 바닥에 대는가? 발이 앞쪽을 향하는가 바깥쪽으로 향하는가? 이것이 언제 변하는지 알아 둔다.
- 양말을 신었을 때와 맨발일 때 각각 다르게 움직이는가? 무릎은 언제 노출시키고 언제 감싸는가?
- 아기는 넘어질 때 어떻게 반응하는가?
- 아기가 쪼그리고 앉는가? 그렇다면 어떻게 하는가?
- 손이 자유로운 상태에서 아기가 균형을 잡으려할 때 팔을 얼마나 높이 들고 있는가? 발은 서로 얼마나 떨어져 있는가?
- 손을 사용하는 모습이 어떻게 바뀌었는가? 물건을 집을 때 엄지손가락을 어떻게 하는가?
- 몸의 정중선을 통과하는가?
- 손목을 움직이는가?
- 서 있다가 넘어지듯 바닥으로 떨어지는가 아니면 조심스럽게 스스로 몸을 낮추는가?
- 물건을 쥐고 있는 상태로 기거나, 가구를 짚고 오가거나, 걷는가? 이때 한 손으로 물건을 잡는가 아니면 두 손을 모두 사용하는가?
- 가느다랗고 얇은 물건을 어떻게 잡는가?

이렇게 관찰했을 때 아기에 대해 새롭게 알게 된 것이 있는가? 그래서 바꾸고 싶은 것이 있는가? 환경에서 무엇을 바꿀까? 아기들을 지원할 다른 방법은 무엇이 있을까? 나 자신의 개입을 포함해서 우리가 제거해야 할 방해물은 무엇인가? 즐겁게 관찰하라!

PART 4

다른 활동

음악

음악은 아기의 언어 발달과 소근육, 대근육 발달에 도움을 준다. 음악을 들을 때 아기는 리듬을 듣는데 이는 구어를 이해하는 데 중요한 역할을 한다. 우리는 종종 아기가 머리, 손 또는 발을 움직여 음악의 리듬에 반응하는 것을 관찰할 수 있다. 그리고 음악에 맞춰 아기를 안고 움직일 수 있다. 음악은 이런 방식으로 아기가 움직일 수 있기도 전부터 감각 운동을 경험하도록 한다.

아기가 선택할 수 있게 독립된 활동으로 음악을 제공한다. 주니파는 아이들이 8개월 내지 9개월 정도였을 때 작은 CD 플레이어의 작동 버튼에 스티커를 붙이고 아이 손에 닿는 곳에 두었다. 그러자 아이들은 기어가서 작동 버튼을 누르고 가구를 짚고 일어서서 음악에 맞춰 몸을 움직였다. 이는 협응력 발달에도 도움이 된다. 피곤해지자 아이들은 같은 버튼을 눌러 잠시 멈춤을 했다. 줄을 당겨서 작동되는 CD 플레이어도 있는데 이것도 아기들에게 이상적이다.

탐색할 악기

아기는 마라카스(양손에 들고 흔들어 소리를 내는 간단한 악기)나 셰이커 등 흔들어서 소리를 내는 악기를 이용해 움켜잡기를 연습하면서 음악을 즐길 것이다.

주니파의 아이들은 앉기와 무릎 꿇기를 할 수 있게 되자 톰톰(손으로 두드리는, 좁고 아래위로 기다란 북)을 치고 하모니카를 부는 것을 즐겼다. 이런 악기들은 아기 혼자 사용할 수 있고, 음악을 들을 때 같이 사용할 수도 있다. 시모네는 아들이 9개월이었을 때 아이와 함께 들으려 음악을 틀었다. 그러자 아이는 열심히 다른 방으로 기어가더니 마라카스 두 개를 가지고 돌아왔다. 평소 음악을 틀면 마라카스를 흔들었기 때문이다.

하지만 음악을 계속 틀어 놓는 것에 대해서는 조심스럽게 반대를 표명한다. 음악이 과하면 아기가 흡수하는 자극이 더해질 뿐 아니라 그런 환경에 적응해 버려서 음악을 배경 소음으로 인식하기 시작해 즐기기는커녕 차단해 버릴 수 있기 때문이다. 이런 점을 주의한다.

야외

출생 후 첫 달이 되는 아주 초기부터 야외 활동은 신선한 공기를 마시는 것을 비롯해 여러 가지 건강상의 이점을 누리는 것은 물론 아기의 움직임과 언어 발달에 도움이 된다.

나무, 나뭇잎 그리고 꽃은 자연이 만든 모빌이다. 아주 초기에도 아기를 체스티나에 눕혀 나무 아래에 둘 수 있다. 그러면 아기는 나뭇잎, 곤충, 새들을 볼 수 있다. 잔디에서는 담요를 깔고 아기를 등 또는 배를 대고 눕힐 수 있다. 가능하면 살충제를 뿌리지 않은 안전한 잔디가 좋겠다. 아기가 손을 뻗고 움켜잡기를 시작할 때라면 야외에서 나뭇잎, 풀잎, 나뭇가지, 바위 등을 움켜잡으려 할 것이다. 자연에서는 움켜잡기를 할 수 있는 수많은 천연 재료를 접할 수 있다.

아기가 서기, 걷기를 배우고 있고 잘 넘어진다면 잔디가 좋은 쿠션 역할을 한다. 또한 잔디에서는 아기가 타일, 나무 바닥, 러그 그밖에 실내 바닥재를 걷는 것과는 다른 경험을 할 수 있다. 아기가 걷기를 연습할 때 포장된 길, 울퉁불퉁한 곳, 평평하지 않은 곳, 매끈한 곳 등 서로 다른 질감이 느껴지는 표면에서 움직이는 경험이 도움이 된다.

야외는 아기에게 다양한 것을 준다. 아기의 보행 연습용 차를 밖으로 가지고 나오거나 시장에 갈 때 각기 다른 표면을 걸으며 차를 미는 연습을 해 본다. 야외에는 나무, 새, 개, 탈 것, 가게 그리고 시장에 있는 물건의 이름 등 아기에게 말해 줄 수 있는 단어도 풍부하다.

실천하기

- 아기와 대화할 수 있는가?
- 아기가 활동 공간에서 시간을 보낼 이상적인 시간을 찾아서 매일 규칙적으로 하는 일을 만들 수 있는가? 아기가 열중하는 일이 무엇인지 관찰하는 시간을 낼 수 있는가?
- 아기를 지원하는 활동을 제공할 수 있는가?
- 아기의 몸을 제한하는 옷이나 안전하지 않은 물건 같은 방해물을 제거할 수 있는가?
- 아기의 능력을 믿고, 그들이 움직이고 탐색하고 발견할 자유를 주고 있는가?

생후 첫해의 움직임

- 아기가 시간을 보낼 수 있는 활동 공간을 마련한다. "좋아" 공간으로 만든다.
- 아기가 미끄러져 나가고 기어 다니기 시작하면 공간을 확장한다.
- 움직일 기회와 자유를 준다.
- 포대기나 기둥처럼 움직임을 방해하는 장애물을 제거한다.
- (아기 놀이 울타리 같은) 장소에 아기를 넣지 않고 카시트 같은 곳에 두는 시간을 제한한다.
- 편안하게 움직일 수 있는 적절한 옷을 입힌다.
- 아기를 관찰하고, 움직임을 발달시키는 데 도움이 되는 활동을 제공한다.
- 아기가 상호 작용할 수 있는 적절하면서 간단한 놀이감을 준다.
- 아기가 하는 활동에 개입하거나 방해하지 않는다.
- 아기가 스스로 하려 하기 전에는 그 어떤 움직임도 어른이 먼저 서두르거나 하라고 유도하지 않는다.
- 공간은 안전하고 아기에게 위험하지 않아야 한다.
- 아기에게 시간을 준다.

신생아
- 대근육 활동
  - 팔과 다리가 구부러지고 대개 대칭을 이룬다.
  - 모로 반사, 펜스 반사, 걷기 반사가 일어난다.
- 소근육 활동
  - 움켜잡기 반사
  - 손은 대개 주먹을 쥔 상태

생후 2개월
- 대근육 활동
  - 머리를 조절하기 시작한다. 목을 왼쪽 또는 오른쪽으로 돌릴 수 있다.
  - 눈이 매달려 달랑거리는 물건을 따라가기 시작한다.
  - 위에 있는 것을 보기 위해 머리를 뒤로 기울일 수 있다.
  - 배를 대고 누워 있을 때 머리를 치켜세운다.
- 소근육 활동
  - 누울 때 손을 느슨하게 펴기 시작한다.
  - 여전히 움켜잡기 반사를 한다.
  - 손을 몸의 정중선에 가져올 수 있다.
  - 손 뻗기는 여전히 잘하지 못한다.

생후 3개월

- 대근육 활동
  - 배를 대고 누웠을 때 머리와 가슴을 지탱할 수 있다.
- 소근육 활동
  - 누울 때 손을 느슨하게 펴기 시작한다.
  - 움켜잡기 반사가 사라지기 시작한다.
  - 손을 몸의 정중선에 가져올 수 있다.
  - 손을 관찰한다.

생후 4개월

- 대근육 활동
  - 배를 대고 누웠을 때 머리와 가슴을 지탱할 수 있다.
  - 등에서 배 쪽으로 몸을 만다.
  - 천천히 미끄러져 나간다.
- 소근육 활동
  - 손 뻗기가 잘 된다.
  - 엄지손가락을 쓰지 않고 손바닥 잡기를 한다.

생후 5개월

- 대근육 활동
  - 배에서 등 쪽으로 몸을 만다.
  - 천천히 미끄러져 나간다.
  - (아기의 몸을 똑바로 세우고 있을 때) 발 디딤 반사가 사라진다.
- 소근육 활동
  - 손 뻗기가 잘 된다.
  - 손가락만 긁어 잡기를 한다.

생후 6개월

- 대근육 활동
  - 더 빨리 미끄러져 가기 위해 손을 쓴다.
  - 발에 무게를 싣기 시작한다.
  - 도움support을 받으며 앉을 수 있다.
- 소근육 활동
  - 손 뻗기가 잘 된다.
  - 엄지손가락을 쓰지 않고 집게손가락을 정확하게 사용한다.
  - 눈과 손이 같이 작업하기 시작한다.

생후 7개월

- 대근육 활동
  - 기어 다니기 시작한다.
  - 무엇인가에 의지해 일어선다.
  - 구부리기 시작한다.
- 소근육 활동
  - 손 전체로 움켜잡기를 할 수 있다.
  - 한 손에서 다른 손으로 물건을 옮길 수 있다.
  - 손을 흔들 수 있다.

생후 8개월

- 대근육 활동
  - 무엇인가 짚고 오간다.
  - 발 디딤 반사가 사라진다.
  - 발에 무게를 싣기 시작한다.
- 소근육 활동
  - 엄지손가락과 다음 두 개 손가락으로 원숭이 움켜잡기monkey grasp를 한다.

생후 9개월

- 대근육 활동
  ◦ 교구장에 기대고 서 있기를 한다.
  ◦ 발 디딤 반사가 사라졌다.
  ◦ 발에 무게를 싣는다.
- 소근육 활동
  ◦ 엄지손가락과 집게손가락을 이용해
    움켜잡기
    - 서투른 집게손가락 잡기를 한다.
  ◦ 집게손가락으로 무엇인가를 가리킨다.
  ◦ 스스로 손에서 놓는 것을 시작한다.

생후 10개월

- 대근육 활동
  ◦ (지지대 없이도) 무엇인가를 짚고 서 있다.
- 소근육 활동
  ◦ 엄지손가락과 집게손가락을 이용해
    정확하게 집는다.
  ◦ 던진다.

생후 11개월

- 대근육 활동
  ◦ 평평하지 않은 계단을 올라간다.
- 소근육 활동
  ◦ 정확하게 집는다.
  ◦ 던진다.

생후 12개월

- 대근육 활동
  ◦ 걷는다.
- 소근육 활동
  ◦ 커다란 물건을 부드럽게 내려놓는다.

움직임 발달을 위한 활동

출생부터 석 달

무나리 모빌

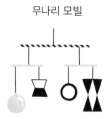

팔면체 모빌

고비 모빌

딸랑이

겹침 고리

거울

석 달부터 여섯 달

리본에 단 고리/종

돌출 부분이 있는 공

패치워크 공

공

튀어 나온 놀이감

나무로 만든 책

여섯 달부터 아홉 달

글리터 드럼

대상 영속성 상자

나무로 만든 달걀과 컵

공이 든 바구니

꼭지가 달린 퍼즐

서랍장

아홉 달부터 열두 달

손으로 공 밀기

서랍이 달린 대상 영속성 상자

원기둥 상자

보행 연습용 차

고리 끼우기

정육면체 끼우기

실전 육아

7

PART 1

일상생활

일상의 리듬

아기는 일상의 리듬을 매일 규칙적으로 보여 주지 않는다. 그리고 아기가 보내는 신호를 읽는 것은 어려울 수 있다. 다시 배가 고픈 걸까? 피곤한 건가? 잠을 잘 자지 않았다면 다시 잠을 재워야 하지 않을까? 그래서 아주 혼란스러울 수 있다.

혼란을 피하기 위해 아기의 일반적인 주기는 **깨기, 먹기, 놀기, 잠자기**라는 것을 기억한다. 관찰을 통해 우리는 이 주기를 확인하고, 아기의 특별한 리듬을 읽고, 아기가 하나의 주기에서 다른 주기로 넘어가는 신호를 읽기 시작한다. 아기의 자연스러운 리듬에 합류하는 것이다.

아기가 먹을 준비가 되었다는 신호(예를 들어 입을 열고 있거나, 어떤 특정 표정을 짓거나, 경고의 울음소리를 내는 등)에 주의를 기울인다. 마찬가지로 잠잘 준비가 되었다는 신호(활동을 하다가 다른 데 한눈을 팔기 시작한다거나, 귀를 만지거나, 가만히 있지 못하고 눈을 비비거나, 요동치며 움직이는 것)도 알아차릴 수 있다.

울음은 식별하기 어려울 수 있다. 아기가 불안해할 때는 일단 잘 먹였고, 깨어 있는 시간에 잘 놀았다면 잠을 자게 도와준다. 시모네의 아들은 먹다가 잠이 들고 곧 다시 깨어나는 희한한 습관이 있었다. 아이는 곧잘 울었다. 그러면 시모네는 다시 아기에게 수유를 했다. 다 어림짐작으로 했고 아이는 깨어 있는 동안 진정되지 않았다. 시모네는 첫 아이를 대하며 실수했던 부분을 기억하고 둘째를 다룰 때는 방법을 달리했다. 아이를 재우기 위해 먹이지 않기로 했다. 그래서 딸을 재우기 위해 먹이지 않았고, 자다가 깨면 먹이고 조금 논 다음 아이가 준비가 되면 다시 재웠다. 그리고 아이가 잠들기 위해 도움이 필요한지 결정하기 위해 관찰을 했다. 그녀는 아이 옆에 앉아서 손을 아기에게 대고 있거나 자주 오가며 아기가 혼자 재미있게 자신에게 재잘거리고 있는지 확인했다.

- 신생아는 자다가 깨고, 깨자마자 먹고, 잠깐 안아 주는 시간을 갖거나 매트 위에서 몸 뻗기를 하고, 기저귀를 갈고 다시 잠을 잘 준비를 한다.
- 아기가 자라서 좀 더 성장하면 잠에서 깨고, 먹고, 좀 더 긴 시간 동안 놀고, 안아 주는 시간을 가진 뒤 기저귀를 갈고 잠을 잔다.
- 몇 달이 지나면 아기는 배가 고파 필사적으로 울면서 깨지 않는다. 일어나면 먼저 조금 놀고, 다음에는 일상의 리듬으로 돌아가고, 먹고, 놀고, (그리고 기저귀 갈기) 그리고 잔다.

이것이 일반적인 리듬이지만 관찰을 통해 내 아이의 리듬을 알아낸 다음 그것에 기초해 예측하고 따라간다. 이것은 정해진 시간표가 아니다. 아기의 리듬을 따라가며 적응하기 위한 것이고, 아이가 질서 감각을 갖도록 돕는 것이다.

일단 아기의 리듬을 이해하면 최대한 아기를 존중한다. 예를 들어 아기가 깬 다음에 친구를 만날 약속을 하고, 큰 아이를 학교에 데려다줄 때 아기는 유모차나 캐리어 안에서 잘 수 있게 계획을 세운다.

갑작스럽게 성장하거나, 이가 나기 시작하거나, 여행, 가정의 변화나 활동하는 공간이 더 넓어지는 등 변화가 생기면 아기의 리듬에 영향을 미칠 수 있다. 그러니 계속 아기를 관찰하고 필요하다면 조금씩 조정한다. 한 번에 큰 변화를 줘야 하는 것은 아니다. 작은 변화는 아기가 좀 더 부드럽게 변화를 거쳐 다른 단계로 이행하는 데 도움이 된다.

일상의 리듬 속에서 우리는 노래를 불러 주거나, 같은 것을 말하거나, 규칙적인 일정을 소화해서 아기가 이행의 시간을 인식하도록 돕는다. 자기 전에 목욕을 한다든가 손을 씻고 식사를 하는 것이다. 다시 말하지만 아기는 예상을 하고 다음에 어떤 일이 일어날지 알게 된다.

이와 유사하게 주중 일과에도 예측 가능한 것이 있다. 그러면 아기는 다음에 무슨 일이 생길지 예상하고 따르기가 쉬워진다. 예를 들어 외출, 목욕 시간, 보모와 함께 있는 시간 등을 예상할 수 있다. 일하는 부모들의 경우 아기가 어른의 주중 일과 리듬을 배울 것이다. 즉 가족이 함께 있을 때, 다른 가족의 일원과 함께 있거나 보모, 다른 보호자와 함께 할 때를 알 것이다. 다른 사람들과 조율해서 아기를 위해 그들의 일상 리듬이 모든 환경에서 최대한 일관성을 갖도록 조치해 보자.

아기가 유아로 성장할 때쯤에는 이런 예측 가능성이 매우 중요해진다. 왜냐하면 유아기의 아이는 아주 강한 질서 의식을 발전시키고 매일 그리고 주중 리듬의 흐름에서 다음에 어떤 일이 생기는지 알게 되기 때문이다. 집에서 규칙적인 일상을 보내고 규칙적인 의식을 하며 자란 아이가 더 행복하고 건강하다는 연구가 매우 많다. 이와 관련해 좀 더 많은 정보를 원한다면 안젤린 스톨 릴라드의 『몬테소리: 천재로 키우는 교육 이면의 과학Montessori: The Science Behind the Genius』을 읽어 볼 것을 추천한다.

의식

일상에서 어떤 특별한 순간을 위한 의식을 정해 도입하는 것은 빠를수록 좋다. 이런 의식들은 우리 가족이나 문화의 고유 요소를 품고 있다.

- 생일, 명절: 공예품 만들기, 음식 준비, 특별 여행
- 연례 휴가
- 금요일 오후에는 공원에 가거나 일요일에는 특별한 아침 식사를 하는 등 정기적으로 하는 주중 의식이나 행사

아기는 이런 의식이나 행사를 흡수할 것이다. 그리고 자라면서 우리와 함께 축하할 것이다. 다른 문화를 우리 가족에게 통합해 넣는 식으로 우리만의 가족 의식을 만들 기회를 갖는다. 가족 중 큰 아이가 있다면 아기는 이미 성립된 가족 의식에 포함되는 것을 즐길 것이다. 그리고 시간이 지나면서 아기도 이런 가족 의식에서 나름의 역할과 공헌을 할 것이다.

먹기

태어나서 1년, 아기는 먹는 것을 처음에는 어른에게 100퍼센트 의존하다가 스스로 먹는 것으로 조금씩 옮겨간다. 전적으로 의존하는 상태에서 협력하는 단계를 거쳐 독립성을 키우기 시작하는 과정을 밟는다. 태어난 지 1년 정도 된 아기는 접시에서 어떤 음식을 골라 입으로 가져가 씹고 삼키고 이를 반복한다. 이때 아기는 자신이 먹는 음식을 조절할 줄 아는 어린아이이다. 이들은 배가 고프다든가 배가 부르다고 말하는 몸의 신호를 듣는 법을 배웠고, 육체적 조절이 가능해 스스로 먹는 기술을 습득한다. (100퍼센트 정확하지는 않지만) 이들은 독립성은 물론 음식과 건강한 관계를 발전시키는 과정에 있다.

모유 수유와 젖병 수유

전통적으로 몬테소리는 가능하다면 모유 수유를 권장하고, 출생 후 초기에 아기에게 우유를 제공하는 이는 기본적으로 엄마여야 한다고 말한다. 하지만 요즘은 주 양육자primary caregiver가 수유를 하는 것도 환영한다. 이렇게 하면 아기가 먹는 행위와 관련해 주 양육자와 관계를 맺는 데 도움이 된다. 어린이집에서는 집에서 아기를 돌봐 주는 보조 양육자나 교사가 아기에게 수유할 수 있다면 이상적이다. 하지만 아기에게 젖병으로 먹이기를 시작했다면 파트너와 수유를 나눠서 할 수 있다. 부모가 모두 수유를 하면 아기와 유대감을 맺는 추가적 기회를 얻을 수 있다.

출산 후 처음 며칠 동안 나오는 초유와 이후 생산되는 모유는 한마디로 인간 생물학이 만들어 내는 최고의 작품이다. 아기를 위한 완벽한 음식을 만들어 낼 수 있고, 아기가 배고플 때 (거의 항상) 줄 수 있으며, 집이 아닌 곳에서도 수유를 할 수 있다. 부엌에서 추가로 노동을 할 필요도 없다. 모유에는 아기에게 필요한 모든 영양분과 엄마한테서 전달받은 중요한 항체도 들어 있어서 아기가 질병과 싸우는 데 도움이 된다.

엄마에게도 이점이 많다. 모유 수유를 하면 자궁 수축에 도움이 된다. 모유 수유가 유방암과 난소암, 2형 당뇨, 산후 우울증에 걸릴 위험을 낮춘다는 것을 보여 주는 연구가 여럿 있다. 또한 열 달 동안 아기를 품고 있다가 출산을 하면 엄마는 상실감과 공허감을 느끼는데, 모유 수유를 하며 아기를 안고 있으면 그런 감정을 완화하는 데 도움이 된다. 모유 수유는 단순한 음식 이상으로 간주된다. 엄마와 아기 사이의 중요한 연결점을 만들어 준다.

"엄마 젖을 빨고 있는 아기는 단순히 음식을 공급받는 것이 아니라,
생물학적으로 역동적인 양방향 대화에 강력하고 적극적으로 참여하는 것이다.
육체적, 생화학적, 심리 사회적 그리고 호르몬의 교환이 일어나는 과정이다."
-다이앤 웨싱어, 다이애나 웨스트 그리고 테리아 피트먼, 『모유 수유라는 여성의 예술』

아기에게 수유할 때는 편안한 자세(눕고 쿠션에 기대서)를 취한다. 아기의 배와 다리는 엄마 몸에 완전히 접촉하고 발은 어느 정도만 닿게 한다. 이 자세를 취하면 아기가 지지하는 부분이 거의 없이 눕게 되고 흡입 반사를 촉발한다. 유두를 아기에게 가져가기보다는 먼저 우리가 자세를 조정하고 그다음에 아기의 자세를 고친다. 그리고 필요하다면 그때 유방의 위치를 조정한다. 추가 정보는 "자연스러운 모유 수유 자세"를 참고한다.

모유 수유를 하지 않기로 선택하는 사람들이 있다. 그리고 모유 수유가 쉽지 않은 경우도 있다. 아기가 젖을 무는 것에 문제가 있거나 혀의 유착(혀가 막에 의해 입바닥에 내려가 있을 때)이 생길 수 있다. 이러면 아기가 엄마 젖에 밀착하기가 어려울 수 있다. 또는 엄마의 호르몬이 젖 생산에 영향을 미치는 경우가 있고, 유방 조직에 유방관이 적어서 문제가 생길 수도 있다. 이런 상황에서는 전문가가 초기에 개입을 하면 효과적인 대안을 찾을 수 있다.

직장 생활을 하는 엄마들의 경우 아기와 떨어져 있는 동안은 미리 젖을 짜 놔서 성공적으로 모유 수유를 하는 경우가 많다. 이는 부모에게 추가적인 일이 되겠지만, 이렇게 함으로써 모유의 이점이 아기에게 전달될 수 있다. 그리고 함께 있을 때

는 직접 모유 수유를 한다.

모유 수유가 잘 안 될 때도 있다. 그러면 원했던 것만큼 아기에게 모유를 제공하지 못해서 안타까울 것이다. 몸이 우리에게 좌절감을 주고 아기를 실망시켰다고 느낄 수 있다. 이런 감정을 인정하고 해소할 수 있도록 도움을 찾고, 아기를 잘 키우기 위해 우리가 해야 할 일을 한다. 모유 수유를 할 수 있는지 없는지 여부와 상관없이 우리는 수유를 할 때 아기를 안고 눈을 바라보며 보호와 돌봄을 함으로써 아기와 연결되고 필요한 영양분을 제공할 수 있다.

모유가 충분해 다른 아기에게 나눠 줄 수 있는 사람들과 연결해 주는 기관도 있다. 그리고 모유와 성분이 거의 비슷한 분유도 많다. 아기에게 모유 수유를 하든 젖병 수유를 하든 간에 잊지 말아야 할 점은, 아기를 안고 수유를 하는 동안 그들의 눈을 바라보며 소통하는 것이야 말로 아기와 부모가 필요로 하는 바를 충족시킨다는 사실이다.

모유 수유나 젖병 수유를 할 때 팁
모유 수유나 젖병 수유를 할 때 추가로 알아 두면 좋은 점이 있다.

- 아기와 시선을 맞춘다. (무엇인가를 읽거나, 전화 통화를 하거나, 영상을 보지 않는다.) 수유는 아기와 연결되고 함께 휴식할 수 있는 고정된 시간이다.
- 아기를 관찰해 그들에 대한 모든 면을 배우고자 노력한다. 손, 머리, 발로 어떤 동작을 하는가? 어떤 소리를 내는가? 무엇을 보고 있는가? 주변 소음에 어떻게 반응하는가?
- 좋은 자세로 편안하게 앉는다. 아기 출생 후 몇 달 동안 수유를 하려면 오랫동안 앉아 있어야 하기 때문이다. 어깨에 긴장을 풀고 몸을 앞으로 구부리지 않는다. 최소한 처음에는 필요한 경우 베개로 몸을 지지한다. 아니면 204쪽의 그림처럼 눕는 자세를 취한다.
- 출생 직후 며칠 동안 아기는 수유하는 도중 잠이 들 수 있는데 그럴 때는 재운다. 며칠이 지난 다음에는 약간 서늘한 천을 써서 수유가 끝날 때까지 아기가 깨어 있게 한다. 수유하는 도중 잠이 들면 아기는 잠시 후 다시 깨어나 먹는 걸 끝내고 싶어 할 것이다. 이렇게 되면 아기가 계속해서 먹고 있는 것처럼 느껴질 수 있다. ("간식"을 먹고 있다고 표현한다.)

아기가 배고픈지 어떻게 알 수 있을까?

아기가 배가 고플 때 보이는 신호를 관찰하는 법을 배우게 된다. 다음과 같은 신호가 있다.

- 아기가 입을 떡 벌리고 있다
- 낑낑거리거나 끽끽 소리를 낸다.
- 몸과 입이 긴장한다.
- 호흡이 빨라진다.
- 울기 시작한다.

얼마나 자주 수유를 하는가?

신생아는 하루에 여덟 번에서 열두 번을 30분에서 40분 정도 수유한다. 아기가 수유에 익숙해지고 효율적으로 적응할 것이기 때문에 수유 횟수는 줄어들 것이다.

수유한 다음에 트림을 시키고, 기저귀를 갈아 주고, 안아 주고, 바닥에서 노는 시간을 가지면 아기는 곧 피곤하다는 신호를 보낼 것이다. 그러면 짧은 잠자기가 시작된다. 밤에는 이 리듬이 간소화되어 수유, 트림, 기저귀 갈기(필요한 경우) 그리고 바로 잠자기로 갈 것이다. 조명은 어둑하게 해 놓거나 수유등을 사용한다. 생후 첫해에는 밤에 자다가 깨는 것이 정상이지만 그럴 때마다 수유를 하지는 않는다.

신생아의 요구에 따라 수유를 하면 시간이 지나면서 아기는 서서히 수유 사이사이 자기만의 리듬을 만들어 갈 것이다. 아기는 의존하던 상태에서 협력하는 모습으로 바뀌고 독립성을 늘려 간다. 운다고 해서 항상 배가 고프다는 의미는 아니다. 춥거나 다른 뭔가가 불편해서 일 수 있다. 그러니 엄마 젖이나 젖병을 물리기 전에 아기가 다른 뭔가를 원하는지 살펴본다.

트림하기

트림하기는 수유하면서 삼키게 되는 공기를 제거하는 데 도움이 된다. 아기를 우리 어깨에 올리고 머리 뒤편을 잡은 다음 등을 부드럽게 문지르거나 가볍게 두드려 준다. 무릎에 앉히면 트림을 좀 더 쉽게 하는 아기들도 있다. 이 자세를 (아주 부드러운) 샌드위치 모양 잡기라고 하는데, 먼저 한쪽 팔을 수직으로 하여 팔은 아기 배를 손은 아기 턱을 받친다. 다른 팔은 수직으로 하여 아기 등 쪽에 두고 손으로 머리를 받쳐 준다. 트림을 시킬 때 서두를 필요는 없다. 이 시간도 아기와 연결되는 순간으로 이용한다.

모유 수유를 할 때 일어나는 일반적인 문제들

모유 수유를 할 때 알레르기 반응, 수유 도중 아이가 젖을 무는 현상, 아기가 유두 혼동을 겪는 현상 등이 나타날 수 있다.

알레르기

설사, 엉덩이 따가움, 콧물과 눈물, 발진과 습진과 같은 알레르기 반응이 종종 일어나고 울거나 잠을 안 자기도 한다. 우유 단백질에 알레르기가 있는 아기들이 있는데 이때 배앓이 같은 증상을 보이거나 숨을 쌕쌕거리고, 토하고, 설사, 변비, 발진, 습진 또는 코막힘 증상을 보일 것이다. 모유 수유를 한다면 알레르기 유발이 의심되는 음식을 식단에서 제외하면 도움이 되는지 살펴본다. 그런데 음식의 모든 흔적이 체내에서 없어지려면 21일까지 걸릴 수 있다는 점을 기억한다. 분유를 먹인다면 다른 분유로 바꿔 본다.

수유 도중 물기

아기가 수유하는 중에 젖을 깨물어도 멈출 필요는 없지만 살짝 충격적으로 느껴질 수 있다. 이때 깨끗한 손가락(대개 새끼손가락)을 가슴과 아기 사이에 넣어서 아기가 젖에서 입을 떼게 한다. 그러면 아프다는 확실한 메시지를 줄 수 있다. "아가, 너를 엄마 젖에서 떨어지게 할 거야. 물면 아파." 이렇게 물면 아프다는 확실한 메시지를 계속해서 주면 아기는 물지 않는 법을 배운다.

유두 혼동 현상

아기에게 오로지 모유 수유만 할 것이라면 유두 혼동 현상을 피하기 위해 첫 달이 지날 때까지는 젖병 수유를 하지 말 것을 권한다. (모유와 젖병은 빠는 방식이 다르기 때문에 아기는 모유에서 우유로 바꿀 때 힘들어하며 유두 혼동 현상을 겪을 수 있다.)

고형식 도입하기: 몬테소리 방식

생후 6개월(때로는 이보다 조금 더 일찍)경 아기는 우리가 먹는 것을 유심히 보거나, 음식이 우리 접시에서 입으로 들어가는 것을 추적하면서 고형 음식에 흥미를 보이기 시작할 것이다. 이 시기에 태아기 때 공급받은 철분이 고갈된다. 아기는 (약간의 도움을 받아) 대개는 앉아 있고 이도 몇 개 나기 시작할 것이다. 이때 아기는 자신의 머리 무게를 감당할 수 있고 프티알린ptyalin(복합 탄수화물을 분해하는 효소) 생산을 시작한다. 이는 아기가 고형식을 먹기 시작할 준비가 되었다는 신호다. 아기가 6개월이 될 때까지 기다리고, 고형식을 주기 전에 아이가 준비가 되었는지 관찰하길 권한다.

고형식을 도입한다는 것은 다음과 같은 것을 보여 주는 중요한 지표다.

- 아기가 자신을 부모와 분리된 존재로 보기 시작하고, 음식이 다른 곳에서 올 수 있다는 것을 배운다.
- 초기에 겪는 음식 경험은 아기에게는 탐험이다. 6개월에서 1년 사이 먹는 음식은 영양분을 섭취하는 것이라기보다 음식을 경험하는 것에 가깝다. 많이(또는 적게) 먹는다고 생각돼 걱정된다면 이때의 음식은 경험에 가깝다는 점을 기억하기 바란다.
- 우리는 아기가 자연스러운 형태의 음식을 경험하고 그에 대해 더 배우도록 돕고 있다. 예를 들어 아기에게 줄 과일을 보여 주고, 질감을 느끼고 냄새를 맡게 한다. 그러면 아기는 과일이 준비되는 것을 보면 맛보려 할 것이다.
- 아기는 스스로 먹는 기술을 배운다. 유아들은 음식 준비에도 참여하게 될 것이다.
- 음식에 관한 단어(음식, 조리 도구 그리고 우리가 하는 행동)를 늘린다.

"식탁 앞에 앉는 것은 아기의 자아에 도전을 초래하고 생애 내내 반복될 새로운 인간관계의 시작을 의미한다. 아기는 음식과의 분리를 시작하는데, 이는 훨씬 더 중요한 내적 처리 과정의 외부 인자가 된다. 바로 개인의 정체성 형성이다.
다른 음식과 그것을 수용하는 다른 방식은 정확하게 분리, 독립성 그리고 자아의 발전과 연관성이 있다."

-실바나 몬타나로, 『인간의 이해』

아기에게 젖을 떼게 한 후 싱거운 이유식, 쌀로 만든 시리얼 또는 으깨서 물을 섞어 만든 채소나 과일을 먹일 필요는 없다. 최초의 고형식으로 모든 유형의 음식과 우리가 먹고 싶은 음식(쌀과 채소, 치즈, 약간의 기름과 양념)을 아기에게 줄 수 있다.

어른이 숟가락으로 떠먹이지 말고(그러면 아기는 우리 리듬에 맞춰 입을 벌린다.) 아기 스스로 먹을 방법을 찾아본다. 물론 지저분해질 것이고 빠르지도 않을 것이기 때문에 우리 자신도 준비를 해야 한다. 하지만 그렇게 하면 아기는 자기 힘으로 먹으며 자신의 리듬을 따라갈 수 있다. 아기가 주도해서 젖을 떼는 것이 몬테소리 방식의 고형식 도입과 잘 맞아떨어진다. 음식은 6개월 된 아기가 한 손으로 잡아 입으로 가져가 맛볼 수 있을 만큼의 크기로 자른다. 채소는 으깨서 죽처럼 만들 필요는 없지만 부드러워질 때까지 조리해서 아기 입안에서 잘 분해되게 만든다. 그리고 적은 양을 아기 앞에 두면 아기가 음식을 집어 입으로 가져가 맛볼 것이다. 이 방법은 소근육 활동을 연습하는 데도 아주 좋다. 가늘게 자른 토스트 등 아기에게 먹이기 좋은 인기 고형식에는 다음과 같은 것들이 있다.

- 푹 익힌 당근 스틱이나 브로콜리 또는 10센티미터 가량으로 자른 채소
- 부드러운 과일을 먼저 주고 좀 더 단단한 과일은 아기가 손에 쥐고 조금씩 잘라서 천천히 먹을 수 있게 한다.
- 가족이 먹는 음식을 아기 스스로 먹을 수 있는 형식으로 만들어 준다.

질식 위험

이 시기의 아기는 구역질 반사를 한다. 이것은 숨이 막혔다는 신호가 아니다. 구역질 반사는 뭔가 잘못 들어간 음식을 제거하는 완벽한 몸의 반응이다. 아기 얼굴색이 창백해지고 소리가 들리지 않는다면 숨이 막혔다는 신호다. 이런 일이 발생하면 아기를 엎어 놓은 상태에서 팔로 아기 배를 세로 방향으로 받쳐 지지하고 손으로는 아기의 턱을 잡는다. 그리고 반대편 손바닥의 불룩한 부분으로 아기의 견갑골 사이를 치면서 뭔가 입에서 나오지 않는지 살펴본다. 이것을 네 번 더 반복한다. 그래도 음식을 토해내지 않으면 이번에는 뒤집어서 팔뚝 사이에 아기를 놓고 샌드위치 자세를 취한다.(이때 아기의 턱과 목은 손으로 부드럽게 받쳐 준다.) 허벅지 위에 아기를 눕힌 다음 가슴을 다섯 번 압박해 준다. 연습을 위해 응급조치 코스를 수강하고 업데이트된 사항을 숙지한다.

음식을 먹는 곳

몬테소리는 아기에게 독립성을 키워 주길 원한다. 그러니 높은 의자를 사용하기보다 이유용 *식탁과 의자*라고 부르는 낮은 식탁과 의자를 도입하길 권한다. 아이가 스스로 앉을 수 있고 다 먹으면 혼자서 의자에서 나올 수 있다. 아기는 먹는 행위에 적극적 주체가 되며 할 수 있다는 느낌을 더 많이 받는다.

아기가 안정적으로 앉을 수 있을 때(생후 6개월에서 8개월경) 할 수 있다. 식탁과 의자의 높이는 아기의 발이 닿아 안정적일 수 있어야 한다. 식탁 위에는 꽃을 꽂은 작은 꽃병을 두고 식탁 매트를 둬서 그릇, 숟가락과 포크를 어디에 두는지 아기에게 보여 준다. 가끔 아기는 식탁 매트를 바닥에 던지기도 하는데, 그러면 매트를 던지는 것에 관심이 줄어들 때까지 계속 매트를 보여 주고 사용하게 한다. 아기는 이 식탁에서 모든 식사를 할 수 있다. 또는 간식을 먹을 때만 사용할 수도 있다.

트레이가 없는 높은 의자를 가족 식탁에 둬서 아기가 가족과 함께 식사할 수 있게 한다. 이렇게 하면 아이에게 음식을 떠먹이지 않아도 되고 함께 식사할 수 있다. 이때 아기는 식사가 사회적 행사라는 것을 배운다. 또한 우리가 오로지 아기에게만 집중하지 않고, 아기가 먹는 것을 끝내도록 서두르지 않기 때문에 압박감을 덜 느낀다. 대신 아기는 언제 배가 고픈지, 배가 부른 것은 어떤지 몸이 보내는 신호를 배우며 가족과의 식사에 참여한다.

먹을 때 사용하는 도구

논쟁의 여지가 있지만 몬테소리에서는 플라스틱이 아닌 진짜 접시와 유리컵, 금속 숟가락과 포크를 사용한다. 재료 자체가 좀 더 자연에 가깝고 지속 가능할 뿐 아니라 음식과 음료의 맛도 더 좋은 것을 준비한다. 그리고 아기는 접시와 컵은 떨어지면 깨질 수 있다는 논리적 결과를 배울 수 있다. 쉽게 깨지지 않는 재질(대나무나 법랑 등)의 그릇과 컵이 있으니 아기가 물건을 바닥에 떨어뜨리는 실험을 자주 하는 시기에는 이런 재질의 그릇을 사용한다.

먼저 아기가 협응하기에 가장 쉬운 도구인 포크로 시작한다. 8개월쯤 된 아기가 포크를 이용해 스스로 음식을 먹는 사랑스러운 영상을 온라인에서 볼 수 있다. 어른이 포크로 음식 조각을 하나 찍어서 아기 앞 접시에 내려놓고 포크 손잡이를 아기 쪽으로 향하게 둔다. 아기는 어떤 손을 이용해 포크를 잡을지 선택하고 음식을 입으로 가져간다. 그리고 어른이 포크에 다시 음식을 찍어 주고 아기가 계속해서 먹는 행위를 할 준비가 되도록 기다린다. 아기가 스스로 숟가락에 음식을 얹으려면 협응 능력이 더 발달해야 한다. 그러니 처음에는 익숙해지도록 오트밀이나 요거트 같이 점성이 강한 음식을 준다.

어린 아기는 대근육 활동과 소근육 활동의 협응을 연마하고 있으므로 도움이 필요할 때 도와준다. 예를 들면 유리컵을 아기 입으로 가져가 받쳐 주는 것까지만 도와준다. 아기가 발전함에 따라 조금씩 도움을 줄여 나간다. 그리고 컵에 물은 조금 채워 준다. 물을 마시는데 병이나 빨대 컵을 사용하지 않아도 된다. 며칠의 시간이 걸리고 옷이 조금 젖겠지만 아기는 빨리 배운다. 집 밖에서 물병을 사용하고 싶다면 젖병용 빨대 컵처럼 입에서 빠는 부분의 혀를 모아 주는 빨대가 달린 물병 사용을 고려해 본다.

숟가락과 포크는 아기 손에 맞고 손잡이가 짧은 것을 사용한다. 수업에서 시모네는 포크의 날이 너무 날카롭지 않은 케이크용 포크와 작은 찻숟가락을 사용한다. 아기의 첫 컵으로는 가장 작은 듀라렉스 유리컵(90ml 용량)이나 위스키 샷 잔을 사용한다. 측면이 낮은 작은 그릇을 쓰면 아기 스스로 먹기가 더 쉽고 자기 힘으로 음식을 그릇에서 퍼낼 수 있다. 크기는 상관없다. 이 경우 작을수록 더 좋다.

포크와 유리컵을 다루는 법을 배우는 것은 아기에게 시도하는 실생활 활동 중 맨 처음에 하는 활동이며 가장 기초적인 것이다. 실생활 활동은 일상생활 활동으로도 알려져 있다. 유아와 미취학 아동의 경우 바닥 쓸기, 창문 닦기, 식물 돌보기는 물론 식사 준비, 음식 나르기, 식사 후 치우기가 이런 일상생활 활동에 해당한다. 또한 식사할 때나 식사 전후에 손과 입을 닦을 천도 아기에게 준다. 아기는 이런 것을 통해 처음으로 자기 돌봄 활동을 한다. 간식 탁자에 작은 거울을 두면 이 활동을 할 때 유용하다.

완벽하게 되지 않을 것이고 어른이 치우고 청소를 해야 하지만 연습을 계속하면 아기는 점점 더 나아지고 언젠가는 완벽하게 할 수 있다. 청소 활동에도 아기를 참여시킬 수 있다. 제대로 하지는 못해도 8개월 된 아기도 식탁을 닦을 수 있다. 그리고 자신의 숟가락과 포크를 식탁 위에 놓인 작은 바구니에 집어넣는다.

음식을 먹을 때 알아 두면 좋은 추가 팁

1. 아기가 먹는 것, 먹는 장소, 먹는 때는 어른이 책임지고 관리한다. 얼마나 먹는지는 아기가 결정한다. 아기는 몸이 하는 소리를 듣는 법을 배우고 있다는 것을 믿는다. 한 숟가락 더 먹으라고 강권할 필요가 없고, 영상으로 아기의 집중력을 산만하게 만든 다음 먹일 필요도 없다.

2. 몬테소리 방식은 아기를 진정시키거나 잠이 들게 할 때 모유 수유를 하거나 음식을 주지 않는다. 안아 주고, 귀 기울여 주고, 눈물을 닦아 주고 이해하는 등 다른 방식으로 아기를 진정시킨다.

3. 아빠 또는 파트너의 역할이 있다. 아빠나 파트너가 이따금 수유를 담당하면 육아에 참여할 수 있고, 아기와의 유대감을 형성을 할 수 있다. 모유 수유를 한다면 모유를 짜서 보관해 두고 아빠나 파트너가 병에 옮겨 담아서 아기에게 먹일 수 있다.

4. 아기를 입양한 엄마, 비임신기 엄마도 아기에게 모유 수유를 할 수 있다. 임신을 하지 않아도 젖 분비가 가능하다. 젖 분비를 유도하는 수유 보조 시스템도 사용할 수 있다. 젖 분비가 되지 않는다 해도 아기를 안고 수유를 하면 애착 형성에 도움이 되고 양부모는 아기와 유대감을 쌓을 수 있다.

5. 아기가 음식을 던진다면 물어본다. 아기가 음식을 던지면 일반적으로 다 먹었다는 신호다. 배가 고프면 아기는 앉아서 5분에서 10분 내 주어진 음식을 다 먹을 것이다. 아기가 음식을 던지기 시작하면, "다 먹은 거야?"라고 물어본다. 그리고 접시를 부엌으로 가져가는 것을 보여 주고 식탁 의자에서 내려오는 것을

도와준다. 아기는 음식은 먹는 것이라는 것을 곧 배울 것이다.

관찰하기

수유하거나 음식을 먹는 동안 관찰해서 아기에 대해 배운다.

- 손이나 머리 그리고 발로 어떤 움직임을 하는가?
- 어떤 소리를 내는가?
- 무엇을 보고 있는가?
- 주변 소음에 어떻게 반응하는가?
- 언제 아기에게 수유하는가? 언제 아기가 먹는가? 얼마나 오랫동안 수유를 하는가? 얼마나 오랫동안 먹는가?
- 아기가 먹을 때 수동적인가 능동적인가?
- 수유를 한 다음 분리는 어떻게 이루어지는가?
- 음식은 어떻게 제공되는가? 무엇을 먹고 있는가?
- 아기가 스스로 먹도록 어떤 식으로 돕는가?
- 아기가 먹으려 하는 시도에 대해 우리는 어떤 감정을 느끼는가? 수유나 아기가 스스로 먹으려 하는 것에 대해 우리가 두려움을 야기하고 있지는 않은가?

이렇게 관찰했을 때 아기에 대해 새롭게 알게 된 것이 있는가? 그래서 바꾸고 싶은 것이 있는가? 환경에서 무엇을 바꿀까? 아기들을 지원할 다른 방법은 무엇이 있을까? 나 자신의 개입을 포함해서 우리가 제거해야 할 방해물은 무엇인가? 즐겁게 관찰하라!

젖 떼기

언제 젖을 뗄지 결정하는 것은 매우 개인적 문제다. 세계보건기구WHO는 (다른 여분의 물이나 고형식은 주지 않는) 완전 모유 수유 기간을 출생부터 6개월로 권장한다. 그리고 보조적 수유(모유 수유를 하고 음식을 통해 영양분을 제공)는 6개월부터 24개월 그리고 그 이상까지 할 수 있다고 말한다.

몬타나로 박사의 『인간의 이해』 같은 몬테소리 자료는 아기의 독립성이 증가하고, 기어 다니기와 곧이어 걷기를 시작할 때, 부모와 조금씩 분리되기를 시작하는 생후 10개월쯤 젖을 뗄 것을 제안한다.

개인적인 이유로 첫해에 모유 수유를 끝내고 싶어 하는 사람들이 있을 것이다. 모유 수유를 더 이상 즐길 수 없고 반감을 갖기 시작한다면 멈추는 게 나은 결정일 수 있다. 아기는 우리의 태도도 흡수하기 때문에 아기에게 영향을 줄 수 있다.

모유 수유를 중단하기로 선택할 때 먼저 아기에게 이 주일 이내에 젖을 뗄 거라고 말해 준다. 모유 수유를 하는 것은 분명 특별한 시간이다. 그러니 아기와 함께 모유 수유의 마지막 시간을 즐겨 보자. 이런 식의 마무리는 아기와 우리 모두에게 긍정적이다. 함께한 즐겁고 특별한 관계를 인정하는 것이다.

모유 수유와 관련해 정보를 더 얻고 싶다면 라 레체 리그 인터내셔널의 『모유 수유라는 여성의 예술The Womanly Art of Breastfeeding』과 낸시 모르바커의 『모유 수유 간편하게 하기Breastfeeding Made Simple: Seven Natural Laws for Nursing Mothers』를 추천한다.

잠자기

시모네가 부모-아기 수업 시간에 가장 많이 받는 질문이 잠자기에 대한 것이다. 사람들은 몬테소리 방식으로 아기를 진정시키는 법, 밤에 깰 때 대처 요령, 바닥 침대 사용하기 그리고 (대개는) 어떻게 하면 잠을 좀 더 잘 수 있는지를 알고 싶어 한다. 문제는 한 아기에게 통하는 방법이 반드시 다른 아기 또는 모든 가정에 효과가 있는 것은 아니라는 것이다.

녹초가 된 부모 입장에서 "일관성"이니 "수면 일과", "방은 반드시 어둡게 한다."라는 말들을 다시 한번 읽고 싶을까? 그렇다면 잠자기와 관련해 몬테소리 방식에 부합하면서 피곤한 부모에게 도움이 될 어떤 실용적 조언을 제공할 수 있을까?

> "잠을 자고 꿈을 꾸는 동안 엄청난 양의 정신 활동이 이루어진다. 모든 일상의 경험이 통합되어야 하고 모든 개인적 '프로그램'이 그날 들어온 새로운 정보에 근거해 평가되어야 한다."
>
> -실바나 몬타나로, 수전 스티븐슨 『즐거운 아이』를 인용하며

우리가 제공할 수 있는 최고의 해결책은 **관찰**하기라는 기본 원칙으로 돌아가라는 것이다. 관찰은 신생아, 아기, 유아 그리고 어린이들을 양육하고 그들과 협력하는 모든 단계마다 우리를 안내한 가장 기본적인 원칙이다. 모든 아이는 특별하다. 과학자처럼 아기를 관찰해 보자. 잠이 드는 데 얼마의 시간이 걸리는지, 무엇을 먹고, 잠에서 깨어날 때는 어떤 모습이며 왜 자다가 깨는지 등을 관찰한다. 그렇게 아이에 대한 정보로 무장을 한 우리는 아이가 잠과 좋은 관계를 맺을 수 있도록 돕고 필요한 경우 간단하게 조정을 할 수 있다.

다음에 나오는 몬테소리 원칙은 아기를 우리 침실에 두는 경우, 아기방에 두는 경우 또는 함께 잠자기를 선택하는 경우에 효과가 있다. 우리는 아이의 가이드라는 점을 기억하기 바란다. 우리가 아이의 눈을 감게 하고 잠이 들게 만들 수는 없다. 하지만 관찰하고, 대응하고, 안전하고 편안한 수면 환경을 조성해 아름다운 수면 시간을 만들 수 있다.

잠자기에 대한 몬테소리 원칙

잠자기에 다음의 몬테소리 원칙을 적용할 수 있다.

1. 아기를 관찰하고 잠잘 때와 깨어 있을 때의 리듬을 알아 둔다

아기는 자기만의 수면 리듬이 있다. 관찰을 통해 다음의 사항을 배우면 아기의 수면에 필요한 것을 채워 줄 수 있다.

- 아기가 잠잘 준비(피곤하다는 신호)가 되었다는 것을 보여 줄 때
- 잠을 자기 위해 얼마나 많은 도움이 필요한지(또는 도움이 별로 필요하지 않은지)
- 잠이 들었을 때 아기가 하는 활동(아기는 잠자고 있는 동안에도 활동을 한다.)
- 얼마나 오랫동안 자는지
- 잠에서 깨어날 때의 모습은 어떤지

아기의 울음을 항상 구분한다는 것이 어려울 수 있기 때문에 아기가 활동 매트에서 놀 때의 리듬(아기들은 잠에서 깨어나 먹고 놀고 다시 잔다. 잘 먹은 다음에는 어느 정도 노는 시간을 갖는다.), 모빌을 보고 있을 때, 안아 줄 때 (너무 많이는 아닌) 충분한 자극이 들어가는지 기억해야 한다. 그리고 아기를 관찰함으로써 아기가 피곤해하는 신호를 식별할 수 있다. 다음과 같은 모습이 그 신호일 것이다.

- 아기가 팔과 다리를 휙 움직인다.
- 눈을 비비거나 하품을 한다.
- 우리 아기만 하는 특유의 신호(아기가 보내는 신호를 알기 위해 항상 관찰한다.)

이렇게 피곤하다는 신호를 포착하면 천천히 잠자는 걸 시작할 수 있다. 잠을 잘 때마다 다음의 과정을 간단하고 짧게 밟는다.

- 아기에게 "네가 피곤한 것 같으니 침대로 갈 거야."라고 말한다.
- 머리를 드는 등 아기가 반응할 때까지 기다린다.
- 부드럽게 아기를 들어 올린다. 기저귀를 갈고 침대로 데려간다.
- 노래를 불러 주고 짧은 책을 읽어 준다. 또는 아기와 연결될 다른 활동을 한다.
- 아기가 깨어 있는 동안 등을 대고 눕힌다. 그래서 정해진 수면 장소에서 잘 수 있게 한다.
- 필요하면 우리가 곁에 있다고 안심시킨다.

아기를 관찰하며 이 과정을 즐긴다. "애를 재워야 해."라고 느끼기보다 이렇게 관찰하고 도움을 주는 것이 훨씬 더 편안하다. 우리는 아기의 가이드라는 점을 기억한다. 아기는 언제 피곤한지 대개 알고 있고, 그 신호를 읽는 것은 우리가 해야

할 일이다. 아기는 곧 눈을 감고 잠이 들 것이다. 가이드인 우리는 곁에서 도움이 필요할 때 아기를 돕는다.

Tip · 아기는 여전히 하루 주기의 리듬을 조정하고 있을 것이다. 낮에 햇빛과 신선한 공기를 충분히 공급해 주면 생후 몇 달 동안 낮과 밤에 적응하는 데 도움이 된다.

관찰하기

과학자처럼 노트에 아기 관찰 일지를 만들어 점검하면 큰 도움이 된다. 다음 사항을 메모한다.

아기가 피곤해할 때

- 아기가 피곤할 때 보이는 신호에 어떤 것이 있는가?
- 깨어 있는 시간(잠에서 깨어나서 다시 잠자기까지의 시간)이 더 길어졌는가?

잠이 드는 중

- 팔다리는 어떤 움직임을 보이는가?
- 손은 움켜쥐고 있는가 아니면 벌리고 있는가?
- 울거나 소리를 내는가?
- 얼굴 표정은 어떤가?
- 잠이 드는 순간까지 계속해서 움직이는가 아니면 천천히 잠이 드는가?
- 잠이 들기 위해 얼마만큼의 도움을 필요로 하는가? 의존에서 협력 그리고 독립성의 증가와 같이 다음 단계로 갈 준비가 되었는가?

잠자고 있는 동안

- 수면의 질은 어떤가? 자주 깨는가? 평화롭게 잘 자는가?
- 몸은 어떤 자세를 취하고 있는가?
- 팔다리 또는 머리로 어떤 움직임을 하는가?
- 아기 스스로 얕은 잠에서 깊은 잠으로 들어갈 수 있는가? 못한다면 왜 깨는가? 우리가 잠이 드는 환경을 다시 정립하길 바라는가?

잠에서 깨어날 때

- 아기가 깨는 데 시간이 얼마나 걸리는가?
- 깰 때 어떤 기질을 보이는가?

- 잠에서 깨었다는 것을 우리에게 알릴 때 어떤 방법으로 소통하는가?
- 몸의 자세는 어떤가?

잠 깨기와 잠자기 패턴
- 낮잠과 낮잠 사이에 깨어 있는 시간이 얼마나 되는가? 낮잠은 얼마나 오래 자는가?
- 발전시키는 패턴이 있는가?(얼마나 오랫동안 깨어 있는가 또는 규칙적으로 잠자기를 하는가?)
- 침실에 들어갈 때 빛에 영향을 받는가?

이렇게 관찰했을 때 아기에 대해 새롭게 알게 된 것이 있는가? 그래서 바꾸고 싶은 것이 있는가? 환경에서 무엇을 바꿀까? 아기들을 지원할 다른 방법은 무엇이 있을까? 나 자신의 개입을 포함해서 우리가 제거해야 할 방해물은 무엇인가? 즐겁게 관찰하라!

2. 필요한 만큼 도움을 주되 가능하다면 돕지 않는다

아기가 기어 다니거나 걷기를 배울 때 도움이 되는 환경을 조성하고 필요할 때 도와줄 수 있다. 이때 가능하다면 돕지 않는 것이 좋지만 필요하다면 필요한 만큼만 도와준다. 그리고 아기가 필요한 기술을 익히게 둔다.

잠자기도 이와 유사하다. 먼저 안전한 환경을 만들고 가능하면 도와 주지 않되 필요한 경우 필요한 만큼의 도움을 준다. 예를 들어 잠이 들 때까지 함께 앉아 있거나, 배에 손을 대고 등을 부드럽게 쓸어 주거나, 달래 주는 소리를 낸다.

잠을 자기까지 아기가 소동을 피울 수 있다. 이는 정상적인 행동이다. 아기와 함께 있으며 몸에 손을 얹거나 심신을 편안하게 해 주는 말을 건넨다. (20분 정도가 지나도) 아기가 진정되지 않으면 우유를 좀 더 줄 수 있다. 좀 더 큰 아기이고 배고픈 게 아니라 목이 마른 거라면 물을 조금 준다. 아기가 진정하지 않는 경우도 가끔 있다. 그러면 아기 캐리어에 태우거나 잠시 산책을 하는 식으로 계속해서 "휴식 시간"을 준다.

3. 의존적 상태에서 협력 그리고 독립성을 늘린다

앞서 언급한 바와 같이 생후 첫해 아기는 의존적 상태에서 협력으로 그리고 독립성을 늘려나가는 상태로 이행할 것이다. 잠자기에도 똑같은 원칙이 적용된다.

초기에 아기는 어른에게 의존한다. 우리는 아기가 피곤할 때를 알아보고 짧게 잠을 재우는 과정을 반복할 것이며 아기는 이를 인지하게 될 것이다. 그리고 항상 같은 장소에서 재울 것이다. 또한 아기를 관찰하는 법을 배우고 가능하면 돕지 않지만 필요하다면 필요한 만큼 도움을 줄 것이다. (의존)

이러면 기초 패턴이 만들어지고 아기는 서서히 움직이기 시작할 것이다. 피곤하면 바닥 침대로 기어가는 아기가 있고, 어른이 피곤한 신호를 관찰해야 하는 아기도 있을 것이다. 그들의 수면 패턴을 따른다. 아기가 잠이 들 때까지 곁에 있는다. (협력)

첫해가 끝나갈 무렵 자기 방에서 잠을 자는 아기는 잠에서 깨면 우리를 찾으러 올 것이다. 이는 아기가 잠자기와 좋은 관계를 맺었고 우리가 그것을 도왔음을 보여 주는 신호다. (독립성을 늘려나감)

아기가 잠을 자기 위해 어른에게 의존할 때 아기를 흔들어 재우거나 무엇인가를 먹이면 그것은 부정적인 잠버릇을 키우는 셈이 된다. 밤중에 얕은 잠이 들어 있는 아기의 경우 흔들어 주거나 먹이지 않으면 좀처럼 제대로 잠을 자지 못할 수 있다. 어른인 우리도 얕은 잠을 자는 중 베개가 움직이면 깨어나서 베개를 찾아서 제자리에 돌려놓아도 다시 편안해지기 전까지는 잠을 자지 못하기도 한다. 이와 유사하게 아기도 얕은 잠에 들면 깨어나서 주변을 둘러보며 흔들어 줄 손이나 빨 수 있는 것을 찾을 것이다.

현재 아기를 재우기 위해 흔들어 주고 수유를 하고 있다면 그래도 괜찮다. 하지만 언젠가는 변화를 줘야 아기 스스로 잠이 들고 깨어 있을 수 있게 된다. 먼저 우리와 아기가 그럴 준비가 되어야 한다.

자라는 아기를 지속적으로 관찰해서 잠자는 데 얼마만큼의 도움이 필요한지(필요하지 않은지) 알아낼 수 있다. 아기에게서 조금씩 멀리 떨어지는 방식을 쓸 수 있다. 문가에 앉아 있다가 스스로 잠들게 둔다. 점차 의존적 상태에서 협력을 지나 독립성을 늘려가는 상태로 이행한다.

4. 잠자는 공간을 일관되게 유지한다. 바닥 침대가 이상적이다

3장에서 논의했듯 잠자는 공간을 일관되게 유지하는 이유는 아기가 기준점을 찾는 데 중요하기 때문이다.

몬테소리 방식은 15센티미터 정도 높이의 낮은 매트리스, 즉 바닥 침대를 선호한다. 바닥 침대를 사용하면 궁극적으로 아기가 혼자서 자유롭게 기어서 오르내릴 수 있다. 그리고 시야를 막는 프레임이 없어서 방 전체를 볼 수 있다. 아기 침대를 사용한다면 어른은 침대 옆에 서 있어야 하는데 이와 달리 바닥 침대는 어른이 아기 옆에 앉거나 같이 누울 수 있다.

또한 아기 출생 시에는 모세 바구니 모양의 체스티나를 사용하는 것이 좋다. 아기는 이 작은 침대 안에서 안정감을 얻는다. 출생 직후부터 체스티나를 바닥 침대 위에 놓고 아기가 수면 공간에 적응하고 기준점으로 기억할 수 있게 한다. 영아 돌연사 증후군SIDS 방지 지침을 따르면서 체스티나를 부모 침실에 놓을 수도 있다.

아기 침대는 아기가 아닌 어른에게 편리하게 디자인되었다. 과거에 항상 아기 침대를 사용했기 때문에 이것이 어른에게 편리하다는 생각을 떨치기 어려울 수 있다. 어른 입장에서 바닥 침대를 사용하는 것이 불편하다면, 12개월에서 16개월 사이 아기가 스스로의 힘으로 침대에 기어오르고 내려올 수 있을 때 아기 침대에서 바닥 침대로 이행한다. 그러면 아기는 바닥 침대의 이점을 경험하게 될 것이고, 그다음 발달에서 일반적으로 두 살 정도면 나타나는 "싫어" 단계를 겪게 될 것이다.

Note · 곧 아기는 잠에서 깨어나면 몸을 꿈틀거려 침대에서 나와 집 전체를 탐험할 것이기 때문에 공간이 아기에게 안전한지 철저하게 점검하는 것이 중요하다. 아기 혼자 방 밖으로 나오게 할 수 없는 상황이라면 방 입구에 아기 문(안전문)을 둬서 아기가 침대에서 기어 나와 방에서만 자유롭게 놀 수 있게 한다.

5. 자유롭게 활동하게 한다

우리는 아기에게 움직일 기회를 최대한 줄 수 있길 원한다. 잠을 잘 때도 마찬가지다. 몬테소리 훈련을 받을 때 시모네는 50시간 동안 신생아를 관찰(출생부터 8주까지)하는 수업을 들었다. 아기가 잠자고 있는 동안에도 관찰할 것이 얼마나 많은지 믿어지지 않을 정도였다. 잠을 자고 있는 중에도 아기는 계속해서 손을 움직이고, 팔을 올렸다가 내리고, 발을 차고, 곧게 뻗고, 머리를 한쪽 옆에서 다른 쪽으로 돌리고, 입도 계속해서 움직인다.

아기가 잘 때 입힐 옷은 부드럽고 거슬리지 않도록 라벨이나 솔기가 없는 것으로 한다. 그래야 자유롭게 다리와 발을 움직일 수 있다. 바깥이 서늘하다면 더 잘 움직일 수 있도록 우주복 같은 옷보다 양말을 신길 것을 고려한다.

아기를 포대기로 싸 놓으면 움직임이 제한될 수 있다. 하지만 포대기로 싸 주면 엄마 배 속에 있는 것 같은 안전함을 느끼거나 모로 반사로 놀라는 것을 방지하는 효과가 있기 때문에 편안해하는 아기들도 있다. 그렇다면 상체는 감싸 주고 다리 부분은 느슨하게 풀어 주어 자유로운 움직임이 가능하도록 한다.

최근 아기가 12개월에서 18개월이 되기 전까지는 담요를 사용하지 말 것을 미국 소아학회가 권고한 이후 아기 침낭이 인기를 얻고 있다. 아기가 자유롭게 움직일 수 있는 것을 찾아보되, 이것이 아기가 기고, 서고, 잠에서 깨어나 걸을 수 있는 능력을 제한할 수도 있다는 점을 염두에 둔다.

6. 토폰치노

토폰치노는 부드러운 퀼트 쿠션으로 아기 출생 직후부터 바로 사용할 수 있다. 토폰치노는 낮에 우리 또는 다른 사람이 아기를 안을 때 아기가 경험하는 자극을 제한하기 위해 사용한다. 토폰치노에는 익숙한 냄새가 배고 항상 따뜻하다. 그리고 아기의 기준점이 된다.

토폰치노는 잠잘 때도 유용하다. 아기를 안고 있는데 점점 졸려 한다고 가정해 보자. 토폰치노가 없다면 대부분의 아기들은 우리 팔에서 침대로 가는 것을 좋아하지 않는다. 토폰치노 위에 아기를 놓은 다음 아기 침대나 체스티나로 옮기면 거의 놀라지 않는다. 온도, 냄새, 쿠션감이 똑같이 유지된다.

하루에 잠과 잠 사이 깨어 있는 시간과 잠자기 횟수

모든 아기가 다르지만 평균적으로 아기가 잠과 잠 사이 얼마나 오랫동안 깨어 있는지 알면 피곤하다는 신호를 포착하는 데 유용하다.

0~12주	1시간에서 1.5시간 (낮잠 다수)
3~5개월	1.25시간에서 2시간 (하루 낮잠 3~4회)
5~6개월	2~3시간 (하루 낮잠 3~4회)
7~14개월	3~4시간 (하루 낮잠 2~3회)

출처: TakingCaraBabies.com

12개월에서 16개월경 아기는 아침 내내 깨어 있기 시작하며 하루에 한 번 낮잠을 잔다. 그리고 밤에 잠잘 때까지 깨어 있을 수 있다.

주니파는 토폰치노를 아주 좋아해 어디서나 가지고 다녔다. 할머니 댁을 방문하거나 야외로 외출할 때도 지니고 다녔다. 출생 후 처음 몇 달 동안 주니파와 아기가 함께 잠을 잘 때 토폰치노를 사용했다. 그리고 후에 아기들이 자기 침대로 옮겨갈 때 기준점으로 사용했다.

고무젖꼭지를 사용하지 않기

대부분의 몬테소리 문헌은 고무젖꼭지 사용을 권장하지 않는다. 어린 유아가 밤에 스스로 고무젖꼭지를 뺄 수는 없다. 아기가 필요한 것을 알리려 소통을 시도하는데, 어른이 이를 알아차리지 못하고 고무젖꼭지를 과하게 사용할 수도 있다. 그래서 고무젖꼭지 사용을 하지 않으려 한다. 이에 대해서는 236쪽에서 좀 더 자세하게 다루겠다.

함께 자기

몬테소리는 부모가 아기와 함께 자는 것을 인정한다. 아기와 함께 자는 걸 선택하는 가정이 있다. 수면 방식은 개인적인 결정이고 가정별로 효과 있는 방법을 결정해야 한다. 함께 자기를 할 때도 아기에게 일관된 수면 공간을 제공하도록 한다.

주니파는 처음 몇 달 동안 아이들과 함께 잤다. 아기를 바닥 침대에 눕혀 놓고, 자신이 잘 준비가 되면 아기를 어른 침대로 데려와 밤중에도 필요하면 손쉽게 수유를 할 수 있었다. 낮잠을 재울 때는 아기들을 바닥 침대에 눕혔다. 그리고 모유 수유를 끝낸 다음에는 밤에도 아기 침대에서 재웠다. 주니파는 아기와 함께 자는 일은 아기를 위한 것이라기보다 그녀를 위한 것이라고 느꼈고, 아기들은 주니파 가정의 속도에 맞춰 궁극적으로 평화롭게 아기 침대로 옮겨갔다.

어떤 방식의 잠자기를 택하든 아기가 언제 다음 단계로 옮겨갈 준비가 되어 의존적 상태에서 협력을 하고 독립성을 늘려 나가는지 항상 관찰한다. 그리고 우리가 원하는 것과 아기가 원하는 것을 우리가 채워 주는지에 대해 생각해 본다.

Tip · 영아 돌연사 증후군은 81쪽을 참고한다.

아기의 수면 습관 형성에 도움이 되는 사항

다음 사항을 실천해 우리 집을 아이에게 안전한 곳으로 만든다.

- 아기의 잠자기와 깨기 리듬을 관찰하고 어떻게 변하는지도 본다.
- 잠을 재우기 위해 어른이 얼마나 많이 도와줘야 하는지 주목해서 본다.
- 일관성을 유지한다. 하룻밤에 세 가지를 하려 하지 않는다. 변화를 줬으면 일주일 동안 그 변화를 유지하고 노트에 객관적으로 기록한다.
- 잠자기에 안전하고 편안한 곳을 마련한다.
- 잠과 관련해 현실적인 예상을 한다. 대부분의 아기들은 생후 첫해 밤 시간에 깨지 않고 쭉 자지 않는다.
- 안 좋은 잠버릇을 적어 두고 우리가 준비가 되면 없애도록 한다.
- 아기가 낮잠을 잘 때 어른도 낮잠을 잔다. 보호자인 우리의 수면과 행복도 돌본다. 아기가 깨어 있을 때 간단한 집안일을 하면서 아기가 우리를 관찰하게 둔다. 우리가 하는 일을 아기에게 말해 주고 참여하게 한다.

수면과 관련된 일반적인 질문

잠자기와 관련된 질문을 받을 때 우리가 맨 처음 하는 답은 언제나 **관찰**하라는 것이다. 하지만 여기에서는 일반적으로 많이 받는 질문에 좀 더 구체적인 답을 하고자 한다.

왜 아기가
밤에 깰까요?

- 출생부터 석 달까지 아기는 먹기 위해 밤에 자다가 깨어납니다. 아기의 몸은 여전히 24시간 주기 리듬에 적응하고 있는 상태입니다. 그래서 낮 시간에 햇빛과 신선한 공기를 많이 받으면, 생후 첫 달에 몸이 낮과 밤에 적응하는 데 많은 도움이 됩니다. 밤에 수유를 할 때는 조명을 어둡게 하고 가능하면 아기가 움직이지 않게 합니다. 아기가 자는 방에서 수유하는 것이 이상적입니다. 수유 후에는 트림을 시키고 필요한 경우 기저귀를 갈아 주고 다시 재웁니다.
- 혹시 이가 나는 중이거나 아픈 것은 아닐까요? 그럴 때는 좀 더 쾌적하고 편안하게 해 줘야 할 필요가 있습니다. 이미 이가 났거나 상태가 나아졌다면 '좀 더 쾌적하고 편안하게' 만들어 주지 않는 게 좋습니다. 그 이유는 잠버릇을 악화시키는 요소가 될 수 있기 때문입니다. 그러니 이가 나기 전이나 아프지 않을 때 잠드는 방식으로 잠이 들도록 아기를 돕는 게 좋습니다.
- 대소변을 봐서 기저귀를 갈아야 하는 것은 아닐까요? 소음이 있나요? 이불 시트의 주름 때문에 불편한 것은 아닐까요? 너무 덥거나 차갑지 않나요? 여러 가지 발달상의 변화를 겪는 과정에 있지 않나요? 우리가 여전히 곁에 있는지 아기들이 확인하는 것은 아닐까요?
- 잘 먹고 잘 크고 있는 좀 더 큰 아기라면 밤에 깨면 먼저 물을 조금 마시게 할 것을 제안합니다. 가끔은 그렇게만 해도 충분해 다시 잠이 들 것입니다. 많은 가정에서 아기가 밤에 점점 덜 깨고 더 길게 잠을 잔다는 것을 알게 됩니다. 밤에 아기에게 마실 것을 줄 때 우유의 비율을 점차 줄일 것을 권합니다. 우유와 물의 비율을 처음에는 75:25로 하고 50:50, 25:75 비율로 줄이다가 나중에는 물만 마시게 합니다.
- 아기가 엄마 젖 냄새를 맡고 잠에서 깨는 건 아닐까요? 공간이 허락한다면 아기는 아기방에서 잘 수 있게 하길 바랍니다.
- 의문이 들거나 의심스러우면 메모를 하세요. 객관적인 관찰이 큰 도

움이 될 수 있습니다. 몇 시에 아기가 깨나요? 운다면 우는 강도와 지속 시간이 얼마나 됩니까? 진정시키려는 우리 노력에 아기는 어떻게 반응하나요? 아기가 깨어나면 어른은 무엇을 합니까? 매일 밤 같은 일이 벌어지나요? 한밤중에 아기를 어른의 침대로 데려온다면 그래서 아기가 깨는 것은 아닐까요?

- 일관성을 지킵니다. (한밤중에 피곤하고 생각할 수 없을 때 하지 말고 다른 때에) 계획을 짜고 최소 일주일은 밤에 아기에게 동일한 방법으로 대응합니다. 그리고 변화를 줍니다. 새로운 패턴에 적응하려면 시간이 필요합니다.

| 낮잠을 자거나 밤에 잠을 자다가 아기가 깰 때 어떻게 다시 안정시키고 재울 수 있을까요? | - 아기는 수면 주기 끝에 얕은 잠을 잡니다. 대개 잠들고 40분에서 45분이 지났을 때로, 이때 아기는 몸을 뒤척이거나 완전히 깰 수 있습니다. 그러면 아기는 잠이 들 때의 조건이나 환경을 찾을 것입니다. 예를 들어 자기 전에 고무젖꼭지를 물고 있었거나, 엄마가 흔들의자에 태우고 흔들어 줬거나, 수유하던 중이었을 수 있지요. 따라서 아기가 서서히 자기 침대에서 자는 법을 익히게 도와주면 다시 안정을 찾기가 쉽습니다. 가능하면 도와주지 않고 필요한 경우에만 필요한 만큼 돕습니다. 가령 옆에 앉아 있거나, 배에 손을 대 주고 있거나 진정시키는 말을 해 줍니다. |
| | - 관찰하면 아기가 깨는 이유를 이해하는 데 도움이 됩니다. 2장에서 소개한 주니파의 이야기를 상기해 볼까요? 관찰하니 그녀의 아기는 낮잠을 자기 시작한 후 40분 뒤에 일어났지요. 그리고 깨어난 곳이 새로운 공간이라서 엄마를 찾았습니다. |

| 자고 있는 아기를 깨워도 괜찮나요? | - 가능하면 아기의 리듬을 따르는 것이 좋다고 생각합니다. 아기가 늦게 잔다면 피곤할 가능성이 높아요. 어른이 융통성과 창의력을 발휘할 필요가 있습니다. 아기의 낮잠 시간과 관련해 계획을 세워 보세요. 아기가 졸려 할 때 집에서 나가는 겁니다. 아기 캐리어, 유모차 또는 차에 태워 밖으로 나가 보세요. |

| 수유등을 사용해야 할까요? | - 12개월 미만인 대부분의 아기는 아직은 어둠을 무서워하지 않습니다. 그러니 가능하면 방을 완전히 어둡게 유지하는 것이 좋을 수 있습니다. |
| | - 아기가 잠들도록 준비시킬 때 또는 밤에 수유할 때 수유등을 사용할 수 있습니다. |

- 수유등은 붉은색 계열을 권합니다. 흰색이나 파란색 계통 등은 멜라토닌을 억제할 수 있고 아기의 잠에 영향을 줄 수 있기 때문에 권하지 않습니다.

아기가 일찍 깨면 무엇을 할 수 있을까요?

- 아기가 일찍 깰 때 수유를 하면 다시 잠드는 아기들이 있어요. 많은 아기는 대부분 잘 만큼 잤기 때문에 다시 잠들기가 어려울 것입니다.
- 아기방의 블라인드나 문 틈으로 빛이 들어오는지 점검해 보세요.
- 낮잠 시간이 길었나요? 첫 낮잠을 조금 미룰 수 있을까요?
- 직관에 반하는 것으로 보이지만 많은 수면 전문가가 밤에 잠을 조금 일찍 재울 것을 제안합니다.
- 아기가 일찍 일어나면 어른 침대로 올 수 있다고 생각하는 것은 아닐까요?

왜 아기가 진정하지 않을까요?

- 아기를 아기방으로 데려가서 침대 옆에 앉아서 관찰합니다. 아기가 피곤하다는 신호(예: 하품을 하거나 눈을 비비는 행동)를 보일 때까지 기어 다니고 옹알이를 하게 둡니다. 그다음 침대에 눕힙니다. 이 방법은 아기가 매우 바쁘고 그래서 심하게 피곤해질 때도 효과가 있습니다. 피곤해질 때까지 탐험하게 뒀다가 기저귀를 갈아 주고 그다음에 침대에 눕혀 줍니다.
- 더 어린 아기들의 경우 낮에 안정하지 못하는 것은 매우 일반적인 현상입니다. 20분 후에도 잠이 들지 않으면 유모차에 태워 산책하거나 캐리어에 태워 업거나 매고 집안일을 합니다. 그러면 아기가 잠이 들지 않는다 해도 최소한 조금은 쉬게 될 것이고 다음 주기의 먹기, 놀기, 잠자기를 할 준비가 되어 있을 것입니다.

도와주세요! 우리 아기가 수면 퇴행 (평소에 잘 자던 영유아가 밤에 자다 깨거나 낮잠을 불규칙적으로 자는 것)**을 겪고 있어요.**

- 수면 퇴행은 아기가 잠을 잘 자다가 변화가 생기는 것인데요, 이럴 때는 아기가 어떤 변화를 겪는 이행 과정에 있는 것입니다. "퇴행"이라는 단어를 쓰면 아기가 전에는 "전진"하고 있었다는 의미가 되므로 우리는 "퇴행"이라는 표현을 좋아하지 않습니다. 그저 아기의 수면이 뭔가 다르게 변화하는 거라고 받아들입니다.
- 생후 4개월 정도가 지나면 아기는 좀 더 잘 깨고 예민해지며, 의식이 증가해 잠들기가 더 힘들어질 수 있습니다.
- 8개월 무렵의 아기는 엄청난 발달상의 변화를 겪고 있습니다. 이제는 미끄러져 나가거나 기어 다니고 가끔은 무엇인가 짚고 일어서기도 합니다. 이렇게 새롭게 찾은 기술을 해 보느라 바쁩니다.

- 12개월 무렵의 아기는 기어 다니기, 일어서기와 같은 대근육 활동을 더욱 발달시킵니다. 그리고 대상 영속성(어떤 물건이 없어지면 아기 스스로 그 물건을 가져올 수 있는 것)을 새롭게 이해하기 시작합니다. 이런 근육의 변화는 일련의 심리적 변화를 야기합니다. 낮잠도 하루에 한 번 자는 것으로 바뀝니다.
- 이런 현상이 지나갈 때까지 아기와 협력 단계로 되돌아가야 할 수도 있습니다. 그리고 아기가 다시 독립성을 늘리는 단계로 돌아갈 준비가 되는 때가 언제인지 잘 관찰하세요.
- 인내심을 가지세요. 시간을 주고 다시 시도해 봅니다.

바닥 침대 사용에 관한 질문	• 4장, 82쪽을 참고합니다.

어떻게 아기를 우리 방에서 아기방으로 옮길 수 있을까요?

- 아기가 어른 방에서 자곤 했는데 이제 아기 방으로 옮길 준비가 되었다면 먼저 낮 시간에 아기의 방에서 함께 시간을 보내며 아기가 자기 방에 익숙해지게 합니다.
- 낮잠을 잘 때 아기의 방을 이용합니다. 그러면 아기는 밤에도 자기 방에서 잠을 자기 시작할 것입니다.
- 변화에 자신감을 가지세요. 아기를 침대로 데려간 다음 "여기가 네 침대야."라고 설명해 주고 제한된 숫자의 선택지를 줍니다. 아기가 자기 방에서 조용히 탐험하게 하고 그동안 우리는 바닥 침대 옆에 앉아서 아기가 잠잘 준비가 될 때까지 관찰합니다.
- 토폰치노, 익숙한 가족사진, 담요 등 아기에게 익숙한 물건을 기준점으로 정합니다.
- 아기가 잠들 때까지 옆에 앉아 있어야 하는 경우가 있습니다. 아기가 새로운 공간에 적응을 했다면 잠이 들 때 반드시 어른이 옆에 있지 않아도 괜찮아질 것입니다.

아기가 잠을 자지 않아서 스트레스가 심해요.

- 아기에게 "잠자기"가 아닌 "휴식"할 기회를 준다고 생각해 보세요. 그러면 아기가 잠을 자야 한다는 생각을 버릴 수 있습니다. 자지는 않아도 아기는 최소한 조용한 시간을 갖게 될 겁니다. 잠을 자야 한다는 우리가 주는 압박에서 자유롭게 되지요. 그러다 보면 아기는 곧잘 잠이 듭니다.

- 우리 어른들은 아기가 잠을 자지 않는다고 생각하며 두려움을 느끼는데, 이 감정을 잘 들여다볼 필요가 있습니다. 아기가 짜증을 내거나 손님에 대해 기분 좋게 생각하지 않는 것을 걱정하기도 합니다. 그런데 그런 상황을 우리가 초래한 것은 아닐까 생각해 봅니다.
- 잠자는 시간과 관련된 일정을 일관성 있게 지킵니다. 매번 다른 것을 하려 하기보다는 아기가 밤에 깰 때 마다 똑같은 방식으로 대응하며 최선을 다합니다.
- 스트레스를 받거나 지친다고 느껴지면 유아 간호사나 수면 상담사에게 도움을 청합니다.
- 어른이 필요로 하는 욕구도 고려해야 합니다. 아기의 잠은 가족 전체에게 영향을 미치기 때문에 모두의 수면 욕구를 충족시킬 방법을 모색할 필요가 있습니다.

수면과 관련된 추가 정보가 필요하면 킴 웨스트의 『슬립 레이디의 안녕, 잘자The Sleep Lady's Good Night, Sleep Tight』를 추천한다.

PART 2

육체적 돌봄

옷 입히기

아기가 자유롭게 움직일 수 있게 하는 것은 몬테소리 육아에서 중요한 부분을 차지한다. 그러니 아기 옷은 편안하고 피부에 닿았을 때 부드러우며 쉽게 움직일 수 있는 것으로 고른다.

다음과 같은 옷을 찾는다.
- 아기 머리 위로 쉽게 벗길 수 있는 옷: (기모노 상의처럼) 감쌀 수 있는 상의 또는 옷을 입을 때 크게 열 수 있도록 어깨 부분에 단추가 달린 옷을 찾는다.
- 유기농 면, 실크 또는 양모 같은 천연 섬유
- 너무 꽉 끼지 않는 옷(꽉 끼면 움직임이 제한될 수 있다.), 너무 헐렁하지 않은 옷(헐렁거리면 아기가 누울 때 불편하게 주름이 생기거나 안에서 말리고 엉킬 수 있다.)
- 바지와 분리된 상의 그리고 발이 붙어 있지 않는 옷이 움직임에 가장 자유롭다.
- 필요한 경우 발을 감싸는 양말
- 파티 드레스, 데님 소재의 진, 아기 운동화는 특별한 행사(있다면)가 있을 때 입는다.

옷을 입힐 때

옷 입히기는 아기와 연결되는 완벽한 기회다. 부드럽게 다루면서 무엇을 할 것인지 아기에게 말해 준다. 그리고 아기를 들어 올리기 전에 먼저 반응을 기다린다.

입을 옷에 관해 이야기해 준다. 팔이나 다리를 들라고 아기에게 협력을 요청한다. 아기 머리 위로 옷을 입힐 때는 조심하지만 자신감 있게 행동한다. 그리고 가능하면 아기는 최대한 움직이지 않게 한다.

아기에게 선택하게 한다. 어린 아기라도 가능하다. 예를 들어 색깔이 다른 티셔츠 두 개를 보여 주고 아기의 시선이 어느 것에 가는지 또는 어느 것에 아기가 손을 뻗는지 본다. 시간이 지나면서 아기는 좀 더 적극적으로 참여할 것이다. 그러면 티셔츠 소매에 팔을 밀어 넣을 것이고 양말도 스스로 벗거나 입고 싶은 바지를 손가락으로 가리킬 것이다.

시모네는 수업을 참관한 부모들의 놀라는 얼굴을 여전히 기억하고 있다. 아기반 수업을 진행하면서 시모네는 엄마가 화장실에 간 사이 아이가 수업을 들을 준비를 하도록 돕고 있었다. 시모네는 아기에게 코트를 벗겨도 괜찮을지 물었다. 아기는 반대 의사를 보이지 않았다. 그래서 시모네는 먼저 재킷을 벗길 거라고 말하고, 그녀가 조심스럽게 재킷 지퍼를 내리는 모습을 볼 수 있는 자세로 아기를 앉혔다. 그리고 재킷의 왼쪽 팔 벗기는 것을 도와 달라고 아기에게 요청했다. 아기를 다루면서 그녀는 최대한 부드럽게 손을 사용하면서 "이렇게 해도 괜찮아?"라고 물었다. 그리고 다른 쪽 팔도 똑같이 해 코트를 완전히 벗겼다.

이 모습을 지켜보고 있던 다른 부모들도 놀랐다. 그들이 무의식적으로 아기에게 옷을 입히고 벗길 때 하고 매우 달랐기 때문이다. 그러니 천천히 하자. 옷 입히기를 아기와 갖는 특별한 순간으로 만들자. 아기의 눈을 바라보고 항상 존중하며 부드럽게 다가가자.

기저귀 갈기

기저귀를 갈 때 서두르지 말고 그 시간을 아기와 대화를 나누고 연결되는 시간으로 이용하자. 우리가 아기를 존중한다는 것을 보여 줄 수 있다.

기저귀를 갈아 줄 때 다음과 같이 할 수 있다.
- 우리가 하는 말, 제스처에 유의한다. 코를 찡그리거나 "이 냄새 나는 꼬맹이"

라고 말하거나 부정적으로 반응하지 않는다. 대신 "기저귀를 갈아야겠구나." "응가를 했네? 기저귀 바꾸자."라고 말한다. 아기의 반응을 기다렸다가 이후 들어 올린다.

- 기저귀는 사적인 공간에서 갈아 준다. 기저귀를 가는 전용 탁자나 공간이 있다면 이상적이다.
- 기저귀를 갈며 우리가 하는 일에 관해 소통한다. "이제 기저귀를 벗길 거야." 라고 말하고 아기의 반응을 기다렸다가 갈아 준다. 과정을 모두 말하면서 최대한 아기에게 협력을 구한다. "먼저 이걸 채우고 그다음에 이걸 할 거야. 네가 다리 올릴 수 있게 도와줄게."
- 몸의 기능과 부위를 정확한 이름으로 말하며 묘사한다.
- 기저귀를 갈 때는 부드럽게 손을 쓴다. 아기의 다리를 들어 올릴 때 조심스럽게 존중하는 태도로 한다. 잠시 쉬었다가 부드럽게 아기를 만지면 아기가 협력하고 있고, 아주 초기부터도 스스로 다리를 들어 올린다는 것을 알 수 있게 된다.
- 가능하면 항상 똑같은 방법으로 같은 장소에서 기저귀를 간다. 아기들은 예측할 수 있는 상황에서 잘 자란다.
- 아기가 가구를 짚고 일어설 줄 알게 되면 기저귀를 갈 때 누워 있는 것을 싫어할 수 있다. 아기가 눕는 자세를 불안해한다는 것을 이해한다. 그럴 때는 아기를 서게 하고 어른은 낮은 의자에 앉아서 기저귀를 갈아 준다. 연습이 조금 필요하지만 아기의 저항을 줄일 수 있다. 배변을 한 뒤 닦아 줄 때 아기 몸을 앞으로 기울이고 손은 욕조를 잡게 할 수 있다.
- 기저귀를 갈고 엉덩이를 닦아 줄 때 감염을 방지하기 위해 앞에서 뒤로 닦는 게(여자아이들은 특히) 위생적이다.

생후 12개월 동안 우리는 아기가 향후 화장실 사용을 독립적으로 할 수 있는 토대를 놓는다. 아기가 스스로 아기용 변기나 화장실 변기를 사용할 거라는 말은 아니다. 하지만 다음과 같은 것을 알게 될 것이다.

- 천 기저귀나 두꺼운 속옷("배변 훈련 팬티"라고도 부른다.)을 사용하면 아기는 젖어 있다는 느낌을 알고 자유롭게 움직일 수 있으며 쉬나 응가를 했을 때를 더

잘 느끼게 될 것이다. 요새 사용하는 일회용 기저귀의 성능이 워낙 좋아서 계속해서 뽀송한 상태를 유지해 주므로 아기가 오줌을 쌌을 때 젖었다는 느낌을 놓치곤 한다. 젖었다는 느낌은 이후 혼자 화장실 사용하는 법을 배울 때 반드시 알아야 하는 요소다.

• 기저귀를 갈 때는 적절한 용어를 사용한다. 우리는 아기에게 몸이 어떻게 작동하며 몸의 기능에 대해 부끄러워하지 않아야 한다는 점을 가르친다.

아기가 옷 입는 것 또는 기저귀 가는 것을 거부할 때

아기가 옷 입기나 기저귀 가는 것에 저항한다면 다음 몇 가지를 고려해 봐야 한다.

1. 아기가 다음 단계로 갈 준비가 되었다고 말하고 있는 것은 아닐까? 큰 아기는 이 과정에서 자신이 좀 더 주도하기를 바랄 수 있다. 기저귀를 가는 동안 몸을 꼼지락거려 빠져나가려는 아기는 아마도 일어선 상태로 기저귀를 갈거나 아기용 변기에 관심을 보일 수도 있다.
2. 그렇다면 아기를 참여하게 한다. 예를 들어 아기가 머리 위로 셔츠를 올려 벗게 두고, 정해진 범위 안에서 아기가 티셔츠를 고르게 한다. 일단 걷기 시작했다면 아기가 바지를 들고 가도록 하고 나머지를 우리가 운반한다.
3. 옷을 입히거나 기저귀를 갈기 위해 아기의 놀이를 방해하고 있지는 않은가? 그렇다면 아기가 하고 있는 활동을 끝낼 시간을 주고 다 끝나면 기저귀를 갈 거라고 알려 준다.
4. 유머와 우스꽝스러운 노래 부르기를 과소평가하지 않는다. 아기의 주의를 돌리려는 시도가 아니라 이것도 일종의 연결을 위한 하나의 방식이다.
5. 아기를 이해하고 아기가 어떤 식으로 느낄지 이해하려 노력한다. "짜증이 나는 거니?" 또는 "만지는 게 싫어서 그래?"라고 말해 본다.

아기가 옷을 입거나 기저귀를 갈고 싶어 하지 않는데 우리는 집에서 나갈 준비를 해야 하는 경우가 있다. 이런 일이 일어나고 앞서 언급한 모든 일을 끝냈다면 가능하면 최대한도로 부드럽게 옷을 입히거나 기저귀를 간다. 이럴 때 "스포츠캐스팅"이 유용할 수 있다. 스포츠 캐스터가 스포츠 게임의 자세한 상황을 중계하듯 큰 소리로 아기에게 무슨 일이 일어나고 있는지 객관적으로 묘사해 준다.

최대한 손을 부드럽게 써서 아기에게 무슨 일을 할 것인지 말해 주고, 아기가 그 것을 처리할 시간을 주고, 이해하려고 노력한다. "네가 나를 때 내려고 하는구나. 그런데 너한테 깨끗한 기저귀를 채워 주는 것이 나한테는 중요해. 그게 싫어? 자, 이제 부드럽게 너를 들어 올릴게… 이건 힘들었어. 그렇지?" 이런 식으로 말한다.

아기는 우리가 그들을 존중하고 부드럽게 그들이 필요로 하는 육체적 돌봄을 한 다는 것을 안다. "부드럽게 하고 있어."라고 말한다. 특히 아기가 저항할 때를 포함 해 항상 부드럽게 대해야 한다는 것을 기억한다.

목욕시키기

옷 입히기, 기저귀 갈기와 마찬가지로 아기를 목욕시킬 때 우리는 최대한 부드 럽고 차분하게 그리고 확신을 갖고 아기와 연결되길 원한다. 대부분의 아기는 목 욕을 하면 아주 편안해하며 즐거워한다. 특히 신생아를 목욕시킬 때는 예상하지 않은 움직임은 제한하도록 한다. 움직임은 최소로 그리고 최대한 효율적으로 하며 항상 아기의 머리를 받친다. 몬테소리 훈련에서 우리는 아기를 매번 똑같은 순서 로 목욕시키는 요령을 연습한다. 그러면 아기를 다룰 때 최대한 부드럽게 하면서 적절하게 지원하는 법을 찾는데 더욱 확신을 가질 수 있다.

아기를 목욕시킬 장소의 온도는 조금 더 따뜻하게 한다. 목욕물은 5센티미터에 서 10센티미터 높이까지 채우고 물의 온도는 체온 정도(가장 정확하게 측정하려면 손 목을 이용한다.)로 맞춘다. 아기가 떠오를 수 있을 만큼 물이 충분해야 하고 손으로 부드럽게 아기를 받친다. 아기를 닦을 수건을 펼쳐 놓는 것을 포함해 필요한 모든 것을 준비해 둔다.

아기를 목욕시킬 때는 천천히 움직이고 생식기를 포함해 몸의 모든 부위에 똑같 은 압력을 줘서 아기가 신체 도식(자기 몸이 어떻게 구성되었는지 보여 주는 것)에 대 해 완전한 감각을 갖게 한다. 목욕을 시킬 때 아기와 이야기하고, 미소 짓고, 시선 을 맞춘다. 세계보건기구는 아기의 첫 번째 목욕은 생후 최소한 24시간이 지난 다음에 시킬 것을 권한다. 아기를 매일 목욕시킬 필요는 없다. 일주일에 세 번 정도면 적당하다.

추천 영상

탈라소 베인 베베Thalasso Bain Bébé의 온라인 동영상을 보고 아기를 얼마나 부드럽게 다룰 수 있는지 생각해 보라. 목욕을 하면서 서로 안고 있는 쌍둥이 동영상도 있다.

차 타고 여행하기

카시트는 아기의 움직임과 주변을 둘러보는 것을 제한한다. 하지만 안전을 위해 카시트는 필수적이니 아기를 카시트에 태워야 할 때 최대한 존중하고 이해하며 부드럽게 손을 쓴다.

차에 타기 전에 아기가 배고프지 않게 하고 기저귀도 갈아 준다. 자동차 좌석에 아기를 놓을 거라고 말한다. 그리고 아기의 월령에 맞춰 협력을 요청한다. 가령 팔을 달라고 해서 안전벨트 사이를 통과시킨다. 자리에 앉았다면 흑백 그림책, 자연에서 가져온 사물들을 걸어 놓고 아기가 보게 하거나 보드북을 둬서 아기가 잡아당기거나 이로 물면서 살펴보게 한다. 우리가 즐기는 음악이나 클래식 음악을 아기가 즐기기도 한다. 좀 더 크면 오디오북에도 흥미를 느낄 수 있다.

아기는 우리가 느끼는 불편한 감정 등을 감지하니 자신 있게 행동해야 한다. 아기가 차에 있는 것을 즐기지 않는다면 자동차 여행 전부터 걱정되기 시작할 것이다. 그러면 아기도 이런 감정을 포착해 공유한다.

아기 매기

대부분의 아기는 아기 캐리어에 태우거나 아기 띠로 매고 움직일 때 안정감을 느끼고 진정된다. 그리고 아기들은 그들에게 특별한 사람들의 냄새를 맡을 수 있을 만큼 가까이 있는 것을 좋아한다. 아기 캐리어를 사용하면 대중교통, 슈퍼마켓 또는 집 근처에서 양손이 자유로워야 할 때 융통성을 발휘할 수 있다. 아기가 진정하지 못하면 아기를 우리 가슴 가까이 대고 있는다. 아기가 잠을 자지는 못해도 휴식을 취할 수 있다. 특히 공생 기간에 이렇게 아기를 매고 있으면 아기가 자궁에서 바깥세상으로 이행하는 과정에 도움을 줄 수 있다. 다양한 아기 캐리어가 있으니 당신의 등을 충분히 지지하고 아기가 커가면서도 쓸 수 있는 것을 찾아본다.

우리는 아기가 스스로 몸을 움직일 기회를 주는 것을 좋아한다고 밝혔다. 그래서 바닥에 매트를 깔고 그 위에서 활동하는 시간을 준다. 아기가 기어 다니기 시작하고 걷기에 첫 발을 내디디면 매트 바깥에서 역시 기어 다니고 자유롭게 걸을 기회를 준다. 그리고 먼 거리를 가야 할 때는 아기 캐리어를 사용한다.

이가 나는 시기

이가 나는 시기를 아무런 문제 없이 보내는 아기가 있다. 하지만 당신의 아기가 계속해서 침을 흘리고, 보통은 안 그러다가 언제부터인가 밤에 깨기 시작하고, 평소 누는 대변과 다르고, 가끔 엉덩이가 빨갛다면 이것은 모두 이가 나고 있다는 신호다.

아기를 관찰하고 천연 젖니용 젤이나 파우더를 사용해 좀 더 편안하게 해 준다. 또한 턱을 닦도록 손에 헝겊을 씌워 주고, 침을 계속해서 흘린다면 스카프를 목에 둘러서 침을 닦아 준다. 차가운 것을 빨면 약간 안정을 찾는 아기들도 있으니 천연 재료로 만든 깨물 수 있는 놀이감을 냉장고에 보관했다가 준다.

다행히도 일단 이가 나오면 (다음 이가 나올 때까지) 아기의 규칙적 리듬을 다시 세울 수 있다. 부드러운 헝겊이나 칫솔 또는 물로 새롭게 생긴 아기의 이를 닦아 준다.

고무젖꼭지 사용하기

몬테소리 교육자들은 대부분 고무젖꼭지 사용을 권장하지 않는다. 아기가 입에 항상 무엇인가를 물고 있으면 자기가 필요로 하는 바를 소통하지 못한다. 아기의 울음은 모두 의미가 있으니 고무젖꼭지를 물려 멈추게 해서는 안 된다. 그리고 아주 어린 아기는 스스로 고무젖꼭지를 입에 넣지도 빼지도 못한다.

고무젖꼭지를 사용하면 영아 돌연사 증후군의 위험을 줄일 수 있다고 말하는 연구가 있다. 고무젖꼭지가 불안해하는 아기를 진정시키는 역할을 하고, 오랫동안 울지 않고 아기가 잠드는 데도 도움을 준다면 적절히 제한해서 사용한다. 고무젖꼭지를 침대 가장자리에 둔 상자 안에 보관하면, 낮 시간에 조용한 분위기를 원할 때 꺼내서 아기에게 물리고 싶은 유혹을 받지 않을 것이다. 고무젖꼭지 사용은 최대한 빨리 끊으려 할수록 끊기가 쉬워서 아기가 애착을 갖지 않게 된다. 생후 첫해에 끊을 수 있다면 아주 이상적이다.

아기에게 너희는 자라고 있으니 스스로 안정시킬 새로운 방법을 찾도록 도와주겠다고 설명한다. 고무젖꼭지를 빨면 종종 신경 체계를 이완하는 데 도움이 되는 면이 있다. 그렇다면 고무젖꼭지를 쓰지 않으면서 이완할 수 있는 다른 여러 가지 방법들을 찾아보기로 하자. 다음의 방법들을 고려해 볼 수 있다.

- 책이나 부드러운 놀이감을 꼭 안기
- 빨대가 달린 물병 사용하기
- 목욕 후 얼른 수건으로 문지르기
- 따뜻한 기분이 들도록 베어 허그(강하게 포옹하기)
- 목욕 놀이감을 쥐어짜 보기
- 등을 천천히 부드럽게 쓸어 주기

일반적으로 이행은 놀라울 정도로 쉽게 이루어진다. 하지만 좀 더 오래 걸리는 아기도 있다는 점을 이해한다. 확실하게 고무젖꼭지를 사용하지 않을 거라면 집에서 완전히 없애는 것이 좋다. 우리가 일관성을 가져야 아기도 새로운 방식을 이해하게 되기 때문이다. 없애는 것을 아기가 보게 하는 것도 도움이 될 수 있다.

엄지손가락이나 다른 손가락을 빠는 것이 고무젖꼭지 사용하는 것보다 나은지 묻는 사람들이 있다. 아기가 손가락을 입에 넣는 것과 얼마나 자주 넣을지 조절하기 때문에 그편이 나을 수 있다. 우리 입장에서도 관찰을 통해 언제, 왜 아기가 손가락을 빠는지 알아낼 수 있으며 그 욕구를 충족시킬 다른 방법을 찾을 수 있다. 예를 들어 지루할 때 손가락을 빤다면 손으로 만지고 조작할 무엇인가를 준다.

공유하기

12개월에서 16개월에 가까워지기 전까지 아기에게는 대개 공유하기와 놀이감 소유의 개념이 없다. 생후 첫해 아기는 보통 한 가지를 가지고 놀다가 다른 것으로 옮겨 가는 식으로 탐색을 한다. 한 아기가 가지고 노는 것을 다른 아기나 아이가 보고 흥미를 느껴 손에서 빼앗으면 물건을 빼앗긴 아기는 가지고 놀 다른 것을 찾는다.

큰 아이가 종종 아기의 물건을 빼앗으면 아기는 물건을 꼭 쥐는 법을 배워 빼앗기지 않으려 할 것이다. 이때 우리는 큰 아이에게 "아기가 먼저 그 놀이감으로 놀고 싶은가 봐."라고 설명하며 아기의 입장을 통역해 줄 수 있다. 이는 아기에게 장난감을 먼저 가지고 놀 수 있고 다 끝나면 다른 아이가 가지고 논다는 것을 시범 보이는 것이 된다.

아기가 다른 아이의 물건을 빼앗는다면 물건을 가지기 전에 먼저 물어보는 법을 시범 보이는 것이 좋다. "그거 가지고 놀고 싶어? 그럼 친구가 다 가지고 놀았는지 물어보자." 다른 아이도 그 놀이감을 계속 가지고 있고 싶어 하는 것으로 보이면 우리 아기에게 "지금은 친구가 가지고 놀고 싶은 가 봐. 조금만 있으면 네 차례가 올 거야."라고 말한다. 그러면 아기는 보고 기다리는 법을 배우거나 가지고 놀 다른 것을 찾을 것이다.

배앓이와 반사

아기가 "자주, 계속해서 심하게 울거나 야단법석을 떠는데" 이유를 알 수 없다면 배앓이를 의심해 볼 수 있다. 유아 반사는 "음식이 위장에서 거꾸로 올라와(역류) 아기가 내뱉을 때 일어난다." (메이오 클리닉Mayo Clinic)

배앓이와 반사는 모두 아기를 신경질적으로 만든다. 생후 3개월에서 4개월쯤 되면 아기의 소화 체계가 좀 더 성숙해지기 때문에 두 가지 반응이 모두 다 완화되니 그때까지 참으며 버틸 수밖에 없다고 많이 조언한다. 하지만 그런 조언은 아이가 울면서 고통스러워하는 모습에 마음이 아프고 지쳐 스트레스가 쌓인 부모에게는 전혀 도움이 되지 않는다.

몬테소리의 모든 것이 그렇듯 역시 관찰할 것을 권한다. 모유 수유를 하고 있다면 엄마가 먹은 것, 아기 분유의 성분, 언제 우는지, 얼마나 울며 증상이 얼마나 오랫동안 지속되는지 적는다. 아기가 다리를 올리거나 불편한 얼굴을 하는지, 수유 때 어떻게 젖을 무는지, 설소대가 짧거나 구순구개열(입술이나 잇몸 또는 입천장이 갈라져 있는 선천적 기형)이 있는지, 심하게 피곤하거나 심하게 자극을 받고 있지는 않는지 살펴본다. 일정한 패턴이 있는지 찾아보고 그것을 의사나 소아과 의사에게 문의한다. 알레르기, (딸기 같은 음식에) 히스타민 과민증, 장 폐색, 세균 과다 증식, 궤양 또는 가끔씩 음식이 소장으로 들어가는 것을 방해하는 현상 또는 위장이 횡격막을 밀어서 압박하는 현상과 같은 육체적 문제점은 의학 전문가에게 조언을 구한다. (출생 시 외상이나 둔위-출산 시 아기가 머리가 아닌 다리부터 나오는 것-가 배앓이를 유발할 수 있다고 보는 연구도 있다.)

좋은 소식은 아기의 울음이나 고통이 정상적이지 않다는 자신의 직관을 따르는 많은 부모가 근본적 원인을 찾아낼 수 있다는 것이다. 그러는 동안 우리는 아기와 몸을 접촉하고 함께 시간을 보내며 최대한 그들을 편안하게 해 준다. 자주 배를 가볍게 압박해 주면 도움이 된다. 아기의 배가 우리 몸에 닿게 하여 올려놓거나, 침대나 카펫같이 더 부드러운 표면에 배를 대고 있는 터미 타임을 가지며 아기를 살펴본다. 우리 자신도 돌봐야 하니 가능하다면 지원을 받는다. 매일 일정한 시간 동안 다른 사람이 아기를 돌보게 할 수 있다. 계속해서 아기 울음을 듣는 것은 부모로서도 피곤하고 감정적으로 힘든 일이기 때문이다.

영상 노출

몬테소리는 아이가 실제 현실에서 경험을 통해 주변 세상을 이해하기를 바란다. 아기가 세상을 경험한다는 것은 몸으로, 손 그리고 입을 써서 안다는 것이다. 이런 경험을 영상screen에서 복제할 수는 없다. 그래서 우리는 아기에게 영상을 권하지 않는다. 우리 자신이 영상을 사용하는 것도 조심하는 것이 좋다. 아기 앞에서는 최대한 영상 사용을 자제한다.

카페에서 아기가 지루해한다면 영상을 보여 주기보다는 주변을 잠시 돌아보며 무슨 일이 벌어지고 있는지 알려 주거나, 창밖에 지나가는 교통수단이나 사람들을 본다. 또는 집에서 아기가 좋아하는 물건들을 작은 주머니에 담아 와 탐색하게 한다. 아기가 혼란스러워하거나 속상해할 때 영상을 보여 줘서 주의를 흐트러트리기보다는 다정하게 안아 주고 진정시키는 말을 해 주며 인내심을 갖고 대한다.

PART 3

일반적인 질문

아기 행동에 변화(때리기/던지기/물기/밀기)가 생길 때 무엇을 해야 할까?

태어날 때부터 강한 선호도를 보이는 아기가 있는가 하면, 먹거나 자는 등의 욕구를 보호자에게 말할 때를 빼고는 아주 태평해 보이는 아기도 있다. 그러다 9개월에서 12개월이 되면 아기는 선호도를 보이기 시작한다. 그러면 아기는 우리를 때리거나 물건을 던지고 깨물기도 하고, 우리 또는 다른 아이를 밀기도 한다. 우리가 뭐라고 말하거나 행동해도 상관없이 자기만의 강한 의지를 갖는 것처럼 보인다.

아직은 제한적인 소통 기술을 가진 아기가 무엇인가 중요한 것을 말하려는 것이다. 이럴 때 아기를 그저 "장난꾸러기"로 생각하기보다는 "내 아이가 왜 이런 행동을 하는 걸까?"라고 스스로에게 물어본다.

- 아기가 우리를 때린다면, 지금 벌어지는 일이 싫다고 말하는 걸까? 우리가 무엇인가를 치웠다고 말하는 건가? 아기를 어떻게 안고 있지? 등을 생각해 본다.
- 아기가 뭔가를 던진다면, 놀이감이 너무 어렵거나 혹은 너무 쉬운 걸까? 물건이 어떻게 떨어지는지 실험을 하고 있는 걸까? 원인과 결과에 대해 배우고 있는 것일까? 이걸 위험하거나 파괴적이지 않게 해 볼 수 있는 다른 방식이 있지 않을까?
- 아기가 우리를 문다면, 배가 고픈 것은 아닐까? 불편하고 불안한 것은 아닐까? 이가 나는 것은 아닐까?
- 아기가 우리 또는 다른 아이를 민다면, 아기를 위해 통역을 해 줄 수 있지 않을

까? "여기를 지나가려고 하는 거니?" 또는 "지금 저 놀이감을 가지고 놀고 싶은 거야?"라고 말할 수 있지 않을까?

이렇게 우리가 먼저 아기를 이해하려 노력한다. 그리고 "~라고 말하고 싶은 거야?"라고 통역을 하거나 추측해 본다.

우리는 아기에게 우리/아기 자신/다른 사람/환경을 다치게 두지 않을 거라고 다정하지만 확실하게 알려준다. 아기가 요구하는 것을 충족시켜 줄 다른 방식을 찾아본다. (예를 들어 사람이 아닌 쿠션을 치게 한다.) 필요하다면 방에서 또는 상황에서 아이를 데리고 나오거나 분리해 아기가 진정할 때까지 함께 앉아 있는다.

그래서 진정을 하면 아기와 연결되는 시간을 갖고, 필요하다면 잘못한 것을 고치는 법을 시범 보인다. 예를 들어 친구에게 사과하기, 다른 아이가 다쳤을 때 휴지나 젖은 헝겊을 주기, 던진 물건을 제자리에 가져다 놓기 등을 시범 보인다. 아기는 유아로 성장하면서 상한 감정이나 실수를 바로잡는 법을 배울 것이다.

초기에 나타나는 골 부리기 현상

아기가 걷잡을 수 없을 정도로 울고 있을 때는 우리가 하는 말을 잘 듣지 못할 것이다. 그때는 안고 만져 준다. 만약 만지는 것을 싫어하면 가까이 있기만 한다. 어떤 감정이 되었든 먼저 그것을 발산하고 그다음에 진정하도록 도와준다. 그래서 아기가 진정하면 그때 월령에 맞게 설명을 짧게 해 주고 아기와 함께 정리를 한다. 필요하다면 사과하기 시범을 보인다. 이는 아기가 유아로 성장하는데 필요한 기본 토대를 놓는 작업이다. 그리고 아기는 독립성을 발휘하기 시작할 것이다.

골 부리기와 고집이 세지는 것은 발달에서 중요한 단계다. 아기가 이 시기를 겪어 내도록 우리는 도움을 주는 가이드 역할을 해야 한다. 먼저 감정을 표현할 공간을 주고 진정하도록 도와준다. 필요하다면 잘못된 것을 바로잡는 것도 지원한다.

관찰

그래도 그런 행동이 계속되면 그것을 촉발하는 것이 무엇인지 객관적으로 관찰하는 것을 연습하고, 거기서 얻은 정보를 이용해 행동 촉발을 제한한다. 예를 들어 식사 전, 특정 환경에서, 어떤 특정한 아이들과 있을 때 또는 공간이 매우 자극적일 때(예민한 아이는 이런 자극이 촉발제 역할을 하기도 한다.) 이런 행동을 하는 것인지 관찰하고 메모해 둔다. 아이가 감당하기 어려운 행동을 할 때 다음을 관찰할 수 있다.

- **시간**: 언제 이런 행동을 했는가? 아기가 배고프거나 피곤해하는가?
- **변화**: 이가 나고 있는가? 새집으로 이사 등 집에 변화가 있는가?
- **활동**: 행동이 촉발되었을 때 아기는 무엇을 하고 있었는가? 무엇을 가지고 놀고 있었는가?
- **다른 아이**: 주변에 아이가 얼마나 많았는가? 그 아이들은 같은 나이인가? 더 어리거나 더 큰 아이들인가?
- **표현한 감정**: 그런 행동을 하기 바로 전에 아기는 어때 보였는가? 잘 놀고 있었는가? 짜증이 났는가? 혼란스러워했는가?
- **환경**: 아이가 성질을 부리는 환경을 살펴본다. 부산스러운가? 색깔이 너무 많거나 자극적이지는 않은가? 방 주변에 아이들이 만든 미술 작품이 많은가? 감각적 주입이 너무 많지는 않은가 아니면 평화롭고 고요한가?
- **어른**: 어른이 어떻게 반응하는가? 어른의 말이나 행동이 상황을 더 불안하게 만들지는 않는가?

골 부리는 행동 방지하기

우리는 관찰을 통해 아이가 골 부리는 행동의 패턴을 알아낼 수 있고, 아이를 지원할 방법도 알아낼 수 있다. 다음은 예시다.

- **밥 먹기 바로 전에**: 아기가 너무 배고파지기 전에 간식으로 깨물어 먹을 수 있는 사과처럼 단단한 먹을 것을 준다. (신경 체계를 이완시키기에 좋다.)
- **이가 날 때**: (차갑고) 다양한 이가 날 때 사용하는 놀이감을 준다.
- **탐색**: 아기가 이로 놀이감을 탐색하게 둔다.
- **환경**: 주변 환경을 차분하게 만들기 위해 자극의 양을 줄인다.
- **소음**: 주변과 상황이 아기에게 너무 시끄럽다고 판단되면 아기를 다른 곳으로 데려간다.

- **개인적 공간에 민감할 때:** 아기가 구석에 있지 않도록 하고 개인적 공간이 충분하지 않은 상황을 처리한다.
- **심한 장난을 칠 때:** 장난으로 또는 애정을 보여 주려는 의도로 깨무는 아기들이 있는데, 배에다 라즈베리 불기를 하는 경우처럼 무엇인가 오해하고 있을 수 있다. 이때는 안아 주거나 서로 합의한 상태에서 하는 거친 놀이처럼 애정을 표현하는 다른 방법이 있다는 것을 보여 준다.
- **사회적 상호 작용 배우기:** 아기가 다른 아이를 밀면 아마 "우리 놀래?"라고 말하는 것일 수 있다. 이때는 아기가 시간이 지나며 배우게 될 말로 표현하는 법을 시범 보인다.
- **청력과 시력 점검:** 둘 중 하나라도 문제가 있으면 아이는 방향을 못 잡고 혼란스러워하고 공격적으로 반응할 수 있다.
- **이행:** 하루 일정이 충분히 예측 가능한가? 하나에서 다른 것으로의 이행이 아기에게 어려운 것은 아닌가? 아기가 하고 있는 일을 끝낼 충분한 시간을 준다. 아기가 자유롭고 체계화되지 않은 놀이를 할 수 있게 한다.
- **아기의 신경 체계를 진정시키기:** 마사지나 빅 베어 허그(따뜻하게 꼭 안아 주기)처럼 아이의 신경 체계를 진정시키는 아이디어에 대해서는 236쪽을 참고한다.

아기가 어른에게서 떨어지지 않으려고 하면 어떻게 해야 할까? 분리 불안이 있다면?

좀 더 독립적인 아기가 있는가 하면 어른에게 계속 달라붙어 있는 아기도 있다. 가끔 아이들과 많이 놀게 되기도 하는데 그러다 보면, 아기는 어른에게 의존해 어른이 즐겁게 해 주기를 바라기 시작한다. 이는 아기의 성격(시간이 지난다고 반드시 변하는 것은 아니지만 우리가 아기에게 요령과 기술을 알려주는 것)과 어른인 우리가 하는 행위(우리가 통제하는 것)의 결합으로 인한 결과라고 할 수 있다.

몬테소리는 어른이 하도록 허용하면 아기는 무엇인가를 할 수 있는 능력을 지닌 존재로 생각한다. 우리는 아기가 만들어 내는 소음, 팔다리의 움직임, 무엇인가에 손을 뻗어서 만지고 무엇을 치려는 시도 등 그들이 세상에 미치는 영향을 아기가 보고 알 수 있게끔 시간을 주려 노력한다.

먼저 우리가 아기의 발달에 방해가 되지는 않는지 알아볼 필요가 있다. 아기의 놀이를 방해하고 있지는 않은가? 아기를 먹이고, 재우고, 깨어 있는 동안 즐겁게 해 주기 위해 너무 많은 일을 하고 있지는 않은가? 그러지 말고 대신 먼저 아기에게 (필요하다면) 도움이 얼마나 필요한지 관찰을 한다. 이는 매주, 매일, 가끔은 매 시간 바뀌고 다를 수 있으니 계속해서 아기를 관찰해야 한다.

아기를 즐겁게 해 주는 것에 익숙해 있다면 차차 함께 즐겁게 만드는 것으로 이행할 수 있지 않을까? 함께 하다가 그다음에는 아기가 주도하는 형태로 바꿔 가는 것은 어떨까? 아기가 항상 안아 주기를 원한다면 짧은 시간 동안 아기 혼자 바닥에 있을 수 있다는 것을 보여 줄 수 있지 않을까? 아기와 나란히 누워 있을 수도 있다. 처음에는 바로 옆에 누워 있다가 시간이 지나면서 차차 10센티미터 정도씩 떨어진다. 주전자를 올리기 위해 잠시 부엌에 가야 할 때 아기에게 어디에 가는지 알려 주고 바로 돌아온다. 방해하지 않으면서 아기가 새롭게 알게 된 흥미로운 주제를 스스로 발견하게 한다. 이러면 아기는 우리가 어디론가 갔다가 다시 돌아온다는 대상 영속성을 경험하게 될 것이다.

아기는 우리의 에너지를 감지해 흡수한다. 하루종일 그들을 안고 있어야 하는 것 때문에 답답하다고 느끼기 시작하면, 아기는 우리가 불편하다는 것을 감지하고 더 심하게 매달릴 수 있다. 바닥에 내려놓고 놀게 하거나 다른 사람들이 대신 돌보게 하는 것에 대해 우리가 확신을 하지 못하면, 아기는 이것을 감지해 다시 더 매달릴 수 있다. 아이를 도울 때 우리 자신이 확신을 가져야 아기에게 스스로 할 능력이 있다고 보여 줄 수 있다. 그러면 아기는 애착과 분리 사이에서 균형을 찾을 것이다.

6개월에서 16개월까지 아기는 분리 불안을 경험할 수 있다. 이 시기의 아기는 우리가 어딘가 갔다가 다시 돌아온다는 것을 배우는 과정 중에 있다. 그리고 우리가 가까이에 있기를 원한다. 아기가 짜증 내고 힘들어하는 것을 보고 있기는 쉽지 않지만 이 시기를 잘 넘기도록 도울 수 있는 방법이 있다.

1. 떠날 때 "이제 부엌에 갈 거야."라고 말로 신호를 준다. 부엌에서는 아기를 향해 크게 "엄마 부엌에 있어."라고 말한다. 그리고 돌아와서는 "부엌에 갔다 왔어. 우리 아기 다시 보니 너무 반갑네?"라고 말한다.
2. 아기에게서 떨어져야 할 때 긍정적인 소통을 한다. 아기는 우리가 느끼는 걱

정이나 두려움을 감지해 흡수하기 때문이다.

3. 새로운 보호자, 보조 양육자를 아기에게 소개할 때 먼저 보호자를 집으로 초대해 함께 있으면서 아기가 알게 한다. 그러면 새로운 보호자는 아기에게 새로운 기준점이 된다. 아기가 새로운 보호자와 있는 동안 엄마는 다른 방에 가 있는다. 이런 식으로 집에서 떠나 있는 시간을 늘리는 연습을 한다.

4. 방의 정돈 상태, 아기의 매일의 리듬, 먹는 음식 등 다른 기준점도 일관성 있게 유지한다.

5. 새롭게 어린이집에 가기 시작했다면 일단 먼저 방 한쪽에 아기와 함께 앉아 있는다. 다리 사이에 아기를 두고 아기가 기어가거나 걸어서 새로운 곳을 탐색할 준비를 하기까지 기다린다.

6. 가까운 곳에 익숙한 우리 냄새가 밴 물건을 남긴다.

아기가 안정적으로 애착을 형성했을 때, 우리가 믿는 보호자를 선택할 때 아기는 다른 사람 그리고 자신을 신뢰하는 법을 배운다.(안정적 애착에 대해서는 121쪽, 아기와 헤어지며 인사하는 법에 대해서는 282쪽을 참고한다.)

어떻게 하면 아기가 물건을 만지지 못하게 할 수 있을까? 아기는 언제쯤이면 입에 물건을 집어넣지 않을까?

아기가 물건을 만지고 입에 넣는 것을 막을 수는 없다. 아기는 타고난 탐험가다. 그들은 움직여서 주변 세상을 탐험해야 하는데, 이를 위한 최고의 방법은 눈에 보이는 것을 만지고 가장 민감한 신체 부분인 입으로 가져가는 것이다.

아기 입에 있는 신경들은 몸에서 미엘린화가 가장 빨리 이루어진다.(신경이 신호를 좀 더 효율적으로 통과하게 만들 수 있는 장소가 입이다.) 그래서 출생 때부터 아기는 효율적으로 먹을 것을 공급받을 수 있는 것이다. 입은 가장 민감하면서, 아기가 다니는 경로에 있는 모든 것을 탐색하기에 가장 적합한 신체 기관이다.

출생 후 첫해가 끝나갈 무렵에서 16개월쯤 되면 미엘린화가 신체의 주변부인 손으로까지 확장돼서 손이 더욱 민감해질 것이다. 그리고 발달에서 구순기는 슬슬 끝나가기 시작한다. 14개월 된 아기가 동전을 입에 가져가면, 동전을 박스에 있는 슬롯 구멍에 넣는 시범을 보인다. 그러면 아기는 동전을 입에 넣기보다 슬롯에 넣는 활동에 더 흥미를 갖게 될 것이다.

고무젖꼭지나 물병을 많이 빠는 아기들처럼 빨기를 좋아하는 아이는 발달상 구순기가 더 길어질 수 있다. 고무젖꼭지나 물병을 사용하지 않으면 구순기는 쉽게 끝날 것이다.

어른이 해야 할 일과를 마쳐야 할 경우 어떻게 해야 할까?

몬테소리는 양육을 할 때 아이에게 초점을 맞춘 접근법을 사용한다. 우리는 아이를 존중하고 아이가 필요로 하는 바를 충족시켜 주기 위해 최대한 노력한다. 하지만 어른은 요리, 청소, 심부름, 기타 할 일 또는 즐기는 일 등을 매일 해야 한다.

공생 기간에(출생 후부터 6주 또는 8주까지) 파트너(있을 경우)와 도움을 줄 수 있는 인원(가족, 친구, 가능한 경우 청소를 해 줄 사람)에게 집안일을 부탁해 엄마는 새로 태어난 아기와 연결되고, 수유하는 법을 정립하고, 휴식할 시간을 갖는다. 아주 체계적인 사람이라면 미리 음식을 준비해 놓고 냉동고에 저장해 둘 수도 있다.

공생 기간이 끝나고 그 이후 최고의 도움을 받고 있어도 아기를 돌보는 일은 물론 요리나 세탁 등 집안일을 해야 할 때가 많을 것이다. 아기의 낮잠 시간을 잘 이용하자. 아기의 낮잠 시간은 엄마의 휴식 시간으로 쓰는 게 좋지만 그렇게 하기 어려운 경우가 많다. 할 일이 우리를 기다리고 있을 테니 어떻게든 휴식 시간을 만든다. 그런 날도 금방 지나갈 것이다.

점점 더 깨어 있는 시간이 많아지면서 아기는 우리 일상의 여러 국면을 흡수하는 것을 즐길 것이다. 몬테소리는 아이가 일상생활에 참여하는 것을 권한다. 출생 때부터 시작할 수 있다. 일할 때 아기를 가까이 둔다. 처음에 아기는 우리 팔에 안겨서 관찰을 하거나 가까운 곳에 깔아 둔 담요 위에서 놀고 있을 것이다. 아기 캐리어에 태워 어딘가로 이동하는 중에도 아기는 관찰을 할 것이다. 그러다가 손을 뻗어 사물을 만지며 탐색할 것이다. 시간이 지나면서 일상의 과정에 아기가 참여할 수 있게 된다. 다음은 몇 가지 예시다.

- 우리가 하고 있는 일을 아기에게 말해 준다. 모든 것을 보여 주고 아기가 만질 수 있게 한다.
- 식사 준비를 하는 것은 가족에게 줄 선물을 준비하는 것과 같다. 그리고 아기는 우리의 의도, 언어 그리고 연결을 모두 흡수할 것이다.
- 슈퍼마켓에 갈 때 아기가 깨어 있으면 함께 물건을 찾고, 장바구니에 들어가는 물건의 숫자를 세고, 노래를 부를 수 있다.

이런 일이나 심부름은 서둘러 해치울 일, 단순히 우리가 해야 하는 일이 아닌 아기와 연결되는 시간이 될 수 있다.

저렴한 비용으로 몬테소리를 할 수 있을까?

몬테소리와 값비싼 나무 장난감을 동의어로 생각하는 사람들이 있다. 하지만 몬테소리의 진정한 목표는 교구나 도구가 아니라 아기를 능력 있는 존재로 보고 그들을 사랑하고 존중하며 부드럽게 대하는 법을 찾는 것이다.

일상생활에 아기를 참여시키고 이미 우리가 가지고 있는 것을 사용하게 한다. 새로운 장난감은 필요 없다. 아기는 우리와 함께 있는 것을 좋아한다. 우리가 요리하는 동안 아기는 아마도 부엌 찬장 안을 탐색할 것이다. 그러니 비싼 계단 오르기 세트를 사는 것보다 현관 앞에 있는 계단으로 오르기를 연습하고, 그네 세트를 사는 대신 나무에 매달아 둔 낡은 타이어를 그네 삼아 타면 된다.

몬테소리 교구는 직접 만들어 쓸 수도 있다. 예를 들어 몬테소리 모빌은 수공예품점에서 재료를 사거나 집에 있는 것을 이용해서 만든다. 중고품을 사서 써도 된다. 나무 놀이감, 아기 친화적 가구 등을 지역 중고품 상점에서 찾아보자. 아기가 자라면 가구나 기타 교구, 도구의 사용 목적을 다시 설정해 사용한다. 예를 들어 낮은 교구장은 벤치로 사용하고 정육면체의 낮은 의자는 등받이 없는 의자로 활용한다. 놀이감은 대여하고 좀 더 비싼 교구들은 공동체에서 같이 사서 공유해 쓰는 방법도 있다.

자연으로 나가 즐긴다. 아기를 캐리어나 유모차에 태워 산책을 나가거나 공원, 해변가, 숲에서는 담요를 깔고 아기와 함께 누워 있는다. 나뭇잎과 가지가 움직이는 것을 보면서 시간을 보낸다.

몬테소리와 그 원칙에 대해 많이 배우면 배울수록, 집에서 몬테소리 교육을 하려면 반드시 돈이 많이 필요한 게 아니라는 것을 아니라는 것을 확실히 알게 될 것이다.

PART 4

기타 상황

형제자매

가족 중 형제자매가 있다면 그들은 새로운 아기가 출생해 자기 자리를 가로챘다고, 또는 부모의 사랑과 관심을 덜 받게 되었다고 생각할 수 있다.

당신의 파트너가 당신을 너무도 사랑해서 또 다른 파트너를 얻을 거라고 말한다고 상상해 보라. 어떤 기분이 들겠는가? 아델 페이버와 일레인 마즐리시는 『천사 같은 우리 애들 왜 이렇게 싸울까Siblings Without Rivalry』에서 새로운 아기가 태어난 집의 큰 아이들이 정확하게 그런 감정을 느낀다고 말한다. 이 새로운 파트너(아기)는 큰 아이들이 쓰던 침대를 사용하고 그들이 입던 옷을 입을 것이다. 그리고 엄마 아빠는 아기를 환영해 줘야 한다고 말하고 아기 돌보는 것을 도와 달라고 요청한다. 그렇다면 큰 아이 입장에서는 이런 변화가 너무도 큰 사건이 될 것이다.

큰 아이들 준비시키기

집에 새롭게 아기가 오는 것을 표현하는 현실감 있는 사진이나 그림이 실린 책은 큰 아이들을 준비시키는 데 도움이 된다. 배 속에 아기가 있을 때부터 큰 아이들이 아기에게 이야기를 해 주고 노래도 불러 주면서 유대감을 쌓게 한다. 큰 아이들이 아기의 공간을 준비하는 일을 돕게 할 수도 있다. 그리고 현재의 가족 구성, 즉 아기가 태어나기 전의 나날을 큰 아이들과 함께 즐기는 시간으로 만든다.

아기가 엄마 배 속에 있을 때부터 큰 아이들이 아기에게 노래를 불러 주고 이야기를 해 주도록 하는 게 팁이다. 아이들이 매번 똑같은 노래를 불러 주면 아기는 태어날 때부터 이것을 인식하고 노래를 들으면 안정감을 느낄 것이다. 토폰치노를 이용해 큰 아이들이 아기를 안아 주게 하는 것도 아주 좋은 방법이다.

큰 아이들에게 갓난아기를 소개하는 시간이 되었는데, 만약 아기가 출생할 때 아이들이 없었다면, 일단 아기를 내려놓은 상태에서 큰 아이들을 먼저 방에 들어오게 해 온전히 엄마의 관심을 받게 한다. 그러는 편이 아이들이 방에 들어왔을 때 엄마가 아기를 안고 있는 모습을 보게 되는 것보다 낫다.

아기 출생 후 초기 몇 주 동안 최대한 집을 간결하게 유지한다. 그리고 가능하면 다른 어른에게 도움을 청한다. 때때로 신생아를 돌보는 일을 부탁해서 큰 아이와 둘만의 시간을 갖는다. 깨끗한 기저귀를 가져오거나 아기 목욕시킬 때 비누를 가져오는 등 갓난아기를 돌보는 일에 참여하고 싶어 하는 아이들이 있고 그런 일에 관심이 없는 아이들도 있다. 그것도 괜찮다.

바구니에 책이나 아이들이 좋아하는 놀이감을 넣어 둬서 아기에게 수유를 할 때 큰 아이들이 거기에 열중할 수 있게 한다. 큰 아이가 놀고 아기가 깨어 있을 때 큰 아이가 하는 일을 아기에게 말해 준다. 아기는 가족 간의 대화에 참여할 수 있고 큰 아이는 화제의 중심이 되어 좋아할 것이다.

우리는 큰 아이가 "가족 중 맏이" 역할을 하는 걸 원하지 않는다. 여전히 어린 아이 혹은 유아에게 너무 큰 책임이 될 수 있기 때문이다. 대신 모든 아이에게 가족으로서 책임을 부여한다. 예를 들어, "엄마가 욕실에 가 있는 동안 서로 돌봐 줄 수 있어?"라고 말한다. 주니파는 아이들이 서로 돌봐 주는 방식을 도입했다. 갓난아기가 울면 주니파는 아이들 중 한 명에게 가서 아기를 보라고 했다. 그렇게 아이들은 나이순이 아닌 가족의 일원으로서 모두 서로를 돌본다는 개념을 배웠다.

Tip · 아이가 한 명 이상일 때 집을 꾸미는 법에 대해서는 87쪽을 참고한다.

큰 아이들이 속상해할 때

큰 아이들이 "나는 아기가 미워."라고 말하면 우리는 곧잘 "아니야. 우리는 아기를 사랑해"라고 말하곤 한다. 하지만 그 순간 아이는 자기가 느끼는 감정을 그대로 표현할 필요가 있다.

아이가 느낄 만한 감정을 추측해 본다. "지금 아주 화난 것 같은데/슬퍼 보이는

데/아기 때문에 속상한 것 같구나. 그러니?"라고 말한다. 그리고 아이가 하는 말을 들어 주거나 안아서 다독여 준다. 그러면 아이는 이해 받았다고 느낀다. 아기를 때리거나 깨무는 등 육체적으로 해를 입히는 것은 저지한다. **감정은 허용하지만 모든 행동이 다 괜찮은 것은 아니다.**

나중에 진정되었을 때 아기를 다루는 법을 보여 주고 "아기는 부드럽게 대해야 해."라고 알려 준다. 그리고 아기 입장에서 통역해 준다. "아기가 울지? 그렇게 대하는 건 너무 거칠다고 말하고 있는 거야. 그러니 아기는 부드럽게 대하자."

모든 아이와 특별한 시간 보내기

가능할 때 모든 아이와 보낼 시간을 마련해 두는 것이 중요하다. 아기가 낮잠을 자고 큰 아이들은 깨어 있다면 아이들과 연결되고 무엇인가 특별한 일을 함께할 완벽한 순간이다. 주말에 파트너나 다른 가족이 도와줄 수 있다면 큰 아이들과 잠시 외출하는 계획을 짠다. 같이 놀이터에 가기, 함께 슈퍼마켓에 가기 또는 짧은 산책을 하며 대화 등을 할 수 있다.

아이들 각자의 감정의 그릇을 채워 주면 아이들이 자기를 봐 달라고 울고 소리지르는 것을 줄이는 데 도움이 된다. 아이가 성질을 부리고 상황이 뜻대로 돌아가지 않는다면 아이가 원하지만 당장 해 줄 수 없는 것들을 일단 메모해 두고 기억해 뒀다가 나중에 특별한 시간을 가질 때 해 주도록 한다.

확장된 가족에게 적응하기

부모로서 우리는 확장되는 가족을 위해 준비해야 하는 것이 있다. 갓난아기를 큰 아이들만큼 사랑하게 될까? 돌보고 건사할 식구가 더 늘어났는데 어떻게 관리해야 할까? 큰 아이가 어릴 때 해 줬던 만큼 갓난아기와 시간을 보내지 못하는 경우에 느끼는 죄책감을 어떻게 없앨까?

육아 전문가 마이클 그로스는 저서 『자신감 있는 아이로 키우기Thriving』에서 형제를 대할 때 자녀가 넷 이상인 대가족인 양 다루라고 조언한다. 대가족의 부모는 아이들이 싸울 때마다 분쟁을 해결하지 못하고 모든 아이를 즐겁게 해 주지 못한다. 부모는 가족의 지도자다. 우리는 가족이 추구하는 가치의 기반을 다지고 가족이라는 배가 순항하도록 이끄는 선장이다.

촛불은 다른 초에 불을 붙이고 계속해서 불을 이어가도 자신의 빛을 잃지 않듯 사랑도 그렇게 커져 간다. 우리의 사랑을 우리 자신, 파트너 그리고 아이들과 나눌 수 있다. 사랑은 계속해서 커져 간다.

사람들은 종종 바쁘게 살아야 한다는 말을 하곤 한다. 그럴 때는 "행복하게 바쁘기"라는 표현을 써 보자. 정말 바쁘고 정신이 없을 때 긍정의 마음을 유지하려면 이런 낙관적 표현이 큰 도움이 될 수 있다.

쌍둥이

몬테소리에 쌍둥이에 대한 자료는 거의 없다. 하지만 시모네의 수업에 오는 쌍둥이를 둔 부모들은 몬테소리 접근법이 가치를 매길 수 없을 만큼 소중하다는 것을 알게 됐다. 무엇보다 가장 큰 이점은 아이들이 커가면서 더욱 독립적으로 된다는 것이다. 나이가 같은 아이 둘에게 이는 값을 매길 수 없을 만큼 귀중하다.

다음은 쌍둥이를 위한 제안이다.
• 모든 아이를 특별하게 대한다. 예를 들어 아이가 원하는 것들 개인별로 살펴보고 "쌍둥이들"이라고 부르기보다 아이들 각자의 이름을 부른다.
• 아이들이 최대한 독립적으로 탐색할 수 있게 집을 꾸민다.
• 아이들을 일상생활에 참여하게 하고, 천천히 기술을 익히고 연습해서 아이들 스스로 강화하고 관리할 수 있게 한다.
• 물건은 번갈아 가면서 공유한다. 집에 똑같은 놀이감을 두 개씩 두기보다 차례를 정해 사용하거나 창의력을 발휘해 함께 놀 수 있는 방법을 찾아본다.
• 쌍둥이 아기에게 동시에 모유 수유를 하는 것도 가능하지만 그것을 감당할 수 없다고 해도 괜찮다.
• 쌍둥이 중 한 아이와 무엇인가를 하고 있을 때 다른 아이에게는 곧 갈 거라고 말한다. 그러면 아이들은 자기 차례가 와서 자신이 필요로 하는 바가 충족될 것이라는 것을 배운다.

- 아이들이 도움 없이 혼자 앉을 수 있게 되면 식탁에 서로 마주 보고 앉는 것을 즐길 수 있다. 아이가 앉았을 때 의자 팔걸이가 식탁 안으로 쏙 들어가는 것을 찾고, 발이 바닥에 닿을 수 있도록 의자 높이가 낮은 것을 고른다.

쌍둥이 자녀를 둔 부모에게 몬테소리 교육을 받은 쌍둥이의 엄마인 스테파니 우가 쓴 『쌍둥이 기르기Raising Your Twins: Real Life Tips on Parenting Your Children with Ease』를 추천한다.

조산아

예정보다 일찍 태어나 신생아 집중 치료실의 인큐베이터에 있어야 하는 아기와도 연결되어 유대감을 형성할 수 있다. 가능하다면 젖을 짜 둬서 아기에게 모유를 준다. 아기가 깨어 있을 때 이야기를 하고, 노래를 불러 주고, 우리 냄새가 익숙해지게 한다. 인큐베이터 안의 아기 몸에 손을 두기도 한다. 아기가 충분히 튼튼해지면 서로 피부를 맞대고, 아기를 똑바로 세워서 우리 몸에 맞닿아 돌보는 캥거루 케어를 할 수도 있다. 민감한 아기 피부에 너무 거칠지 않게 마사지를 해 주는 기술을 배운다. 아기가 만족스러워하는지 힘들어하는지 관찰을 통해 알 수 있다. 인큐베이터 바깥에서 바라볼 수밖에 없긴 하지만 여전히 아기와 시선을 맞출 수 있다. 아기에게 사랑받는다는 것을 알려줄 수 있다.

입양 부모가 되는 경우

입양 부모는 일반적인 경우와는 다른 경험을 하게 될 것이다. 입양 부모는 아홉 달 동안 아기를 품으며 부모가 된다는 것에 대해 알 수 없고, 아기가 자궁 안에서 가졌던 기준점(부모의 목소리, 심장 박동 소리, 움직임 등)을 통해 연결되고 유대감을 형성하는 경험을 할 수 없다. 아기는 입양 절차를 마치고 한 가정에 오게 되며 입양되는 월령도 각기 다르다.

가령 태어난 지 6개월 된 아기를 만난다고 상상해 보자. 아기는 이미 움직이고 꿈틀거리고 미끄러지기 활동을 하고 있을 것이다. 우유를 먹는 것은 물론 고형식을 시작했을 수도 있다. 달라진 상황 때문에 정서적으로 불안정한 상태일 수도 있다.

입양 부모인 우리는 아기에게 모든 것이 불안정한 세상에서 굳건한 바위 같이 안정적인 존재가 되어야 한다. 6주에서 8주 가량 우리만의 공생 기간(3장 참고)을 갖는다. 이 기간 동안 사회 활동이나 책임은 제한하고 가족이 되는 과정에 집중한다. 우리의 냄새, 목소리, 아기를 다루는 부드러운 손길이 있고, 안전하다고 느껴지며 예측 가능한 리듬에 따라 흘러가고 믿을 수 있는 기준점(잠자고, 먹고, 노는 곳)이 있는 집을 만들 수 있다.

앞서 수유 부분에서 언급했듯 보조 수유 방법이 가능하다면 이용할 수 있다. 가능한 경우 젖 분비 유도 방식을 사용할 수도 있다. 모유 수유를 할 수 없어도 아기를 가까이 안고 시선 맞춤을 하면서 젖병 수유를 하면 강한 유대감을 맺을 수 있다.

육체적 장애나 신경학적 차이

특별한 돌봄이 필요한 아이 또는 뇌의 배선이 다르게 태어난 아이를 다룬 몬테소리 문헌이 있는지 묻는 사람들이 많다. 몬테소리에는 특수 아동을 위한 교육 코스가 있다. 이 책에서 다루는 영역 밖의 주제이긴 하지만 우리 수업을 듣는 아기들 중에는 듣기에 어려움이 있는 아이, 뇌성마비 같은 육체적 장애가 있는 아이, 선택적 함구증, 주의력 결핍 및 과잉 행동 장애ADHD, 자폐증을 앓고 있는 아이들이 있다. 또한 가족이나 친구들의 아이 중에는 심장 수술을 한 아기, 생후 첫해에 골반 교정기를 단 아기, 두상 교정과 기타 이유 때문에 헬멧을 써야하는 아기 등 다양한 사례가 있다.

몬테소리는 모든 아이를 특별하게 다룬다. 아이들이 무엇을 할 수 있는지 알기 위해 관찰을 한다. 필요로 하는 도움을 최대로 주고 아이 스스로 도전하게 한다. 다른 모든 아이와 똑같이 사랑과 존중으로 아이의 눈을 바라본다. 특수 아동들의 시간표는 다르게 보이기도 한다. 하지만 그들 또한 지구상에 온 아름다운 인간이니 무능력한 존재로 취급받을 이유가 없다. 할 수 없는 것이 아니라 할 수 있는 것을 보자.

신경학적 차이를 가진 아기가 있는 가정에 데버라 레버의 저서 『특별하게 배선된 아이Differently Wired』와 레버가 운영하는 팟캐스트 TiLT 양육TiLT Parenting을 추천한다.

실천하기

1. 아기를 위한 확실한 일상의 리듬이 있는가?
2. 육체적 돌봄의 시간이 연결되는 순간임을 기억해 이용하는가?
3. 아기가 먹고 자는 것을 어떻게 지원할 수 있을까? 이런 영역에 대한 불안감을 떨쳐 낼 수 있는가? 가능하다면 도움을 주지 않고 필요한 경우에는 충분히 줄 수 있는가?
4. 다음의 경우 아기를 지원하기 위해 변화를 주길 원하는가?
   - 아기가 물고/때리고/던지고/민다면
   - 자동차로 여행할 때
   - 고무젖꼭지 사용을 제한하거나 제거할 수 있는가?
   - 아기의 이가 나는 중이라면
   - 공유와 관련된 기술을 배우게 하기 위해
5. 새로 태어난 아기를 맞이하기 위해 큰 아이를 준비시킬 때 어떤 식으로 도움을 줄 수 있을까?

육아하는
부모를 위한 처방

8

어른으로서 우리의 역할

몬테소리가 부모에게 가르치는 많은 멋진 것들 중 하나는 어른을 아이에게 모든 지식이나 아이디어를 주는 주체로 보지 않는다는 것이다. 아이들은 채워야 하는 빈 그릇이 아니다. 몬테소리 박사는 아이들은 적절한 환경이 주어진다면 거의 모든 것을 배울 잠재력이 있다고 믿었다. 이는 부모가 아이들을 위해 모든 것을 알고 모든 것이 되어야 한다는 책임감을 덜어 준다.

아이들, 심지어 아주 작은 아기들도 많은 것을 할 수 있다. 우리가 하는 일은 그저 아이들이 직접 꽃을 피울 수 있게끔 환경을 준비하는 것이다. 아이들은 씨앗이고 부모는 정원사와 같다. 우리는 흙을 준비하고 양분을 준다. 그리고 아이들은 꽃을 피우며 번성한다.

많은 면에서 아이가 세상을 보고 접근하는 방식의 틀을 만드는 것은 우리 어른이다. 우리가 아이 그리고 다른 사람에게 말하는 방식, 아이에게 주는 기회, 그들을 위해 준비하는 환경이 모두 그들이 성장해 어떤 사람이 될지에 큰 영향을 미친다. 그러니 우리가 아기들에게 모든 것을 가르칠 필요는 없다고 해도 우리가 하는 모든 일이 아이들에게 무엇인가 가르침을 준다는 점을 기억하자. 그렇기 때문에 큰 책임감으로 느껴질 수 있다. 아이를 기르는 일은 특별한 의도를 가질 수 있는 대단히 큰일이다. 이 일을 시작하기에 앞서 먼저 우리 자신을 준비해야 한다.

"모든 세대의 아이들은 인류를 바꿀 운명을 타고 났다.

그들의 사명은 인류를 변화시켜 모두에게 이로운 인식과 감성을 훨씬 더 높은 수준으로 끌어 올리는 것이다. 그래서 모든 문화가 아이들을 '미래의 희망'으로 본다. 아이들은 모든 것을 더 나은 것으로 만들 수 있다고, 특히 우리가 서로를 대하는 방식도 더 좋게 바꿀 것이라고 기대할 수 있다. 하지만 아이가 우리가 가지고 있는 증오, 편견, 보잘 것 없는 자존심을 흡수하면 미래의 희망은 결코 나타날 수 없다. 우리는 아이가 현 사회의 악이 아닌 인류가 내재적으로 품고 있는 선함에 적응하도록 도와줘야 한다."

-에드아루도 J. 쿠에바스 G, '어른의 영적 준비The Spiritual Preparation of the Adult',

2007년, 중국에서 열린 몬테소리 학회 중

우리 자신 돌보기

4장에서는 환경(우리의 집과 아기가 있을 공간)을 준비하는 것에 대해 이야기했다. 환경에서 준비해야 할 또 다른 중요한 부분이 있는데 바로 우리 자신이다. 아이들을 이끄는 역할을 하기 위해 우리는 육체적으로, 지적으로, 정서적으로 그리고 영적으로 준비가 되어야 한다. 비행기를 타면 비상 시 어른이 먼저 산소 마스크를 쓰고 아이나 다른 사람을 도우라는 지침을 듣게 된다. 양육도 이와 똑같다.

우리가 먼저 자신을 돌봐야 하는 이유는 다른 사람을 돌보기 위해서다. 먹고, 휴식하고, 감정과 영적인 그릇을 채우는 일은, 우리가 아기를 다룰 때 객관적이고 정돈된 상태를 유지하는 데 도움을 준다. 태어난 지 얼마 안 된 아기를 양육하는 것은 매우 힘들고 진이 빠지는 일이 될 수 있다. 아기는 어른에게 아주 많은 것을 의존하는데, 우리 스스로 필요한 바를 충족시키기 위해 의식적인 노력을 하지 않으면 매우 지치고 고갈된 상태에 빠져 생존 본능에 돌입할 수 있다. 이 상태에 들어가면 아기에게 긍정적으로 대응하는 능력이 저하될 것이다. 이때 아기가 운다고 하면, 단순히 신호를 보내는 이 행위가 짜증과 답답함으로 다가올 수 있다.

우리는 아기의 부모가 화가 나 있거나(다른 사람의 욕구를 먼저 고려하다 보니), 이기적이기보다는(타인의 욕구를 무시하기보다는) 성취감을 느끼길 원한다. 그렇기 때문에 아기는 물론 우리 자신을 돌봐야 한다.

지적 준비

부모는 아이의 발달 단계, 욕구 그리고 그들을 지원할 방법에 대한 지식을 갖춰야 할 필요가 있다. 이 책은 시작점이다. 양육, 긍정적 훈련 그리고 아이에 관한 지식을 쌓을 수 있는 자료를 찾고, 새로운 연구와 지속적인 공부(팟캐스트, 세미나 그리고 강습회 등)를 통해 지식을 습득하고, 육아에 필요한 도구를 알아보자. 관찰도 아이에 대한 지식을 늘리는 좋은 방법이다.

간단한 경고도 곁들이겠다. 지금은 선택지가 워낙 많다 보니 이에 압도될 수도 있다. 그러니 **선택을 잘 하고, 우리와 잘 맞는 몇 가지 옵션으로 제한**할 필요가 있다.

육아나 몬테소리 방식 이외의 것을 배우는 것도 고려할 수 있는 옵션이다. 가령 악기를 배우고, 새로운 스포츠를 시도하거나, 독서를 하는 것은 육아와 직접적인 관련은 없지만 우리의 영혼을 채우는 행위다. 우리가 배우는 것과 마음을 여는 행위는 아이들과 공유할 수 있으며 그들에게 모범이 되기도 한다.

육체적 준비

아기를 돌보는 일은 육체적, 정신적으로 엄청난 에너지가 필요하다. 우리는 최대한 아기를 지원하기 위해 육체적으로 건강한 상태를 유지해야 할 필요가 있다.

영양: 좋은 영양 상태가 아주 중요하다. 매일 우리는 건강한 음식, 과일 그리고 채소로 몸에 영양과 수분을 공급해야 한다. 아이를 돌보기 위해 의식적으로 이런 노력을 하는데, 우리 자신을 위해서도 그렇게 해야 한다. 식사를 거르지 않도록 스마트폰에 알람을 설정해 둔다. 또는 미리 식사를 준비해 놓거나 간단한 재료를 갖춰 두고 언제나 손쉽게 먹을 수 있게 한다.

운동: 아기를 데리고 산책을 하거나 시간을 따로 내 스트레칭이나 운동을 한다. 간단하지만 이런 것이 우리의 행복과 정신 건강에 차이를 만들어 낸다.

휴식: 가능한 선에서 최대한 휴식한다. 잠이 부족하면 면역 체계와 두뇌에 영향을 미칠 수 있다. 휴식을 취하기 위해 보모나 베이비시터를 구하는 등 도움을 청하는 것에 대해 나쁘게 생각할 이유가 전혀 없다.

우리가 아기의 주 양육자라면, 모든 것을 스스로의 힘으로 해야 하고 항상 아기 곁에 있어야 한다고 생각할 수 있다. 아기가 태어난 후 초기에는 가능하면 최대한 아기 곁에 있으면서 강한 애착 관계를 형성하는 것이 좋다. 하지만 휴식을 취하고 필요한 경우 도움을 요청하는 것도 좋은 일이다. 일단 아기와 강한 애착 관계를 형성했고, 돌봄과 규칙적 일상을 일관되게 제공해 아기가 환경을 신뢰하기 시작했다면, 휴식은 어른과 아기 모두에게 긍정적 효과를 가져 올 수 있다.

몸이 필요로 하는 바를 충족시키는 것도 기본적인 욕구의 문제를 해결하는 것이므로 매우 중요하다. 수분이 부족하고, 배가 고프고, 피곤하거나 아프면 부모로서 역할에 최선을 다할 수 없다. 대부분의 시간 동안 우리 뇌는 생존을 유지하는 데 몰두할 것이기 때문에 우리가 하는 대부분의 반응은 투쟁, 도피 혹은 경직 반응이 될 것이다. 다음과 같은 반응에 대해 우리 자신을 들여다 볼 필요가 있다. 가령 압도되는 감정을 느끼거나, 현재 상황에서 도망치고 싶다거나, 아기 또는 전체 상황에 분노가 느껴질 수 있다. 그렇다면 육체적 측면에서 자신을 보살필 시간이 필요하다.

우리 자신의 몸을 돌봐서 얻는 또 다른 이점은 아기에게 시범을 보일 수 있다는 것이다. 아기는 우리가 하는 모든 것을 보고 흡수한다는 것을 기억하라. 당신은 어떤 방식으로 휴식하는가? 즐거움을 추구할 순간을 찾으라. (이에 대한 제안은 265쪽을 참고한다.)

정서적, 영적 준비

육아를 할 때는 지원 체계가 아주 중요하다. 다른 사람과 함께 할 수 있다면 육아라는 여정을 걷는 것이 훨씬 더 수월하고 멋진 일이 된다. 파트너나 공동 양육자(전 남편, 전 부인 같이 이혼 후에도 공동으로 자녀의 양육을 분담하는 인물), 조부모, 보호자(보조 양육자, 보모) 또는 친구들이 이 여행의 동반자가 될 수 있다.

이외에 추가적으로 도움을 주는 이가 있다면 출생 후 처음 몇 달 동안 많은 도움이 된다. 식사 준비를 도와주고, 다른 아이들을 돌보고, 아기를 대신 봐 줘서 부모가 휴식을 취할 수 있도록 돕는 사람이 있으면 좋다. (이들이 새내기 부모를 지원하는 법에 대해서는 270쪽을 참고한다.) 이 역할을 가족의 일원, 친구, 재정적으로 여유가 있다면 엄마와 갓난아기를 돌본 경험이 있는 출산 전문가나 산후 도우미를 고용해 육체적으로 그리고 정서적으로 도움을 얻는다.

몬테소리 박사와 아델레 코스타 뇨키는 이런 인력의 필요성을 절감하며 유아기 도우미 개념을 구상했다. 훈련을 받은 몬테소리 가이드가 이런 역할을 할 수 있다고 봤다. (몇몇 국가에서는 정부가 출생 초기에 각 가정에 엄마를 도울 인력을 보내 주기도 하지만 모든 가정이 전문적인 도움을 받을 수는 없을 것이다.)

비슷한 월령의 아기 또는 약간 더 큰 아기가 있는 다른 부모들도 도움을 줄 수 있다. 친구와 이야기를 나누면 나만 혼자가 아니라는 사실을 상기하고, 우리가 겪고 있는 일이 무엇이 되었든 정상적인 것이고 이런 시간은 곧 지나갈 것이라고 생각하게 된다. 육아를 하면서 겪는 어려움과 힘든 마음은 모두 일시적이다. 나보다 먼저 똑같은 일을 겪은 사람이 그런 사실을 상기시켜 줄 수 있다.

우리 자신의 진가를 인정하고, 우리가 누리는 축복을 손꼽아 보고, 순조롭게 돌아가는 상황을 의식적으로 인정하고, 시간을 내서 기록해 둔다. 정서적 불안정을 일으키는 요소들 중 하나는 우리의 노력이 인정받지 못한다고 느끼는 것 또는 사랑받고 있지 않다고 느끼는 감정이다. 아기들은 아직 말을 하지 못한다. 잠도 거의 안 자고 울기만 하는 아기를 상대하고 똥 기저귀만 갈다 보면, 정서적으로 고갈되고 노력에 대한 인정을 전혀 받지 못하고 있다고 느낄 수 있다. 그래서 매일 우리는 일부러 시간을 내 스스로를 응원하고 칭찬해야 한다. 손발톱 케어를 받거나 친구와 외출을 할 필요가 있다. 아니면 간단하게나마 스스로를 돌볼 방법을 찾아야 한다. 다른 인간을 책임진다는 것은 힘든 일이다. 우리는 타인의 칭찬과 인정을 원하지만 먼저 우리 스스로 노고를 인정하고 선물을 줄 수 있다.

사진을 찍고 각 단계를 기록하는 것이 도움이 된다. 일과가 끝날 때 그리고 자주 찍어 둔 사진을 본다. 사진을 보다 보면 그다지 중요하지 않은 것 같은 순간도 어떤 기억을 떠올리게 하거나 미소를 짓게 만든다. 매 순간을 즐기는 게 좋다는 것을 기억하라. 카메라로 모든 순간을 포착할 필요는 없다. 그리고 사진을 찍기만 하지 말고 찍혀도 본다. 항상 카메라 뒤에서 사진만 찍지 말고 사진 속에 들어가 본다. 지금은 사진 속에 있다는 느낌이 들지 않을 수 있지만, 후에 이 시간을 되돌아보고 소중히 간직하게 될 것이다.

부모가 되기 위한 준비 작업

지적 준비를 하면 아기에게 신뢰감을 심어 주는 데 도움이 된다. 아기는 자신이 무엇을 하는지 알고 있으며 성장에 필요한 모든 것을 가지고 있다. 지적 준비를 통해 우리는 이 사실을 믿을 수 있게 된다. 우리가 최선을 다해 제공한, 아기에게 주어진 최고의 조건에 맞춰 아기는 자신만의 특별한 경로와 시간표를 따라 성장할 것이다.

육체적, 정서적 준비를 하면 아기에게 사랑이 담긴 태도를 보일 수 있다. 아기를 무조건적으로 받아들이고, 우리 것이든 아기의 것이든 결함이 있다 해도 사랑할 수 있다. 분노하지 않고, 자만하지 않으며, 자아를 내세우지 않는 것이 사랑이다.

영적 준비를 하면 겸손한 자세를 가질 수 있다. 아기를 위해 우리 자신을 준비하고 개선하기 위해 지속적으로 노력하도록 만드는 것이 겸손이다. 이를 통해 우리는 아기의 잠재력을 보게 되고 그들을 빈 그릇으로 보지 않게 된다. 아기를 우리의 모습이 비치는 상, 우리가 아기에 대해 품는 어떤 아이디어 혹은 열망의 대상이 아닌 그들을 있는 그대로 특별하고 독특한 존재로 볼 수 있다.

아기를 키우며 기쁨을 찾기 어려운 사람들은 얼마든지 도움을 받을 수 있다. 산후 우울증은 힘든 병이고 확률적으로 일곱 명 중 한 명(둘째나 셋째 아이를 낳고 겪는 경우도 가끔 있다.)이 산후 우울증을 경험한다. 의사나 우리가 신뢰하는 건강 전문가에게 도움을 청해 보자.

자기 믿음과 용서

아기를 가지면 주변에서 해야 할 것과 하지 말아야 할 것을 이야기하는 목소리가 많아진다. 그리고 그런 의견은 모순되고 충돌하는 경우가 많다. 우리는 부모가 직관이라는 선물을 받는다고 믿는다. 부모는 자신의 직관을 믿고 따라갈 수 있다.

스스로 기대에 못 미치게 되는 때가 있다. 누구나 이런 순간이 있기 마련인데 그럴 때 우리 자신을 용서한다. 우리는 실수로부터 배우고 성장하는 존재다. 아마 실수를 많이 하게 될 것이다. 하지만 그래도 괜찮다.

자신의 유년시절과 어릴 때 받은 양육 방식이 현재 우리가 하는 육아에 영향을 미칠 수 있다. 자신이 길러진 방식을 우상화하고 그만큼 잘하지 못한다고 생각하는 부모가 있을 것이고, 어릴 때 받은 양육 방식을 싫어해 다르게 해 보고 싶은 부모도 있을 것이다. 그러면서도 여전히 우리는 같은 패턴을 반복하기도 한다. 그리고 균형을 잡는 것이 맞다고 여기는 이도 있을 것이다.

몬테소리 부모가 되는 준비를 하면서 시간을 내서 어린 시절에 좋았던 것과 싫었던 것을 다시 생각해 보는 것이 도움이 된다. 그렇게 과거와 화해하고 불화했던 것을 최대한 버린다. 그리고 나만의 여행을 새롭게 시작하고 있음을 인식한다. 모자라다고 느끼는 대신 우리의 노력을 인정하고 할 수 있는 최선을 다하면 그것으로 충분하다.

앞서 육아에서 아기와 환경을 관찰하는 것의 중요성에 대해 많이 이야기했는데, 우리 자신을 관찰하는 것도 준비 작업의 일부다. 우리가 필요로 하는 바, 감정, 반응 그리고 대응 방식을 관찰한다. 이런 것은 가만히 앉아 깊이 생각할 때 일어난다. 일과를 마치고 앉아서 우리에게 필요한 것을 생각해 본다.

관찰하기

우리 자신을 관찰하고 성찰하는 데 도움이 되는 몇 가지 질문을 제시하겠다. 이는 성장을 위한 도구로 쓰여야지 자아를 판단하는 데 사용해서는 안 된다는 점을 기억하라.

- 나는 물을 충분히 마셨는가?
- 무엇인가 먹었는가?
- 필요한 때 휴식을 취했는가?
- 하루 동안 일어난 여러 가지 사건들에 대해 나는 어떻게 반응했는가?
- 어떻게 다르게 반응할 수 있었을까?
- 무엇이 내 반응을 촉발했는가?
- 나의 감정 그릇은 가득 채워진 상태인가?
- 내가 잘한 것은 무엇인가?
- 나는 무엇에 감사하는가?

차분함을 유지하기 위한
49가지 아이디어

우리 자신을 육체적, 정서적, 영적으로 준비하는 법은 개인마다 다를 수밖에 없다. 그런데 수업 시간이나 집에서 차분함을 유지하는 법에 대해 묻는 사람들이 많다. 그래서 49가지 아이디어를 제시하니 영감이 되기 바란다. 우리가 최고의 부모이자 교사가 될 수 있도록 도와주는 것들이다. 여러분에게도 도움이 되기 바란다.

1. 아침에 일어나 나만의 의식을 갖는다.
   아기가 일어나기 전에 일어나
   "나만의 시간"을 갖는다.
2. 저녁에 나만의 의식을 갖는다.
   조용한 시간을 즐긴다.
3. 운동, 요가, 달리기를 한다.
4. 명상을 한다.
5. 자연, 바깥으로 나간다.
6. 춤을 춘다.
7. 커피나 차를 즐긴다.
8. 아이들과 함께 친구를 만난다.
9. 아이들 없이 친구를 만난다.
   와인을 함께 마신다.
10. 지금 이 순간에 존재하는 연습을 한다.
11. 감사하는 연습을 한다.
12. 일기를 쓴다.
13. 오늘 나를 기쁘게 해 준 것 한 가지를
    적어 본다.
14. 오늘 기억하고 싶은 것 한 가지를
    적어 본다.
15. 요리를 한다.
    (누군가 아기를 돌봐 주고 혼자 요리하기)
16. 친구와 화상 채팅을 한다.
17. 친구를 초대해 함께 식사한다.

18. 빵이나 쿠키를 굽는다.
19. 저녁에 외출한다.
    (혼자서, 파트너 또는 친구와 함께)
20. 친구와 바꿔서 서로의 아기를 돌봐 준다.
21. 주말여행, 해외여행을 떠난다.
22. 기뻐서 얼굴이 환해지게 만드는 일이
    아니라면 "싫어."라고 말한다.
    또는 당신이 더 즐기는 방식을 제안한다.
23. 상황을 객관적으로 보기 위해
    관찰이라는 도구를 사용한다.
24. 아기의 가이드가 된다. 우리는 아기를
    도와주기 위해 함께 하지만 항상 그들을
    기쁘게 해 줄 수는 없다. 그래도 아기를
    안아 줄 수는 있다.
25. 일을 덜고 줄이는 데 도움이 되는 방식으
    로 집을 꾸민다. 모든 것을 위한 장소이며
    모든 것이 제자리에 있는 집으로 만든다.
26. 우리를 돌봐 줄 누군가를 구한다.
    (접골사, 척추 지압사, 의사, 심리 상담사, 친구 등)
27. 잠을 잔다.
28. 내가 한 선택을 인정한다.
    할 수 있는 것을 바꾸고(창의성을 발휘하라.)
    할 수 없는 것은 받아들인다.

29. 아기의 관점에서 상황을 본다.
"힘든 거야?", "너는 한 살이야. 아마 배가
고픈가 보구나./피곤하구나./정신없이 하
루를 보냈구나."
30. 일찍 잔다. 낮잠을 잔다.
31. 좋은 책을 읽는다.
32. 비판하지 않고 우리의 생각과 감정을
알아 둔다.
33. 웃는다.
34. 케이크를 먹는다.
35. 음악이 나오는 라디오를 듣는다.
36. 개를 산책시킨다.
37. 혼자 있는 시간을 갖는다.
38. 즉시 반응하기보다 머릿속으로 숫자를
거꾸로 세서 잠시 멈추는 순간을 갖는다.
그 다음에 대응한다.
39. 매일 밤 목욕을 한다.
40. 음악을 듣거나 연주한다.
41. 영양분을 섭취한다. 몸이 늘어지거나
산만할 때 또는 우리 자신을 너무 심하게
압박할 때가 언제인지 알아본다.
스스로 균형을 맞추려 노력한다.

42. 서두르지 않는다. 충분히 시간을 사용한다.
스케줄을 과하게 잡지 않는다.
43. 실수를 할 때 자신을 용서한다.
정정하는 것을 시범 보인다.
44. 우리의 위치를 알고 기뻐하고 축하한다.
우리는 최선을 다하고 있다.
45. 자신을 제대로 인식하고 언제 자극을
받고 폭발하는지 알아 둔다. 명상을 하는
이유를 적어 두고 치유하기 위해 힘쓴다.
46. 우울하거나 완전히 지쳤다고 느껴지면
의사와 상담을 하거나 친구와 이야기를
나눈다.
47. 우리 자신, 타인 그리고 우리 아기를 위해
연민하는 연습을 한다.
48. 우리 자신을 너무 심각하게 받아들이지
않는다.
49. 계속해서 연습한다.

최선을 다하기

미겔 루이스가 쓴 『네 가지 약속The Four Agreements』이 말하는 지혜에 대해 간략하게 소개하겠다.

1. 말은 진실하여야 한다. 거짓말은 안 된다. 아기가 우리를 보고 있다. 그들이 진실한 말을 듣게끔 하자. 세심하게 한다.
2. 나 자신에게 문제가 있는 것으로 받아들이지 않는다. 아기는 울 것이다. 이는 아기가 우리에게 뭔가를 말하는 것이다. 그러면 듣는다. 아기가 운다고 해서 우리 자신을 비난하지 않는다.
3. 추측하지 않는다. 확실하지 않다면 확인한다. 누군가가 어떤 말을 했는데 의도가 그게 아닌 경우 그것에 대해 우리가 얼마나 많은 추측을 하는지 알아보면 놀랄 정도다.
4. 항상 최선을 다한다. 잠을 거의 자지 못했을 때 우리가 할 수 있는 최선은 무엇일까? 아마 우리는 침대에서부터 육아를 할 텐데, 이럴 때는 음악을 틀고 약속을 미루고, 아기 옆에 나란히 누워 있는다. 이외 다른 모든 것은 다 잊어버린다.

완벽하자는 게 아니다. 완벽할 수는 없다. 이 순간 존재하는 것이 핵심이다. 완벽이 아닌 연결에 역점을 두자.

> "아기가 원하는 기본적인(정확하게 아기도 인간이기 때문에 갖는) 욕구는 사랑 받는 것이다. 성숙한 사람이 아기를 사랑한다. 사랑을 하려면 시간, 인내, 강인함, 심지어 일종의 겸손함을 갖춰야 하기 때문이다. 자기 자신보다 타인을 더 사랑하기 위해 그러하다. 아기를 이해하려면 시간이 필요하다. 아기가 하는 모든 일에 시간이 필요하다."
>
> -『아이와 가정Child and Family』의 편집자,
> 1963년, 미국 몬테소리 학회 회원 허버트 라트너 박사의 연설 중

실천하기

- 일과 중 자기 돌봄을 위한 시간을 마련할 수 있는가?
- 규칙적으로 우리가 한 일에 대해 매일 감사하기를 시작할 수 있는가?
- 최소한 일주일에 한 번이라도 우리 자신만을 위한 일을 할 수 있는가?
- 상황이 뜻대로 돌아가지 않는 순간 우리 자신을 용서할 수 있는가? 완벽보다는 노력을 포용할 수 있는가?

공동 육아

9

우리는 혼자 이 길을 걷지 않는다

육아를 하며 여러 사람들과 연결되는 순간이 있고 심하게 고립된 상태에서 육아를 하게 되는 때도 있다. 예전 친구들은 관점이나 우선순위가 다를 수 있다는 것을 깨닫는 때가 온다. 가족이 너무 많이 도와주거나 혹은 전혀 도와주지 않을 수도 있다. 또는 특별한 가족 구성원을 상실해 그들이 우리 아기를 절대 알지 못하게 되는 경우도 있다. 인터넷을 하다 보면 우리 삶이 그림처럼 완벽하지 않음에 대해 죄책감을 느끼게 될 수 있다. 나만 빼고 다른 사람들은 모두 완벽한 삶(사람들은 바닷가에서 편안하고 여유로운 시간을 보내며 아기를 안고 있는 모습이나 일몰을 배경으로 뛰어노는 아이들 사진을 올린다.)을 사는 것처럼 보이기도 한다.

우리 가족을 위한 마을을 만들 시간이다. 우리 아이들은 이 세상이라는 천fabric을 구성하는 다양한 사람들로부터 많은 것을 배울 수 있기 때문이다. 또한 아이들은 우리가 그들을 위해 선택한 보호자들을 신뢰하는 법을 배울 것이다.

다음과 같은 사람들이 우리 마을의 일원이 될 수 있다.
- (있을 경우) **파트너**: 서로 연결된 상태를 유지할 수 있다. 일대일로 함께 시간을 보내거나 가족으로서 함께 시간을 보낸다. 파트너 중 한 사람이 아기와 함께 있을 때 다른 파트너는 혼자만의 시간을 갖는다. 번갈아가며 일한다.
- (가까이 사는) **가족**: 주중에 우리 집에 와서 아기와 함께 지내는 특별한 시간을 보낸다. 그동안 부모는 "엄마"나 "아빠" 역할을 하기 전 자기 자신으로 돌아가 시간을 갖는다.
- (멀리 사는) **가족**: 화상 채팅 등을 이용해 규칙적으로 연결될 수 있다. 몸은 멀리 떨어져 있지만 화상 채팅 등을 통해 책을 읽어 주거나, 노래를 불러 주거나, 음악을 연주해 준다. 온라인 방문을 현실 세계에서의 접촉과 연결로 만들기 위해서 가끔 우리 가족을 방문할 수 있다.
- **같은 방식으로 육아를 하는 친구들**: 온라인에서 또는 주변에서 비슷한 생각을 가진 가족을 만나기가 점점 더 어려워진다. 일단 만나면 아주 빨리 연결될 수 있다. 시모네의 몬테소리 놀이 그룹에서 만난 부모들은 서로 오랫동안 친분 관계를 유지하고 있다.
- **육아에 대해 이야기할 필요가 없는 친구들**: 이런 친구들과의 대화와 연결은 우리

의 영혼을 채워 주고 새로운 영감을 준다. 더 나은 부모가 되도록 우리를 도와준다.

- **엄선한 베이비시터, 보모, 오페어**au pair(외국 가정에 입주하여 아이 돌보기 등의 집안일을 하고 약간의 보수를 받으며 언어를 배우는, 보통 젊은 여성 - 옮긴이), **어린이집**: 추가적으로 우리에게 도움을 주는 이들이다.
- **청소 도우미**: 재정이 허락하면 한 달에 한 번 정도 청소 도우미를 고용해 평소 관리하지 못하는 곳을 깨끗하게 청소한다.
- **전문가**: 접골사, 의사, 심리 상담사, 척추 지압사, 마사지 관리사 등은 우리가 다른 사람을 돌볼 때 우리 자신을 돌볼 수 있도록 도움을 준다. (역시 재정적으로 여유가 되면 고용한다.)
- **같은 동네에 사는 사람들 또는 우리 동네 가게에서 일하는 사람들**: 우리의 일상에서 역할은 그리 크지 않지만, 세월이 흐르면서 우리 가족의 일부가 될 수 있다.

도움을 청해도 괜찮다

다른 사람에게 아기 돌보는 일을 도와 달라고 요청한다. 또는 다른 일에 대해 도움을 청하고 그동안 아기와 연결되는 시간을 갖는다. 가끔은 사람들이 도움을 주겠다고 하는데도 매우 피곤할 때가 있다. 그렇다면 그것은 무엇을 해야 하고 어떻게 도움을 청해야 할지 모른다는 의미다. 그럴 때를 위한 아이디어가 있다. 해야 할 집안일이나 아기를 위해 할 일을 써서 냉장고에 붙여 둔다. 그리고 도움을 주러 오는 사람이 이 목록을 읽고 선택해서 일을 해 줄 수 있게 한다. 그러면 정말 도움이 되지 않을까?

파트너와 함께 일한다

아기의 주 양육자와 부 양육자가 있는 집이 있는가 하면 부모가 역할을 공유하는 집도 있다. 어떤 식으로 균형을 맞추든 초점이 "모든 것은 아기에 대한 것"으로 옮겨 간다 해도 파트너와 연결되어 일할 수 있다.

먼저 한 사람이 출생 초기에 아기를 전적으로 돌본다면 파트너는 나름의 방식으로 아기와 유대감을 맺을 방법을 찾는다. 임신 기간 중에 파트너는 아기에게 말을 걸고, 노래를 불러 주고, 음악을 틀어 주고, 배를 쓸어 주면서 연결되는 행동을 할 수 있는데 이는 이후 시간을 위한 기반을 다지는 작업이 된다. 아기가 태어나면 파트너는 아기를 안고 이야기를 나눌 수 있다. 아기는 엄마 배 속에 있을 때부터 이들의 목소리를 들었기 때문에 강력한 기준점이 된다. 파트너는 아기를 목욕시키고, 노래를 불러 주고, 기저귀를 갈아 주고, 음악을 틀어 주고, 함께 조용한 시간을 가질 수 있다. 아기의 눈을 다정하게 바라보며 시간을 보내거나 (짜 놓은 모유나 분유로) 젖병 수유도 할 수 있다.

공생 기간 동안 파트너는 전화를 받고, 방문을 원하는 가족이나 친구들을 관리하고, 가게에서 필요한 용품이나 물건을 가져오는 등 가족을 보호하고 지원할 수 있다. 다른 자녀가 있다면 파트너가 공원에 데려가고, 아기가 생긴 변화로 인해 힘들어 한다면 큰 아이들의 이야기를 들어 주는 등 자녀를 돌보며 도울 수 있다.

파트너는 정서적 지원도 할 수 있다. 임신 기간 중 그리고 출산 후 수개월(솔직히 말하면 출산 후 1년까지) 동안 기분을 변화시키는 호르몬이 폭발하듯 분비되었다가 줄어드는 일이 발생하는데 파트너가 매일 이를 확인하고 관리해 주면 도움이 된다. ("오늘은 기분이 어때? 필요한 것이 있어? 뭘 가져다 줄까?") 시간이 조금 걸린다. 이후 엄마는 새로운 역할에 적응하면서 머릿속으로 엄마의 역할을 할 수 있는 여유와 공간을 갖게 된다. 육체적, 정서적 그리고 영적 측면에서 그렇다.

임신 기간 중 이렇게 매일 점검하는 것을 아기가 태어나서도 지속할 수 있다. 어떻게 함께 견뎌낼 수 있을까? 어떻게 이 건고한 동반자 관계를 지속할 수 있을까? 이토록 특별한 아기를 만들어 냈는데 이후 아기를 키우면서, 유년시절, 사춘기 그리고 궁극적으로 아이가 커서 부모의 품을 떠날 때까지 어떻게 이 동반자 관계를 유지할 수 있을까?

조부모 그리고 다른 보호자와 함께 일한다

조부모와 다른 보호자들도 여러 가지 방면에서 도움을 줄 수 있다. 이들은 우리가 휴식할 시간을 마련하는데 도움을 줄 수 있다. 요리를 해 줄 수 있고, 아기에게 그들의 이야기를 해 줄 수 있다. 음악이나 공예, 그들만의 역사와 문화로 우리 가족을 풍성하게 만들 수 있다. 가족을 위해 심부름을 해 줄 수 있으며, 부모에게 휴식할 공간을 주고 친구들에게 대신 소식을 전해 줄 수 있다. 세탁과 정리, 청소 등을 도와줄 수 있다. 그리고 우리를 사랑해 줄 수 있다. 그 사랑을 받으며 감사하는 마음을 갖는다.

조부모와 다른 보호자들이 우리의 육아 철학에 동의하려면 시간이 걸릴 수 있다. 몬테소리 방식으로 아이를 기르는 것이 그들의 양육 방식이나 그들에게 효과가 있었던 방법과 많이 다를 수 있다. 조부모가 우리를 키웠던 방식을 우리가 거부하면 그들은 비판받는다고 느낄 수 있다. 몬테소리 원칙을 사람들에게 전달하고 같은 철학을 공유할 수 있게 하는 창의적인 방법에 대해서는 274쪽을 참고한다.

조부모와 다른 보호자들이 우리를 언짢게 만들려는 의도가 아니라는 것을 인식하려면 시간이 오래 걸릴 것이다. 아이를 키우는 방식은 매우 다양하고, 그들도 그들의 경험과 지식을 바탕으로 최고의 것을 제안하려는 것이다. 이것은 타인과 함께 사는 세상에 있기에 받는 축복이다. 우리 모두 각자 최선을 다하고 있다는 사실과 서로 인정하며 각자 필요로 하는 바를 채우는 방식을 이해하는 데 도움이 된다.

한 부모 혹은 헤어진 부부가 같이 육아를 하는 경우

세상에는 다양한 형태의 가족이 있다. 파트너가 없는 경우가 있고, 헤어진 부부가 공동으로 육아를 하는 경우도 있다. 모든 가족 형태는 아이에게 나름의 이유에서 완벽하다. 아기가 한 부모 밑에서 자라는 것이 걱정될 수 있다. 마땅히 누려야 할 좋은 기회를 놓치지는 않을까 우려할 수 있다. 한 부모 양육을 하고 있다면 아기가 자라며 표본이 될 수 있는 역할 모델을 할 이를 알아본다. 헤어진 부부가 같이 육아를 한다면 아기는 양측의 가족과 관계를 맺게 된다. 하지만 부모가 각자 다른 집에 살고 있으므로 아기는 두 집을 오가며 지낼 수도 있다.

우리가 처한 상황을 인정하면 사람들도 그것을 받아들이고 우리 선택을 비판하지 않을 것이다. 우리가 바꿀 수 없는 것은 받아들이고 바꿀 수 있는 것을 바꾼다. 불행해하며(또는 잠재적으로 위험한데) 함께 사느니 따로 사는 것이 훨씬 건강하다. 한 부모가 되는 것을 선택하지 않을 때도 있지만 궁극적으로 그것을 인정하고 최선을 다해 아기의 부모가 되도록 한다. 그것이 바로 우리가 통제할 수 있는 부분이다.

헤어진 부부가 공동으로 육아를 할 경우 아기 앞에서 그리고 아기가 성장해 가는 과정에서 상대방을 대할 때 다정하고 친절한 태도를 취한다. 상대방과 관계가 좋지 않다면 아기가 없을 때 따로 공간을 마련해 (친구, 상담사 또는 상대방과) 이에 대해 의논한다. 계속 파트너 관계는 아닐 수 있지만 아기가 함께하면 언제나 가족이 되는 것이다. (아기의 안전에 문제가 있는 것이 아니라면) 아기가 최대한 양쪽 부모와 시간을 보내는 것이 중요하다. 이런 쟁점을 뒷받침하는 좋은 연구 결과가 있다. 그리고 어떤 면에서는 따로 떨어져 사는 환경에서 아기를 돌볼 방식이나 약속을 잡고 계획을 세울 때, 헤어진 파트너와 더 잘 지내야 할 필요가 있다.

양육 철학을 공유한다는 것

아이를 키우고자 하는 방식에 대한 견해가 확고할 경우 다른 가족이 양육에 대해 다른 관점을 가지고 있으면 답답할 수 있다. 다음의 시나리오를 상상해 보자. (아마 일반적으로 쉽게 접할 수 있는 상황일 것이다.)

- 우리 주변의 사람들은 지혜가 많고 그것을 우리와 나누고 싶어 한다. 그런데 우리는 이런 것들을 스스로 발견하길 원할 수 있다.
- 사람들은 우리에게 선물을 줌으로써 사랑을 보여 주려 할 수 있다. 하지만 우리는 물질적 제공은 덜 하는 것을 선호할 수 있다.
- 우리를 지원해 주기 바라는 가족과 친구들이 우리를 보러 오거나 전화를 할 시간이 없을 수 있고, 아기 돌보는 일을 도와주겠다는 제안을 하지 못할 수 있다.
- 파트너나 가족이 우리의 결정(예를 들어 바닥 침대를 사용해 보겠다는 것)을 지지하지 않을 수 있다.

정보를 흘려서 교육한다

가족이나 친구 중에 우리와 같이 앉아서 이 책을 읽을 이가 있을 만큼 운이 좋을 수도 있다. 그런데 우리들 대부분은 좀 더 슬며시(조작하라는 것은 아니고) 시간이 경과하면서 천천히 다른 사람이 받아들이는 방식에 따라 정보를 각기 다른 형식으로 공유한다. 이런 방식을 써서 다른 사람들에게 몬테소리 접근 방식을 교육하는 것을 목표로 삼는다. 그래도 그들의 견해가 즉시 바뀌지 않을 수 있다. 하지만 시간이 지나면서 그들은 우리의 방식을 융합할 것이다.

비디오, 블로그, 뉴스레터, 기사, 연구 논문, 팟캐스트 등 사람들이 정보를 받아 보기 원하는 방식을 찾아본다. 몬테소리 방식을 육아에 적용해 효과를 본 사람들의 이야기를 공유한다. 우리가 하려는 일과 상황이 어떻게 진행되고 있는지 그들에게 이야기해 준다. 지금은 정보를 공유하는 방법이 아주 다양하다. 그러니 사람들에게 효과가 있을 법한 형식을 찾는다.

우리가 할 싸움을 선택한다

모든 문제의 모든 측면에서 합의하지 못할 수 있다. 그러니 우리에게 가장 중요한 것이 무엇인지 결정하고 우리가 확고하게 여기는 것의 우선순위를 정한다.

다정하면서도 단호하나 공격적이지는 않도록 한다. 가령 파트너에게 "당신을 사랑해. 내가 중요하게 여기는 것을 보여 주고 싶어. 당신은 아마 관심이 없겠지만 나를 소중히 생각하니까 나랑 같이 이걸 해 보지 않을래?/내 말을 들어 보지 않을래?/이것 한번 들어 보지 않을래? 내가 주도할 거지만 당신이 지원해 줬으면 해. 함께 살펴볼 시간을 만들어 볼 수 있지 않을까? 언제가 좋겠어?"라고 말한다.

우리는 "나에게 중요해."라는 표현을 좋아한다. 절제해서 이 말을 사용한다. 타인을 비난하지 않으면서 무엇인가를 표현하는 방식이다. 이렇게 말하려면 뭔가를 모르는 미약한 존재가 되어야 한다. 그래야 여느 때 같으면 거론하지 않을 무엇인가를 공유할 수 있다.

상대방이 진지하게 들을 수 있는 방식으로 소통한다

상대방이 비판 받는다고 느끼면 연결되기 어렵다. 대화와 관계를 개선할 가능성의 문을 닫아 버릴 수도 있다. 잘못을 바로잡으려 들면 사람들은 방어적이 된다. 그러면 전하고 싶은 중요한 것을 말할 수 없고, 자신을 정당화하다가 길을 잃어버리게 된다. 오로지 한 가지 방법밖에 없다고 생각하면 사람들은 선택의 여지가 없다고 느끼기 쉽다. 그러므로 요구가 아닌 요청할 방법을 찾아야 한다. 어떻게 해야 할까?

모든 사람마다 생각이 있고 느낌, 욕구가 있다. 모두가 자신의 욕구를 충족시킬 수 있는 방법을 찾기 위해서 창의성을 발휘할 필요가 있다. 다 옳은 사람이 없고 다 틀린 사람도 없다. 일이 성사될 수 있는 방법을 찾는다.

다음은 다른 사람이 우리의 말을 잘 들을 수 있도록 소통하는 방식, 갈등이 아닌 창의성을 만들어 내는 대화를 시작하는 방법에 대한 것이다. 마셜 로젠버그가 쓴 『비폭력 대화Nonviolent Communication』에 나오는 내용 중 몇 가지를 가져와 우리의 일상에 접목해 봤다.

비판을 하거나 판단을 하기 전에 먼저 우리 감정을 들여다봐야 한다. 예를 들어 조부모가 초조해하며 아기 주변을 서성이고 있는 것을 봤다고 하자. 우리는 아마 "왜 저렇게 항상 아기를 과보호하시지? 그냥 탐험하게 내버려 두면 좋을 텐데?"라고 생각할 수 있다. 조부모와 이에 대해 이미 몇 차례 이야기를 했기 때문에 답답하고 화가 나려고 할 수 있다. 하지만 성급하게 비판을 하기 전에 먼저 왜 그런 식으로 느끼는지 우리 자신에게 물어봐야 한다.

이때 우리가 바라는 것 중 충족되지 않은 것은 무엇인가? 우리의 욕구 중 어떤 것이 채워지지 않은 것 같은가? 아기가 자유롭게 탐험하도록 허용하는 자유가 우리에게 중요한 육아 원칙인데, 이것이 지켜지지 않은 것일 수 있다. 또는 우리가 아기를 양육하기로 선택한 방식을 타인이 받아들여 주길 바라는, 일종의 존중을 원하는 것일 수 있다. 무엇이 우리의 감정을 상하게 했는지 생각해 본 후에 더 이상 화가 나지 않을 때 조부모에게 양육 방식에 관해 이야기 나누고 싶다고 알린다.

타인과 어떻게 소통할 것인가?

- (강의가 아닌) 대화하기 좋은 시간을 서로 합의해 정한다. 무엇에 대한 것인지 그리고 모두를 위해 수용할 수 있는 해결책을 고안하고 싶다는 것을 간단히 언급한다.
- 합의한 시간에 만난다.
- 객관적인 문장과 중립적인 단어를 사용한다. : "아기가 작은 계단 근처에서 공을 가지고 놀고 있다면, 그 공을 움직이려고 애쓰는 거예요. 그런데 그때 당신이 아이를 들어 올리고 '조심해'라고 말했어요."
- 상대방의 행동에 우리가 어떤 느낌을 받았는지 말하고 원하는 바를 표현한

다.: "그 장면을 보니 답답했어요. 저는 아기가 자유롭게 움직이며 자기 몸의 한계를 배우는 걸 중요하게 생각해요."
- 그들의 관점을 이해하려 노력한다.: "아기가 안전한지 걱정이 된 거죠?"
- 요구가 아니라 요청을 한다.: "아기가 탐험을 하면서 혹시 위험한 것은 아닌지 걱정할 필요가 없게끔 할 수 있는 방법이 있을까요?"
- 함께 가능성을 찾는다. 창의성을 발휘해 본다. 항상 타협을 하는 것은 아니다. 우리가 상상했던 것보다 훨씬 더 나은 결과가 나오는 때가 많다. "걱정이 되면 아기와 계단 사이에 앉아 있어 보는 것은 어떨까요?"라고 제안해 보자. 그러면 상대방이 "아기를 데리고 공원에 갔다 오는 건 괜찮겠어?"라고 물으며 제안을 할 수도 있다.

처음에는 갈등으로 보였던 상황이 서로 다르기는 하지만 그럼에도 우리에게 중요한 사람들과의 연결로 귀결될 수 있다. 처음에는 정형화되고 상투적이라고 느껴질 수 있지만 연습을 하면 훨씬 더 자연스러워지고 우리 자신을 보여 줄 수 있는 표현을 찾게 될 것이다. 그리고 대화 이면에 있는 우리의 의도도 확실해질 것이다. 우리는 정말 모든 사람의 욕구가 충족될 방법을 찾기를 원한다.

Tip · 누군가 이야기를 하자고 청하는데 준비가 되지 않은 상태(자극을 받아 폭발할 것 같은 기분이 들거나, 피곤하거나, 감정적이거나, 산만한 상태)라면 "그 문제에 관해 함께 깊이 있게 대화를 나누고 싶은데 지금은 그럴 기분이 아니에요. 먼저 이런 감정과 생각을 처리하고 이따가 8시에 다시 이야기하면 어떨까요?"라는 식으로 시간을 구체적으로 정하고 그것을 지킨다.

가치를 공유한다

대화를 할 수 있다면 우리에게 공통의 가치, 예를 들어 우리 모두 아기가 사랑받으며 안정감을 느끼고 자신감 있는 아이로 성장하기를 원한다는 것을 알게 될 것이다. 이런 사실에 근거해 서로 불신하고 분개하기보다 협력해 일할 창의적인 방법을 찾아낼 수 있다. 목표는 우리의 비전과 양육 아이디어를 공유하는 것이다. 아니면 최소한 중간 지점을 찾아내는 것이다.

화내거나 언짢아하지 않으면서 차분함을 유지한다. 개인에 대한 공격으로 받아들이지 말아야 한다는 점을 기억한다. 중요한 것은 관계를 유지하는 것이다. 그리고 다른 사람들은 자기가 한 경험에 근거한다는 점을 숙지한다.

종종 조부모와 다른 보호자, 보조 양육자들이 몬테소리 방식을 흡수해 이를 적용시킬 방법을 찾는 경우가 많은데, 정말 아름다운 결론이다. 이들은 자신의 재능을 아기와 나눈다. 정원 가꾸기, 하이킹, 공예품 만들기, 빵 굽기 등의 활동을 아기와 함께 한다.

파트너 또는 다른 보호자들과 정기적으로 육아 관련 대화를 나누는 시간을 갖는다

한 주 내내 육아 관련 대화를 나눠야 한다면 매우 피곤할 것이다. 사실 이런 이야기를 나누기에 제일 좋은 시간 같은 것은 없다. 일주일에 한 번이 적합하다. 그래야 서로의 이야기를 경청할 수 있다. 그리고 나중에 다시 만나서 서로 어떻게 하고 있는지 점검하고 그다음 주의 계획을 짠다.

주중에 발생한 일을 적어 놓은 목록을 냉장고에 붙여 놓는다. 달력을 보고 무슨 행사가 있고, 누가 요리를 하고, 언제 식료품을 사 오고, 누가 아기를 돌볼지 등을 점검한다. 우리에게 생길 일을 의논하고 창의적인 해결책을 찾아본다. 그리고 그다음 주에는 지난주가 어떻게 진행되었는지, 제대로 한 일이 무엇이고 그다음 주에 수정해야 할 일은 무엇인지 알아본다.

재미있게 한다. 와인이나 차를 준비하고, 양초를 켜고, 음악을 튼다. 간식거리를 준비해 즐기는 것도 좋다. 소파에 같이 앉아 영화를 보거나, 보드 게임을 하거나, 기타를 연주하며 노래를 부른다. 인스타그램에 올라온 사진을 보면 다들 그렇게 하는 것 같으니 효과가 있을 것이다.

조부모나 정기적으로 아기를 돌봐 주는 보조 양육자가 있다면 이들과도 최소한 한 달에 한 번 정기적으로 대화를 나누도록 스케줄을 짠다. 이럴 때 우리가 모두 같은 양육 철학을 가지고 아기를 돌보는지 확인할 수 있다. 또는 가장 중요한 문제를 의논할 수 있다.

타인을 이해하려 노력한다

아이를 대할 때와 마찬가지로 다른 어른에 대해서도 호기심을 갖고 이해하는 태도를 갖는다. 교정하려들지 않는다. 가끔 우리는 파트너, 조부모, 교사 또는 다른 보호자들을 비판하고 아이에게라면 하지 않을 태도로 그들을 대한다.

아이들은 우리가 타인을 대하는 태도를 보고 흡수한다. 그러니 타인을 대할 때 존중하는 마음을 아이들에게 시범 보이도록 신경 쓴다. "전에 당신이 _____에 대해 소리를 질렀는데, 그게 당신에게 중요한 것처럼 들렸어. 그것에 관해 좀 더 자세히 이야기해 줄 수 있어?"라고 말해 본다.

감사하는 마음을 표현하고, 즐겁게 하자

상황을 너무 심각하게 받아들이지 않아야 한다는 점을 기억할 필요가 있다. 양육이 가장 이상적으로 이루어지면 기쁨이 가득하다. 그러니 웃자. 아이는 까다롭고 힘든 시기도 이겨내고 새로운 단계에 접어들 것이다. 그렇게 성장할 것이다. 당신은 그것을 알고 있다. 그리고 우리는 최선을 다하고 있다.

아기를 돌보며 함께하는 이들에게 감사의 마음을 표현하자. 우리가 하는 방식과 정확히 똑같지는 않아도 그들의 방식에 분명 감사할 부분이 있다. 여분의 음식을 남기고, 아기 옷을 개고, 아기와 춤추는 그들만의 방식이 있다. 그들과 함께하자. 정말 진심으로 감사하다고 말하라. 이 장면을 분명히 아기가 지켜보고 있다.

아기는 우리 모두 다르다는 것을 배우게 될 것이다

우리는 모든 사람이 항상 우리의 양육 방식에 동의하도록 만들지 않는다. 모두 자기만의 역사를 가지고 있고, 우리가 배운 것은 맞는 것도 있고 틀린 것도 있다. 그리고 오랜 시간에 걸쳐 깊이 몸에 밴 행동을 바꾸는 것이 얼마나 어려운지 안다. 그리고 누가 그 어떤 경우든 항상 자기가 맞다고 자신 있게 말할 수 있을까? 모든 사람은 자기 관점에서 세상을 본다.

큰 그림에 동의하도록 최대한 노력하는 것을 목표로 한다. 그리고 아기는 보호자들마다 그들만의 방식, 어떤 이는 체계적으로 어떤 이는 재미있게 대응한다는 것을 배울 거라는 점을 받아들인다. 그리고 자라면서 자신이 필요로 하는 바를 충족시키기 위해 어떤 상황에서 누구에게 가야 하는지를 아는 법도 배울 것이다.

어린이집이나 교사를 찾을 때 알아볼 점

부모가 직장으로 복귀해야 하거나 복귀를 원할 때 우리가 선택한 방식대로 아기를 돌봐 줄 수 있는 사람을 찾고 싶을 것이다. 조부모, 보모, 오페어 등 일대일로 아기를 돌봐 줄 수 있는 이를 찾는 것이 이상적이다. 그렇다면 아기는 풍부한 언어 환경에 노출되고 연결점을 갖게 될 것이다. 그러면 아픈 날이 있어도 덜 문제가 될 것이다. 그러나 모든 사람이 이렇게 할 수는 없다는 점을 인식한다.

16개월까지 아기를 위한 몬테소리 프로그램을 니도nido(이탈리아어로 둥지라는 의미)라고 부른다. 이후 아이는 유아 그룹으로 옮겨 와 16개월에서 세 살까지 지낸다. 니도는 몬테소리 원칙을 따라 아름답게 준비된다. 엄선된 활동 교구를 준비해 아기가 탐색할 수 있게 하고 매력적이고 차분하게 교구를 진열해 둔다.

니도에서는 교사를 중요하게 생각한다. 한 사람 한 사람 모두가 특별하다.
- 다정하지만 아기에게 사랑 받아야 할 필요는 없는 이들이다.
- 인내심이 많다.
- 천천히 동작할 수 있다.
- 아기에게 풍부한 언어를 제공한다.
- 아기가 울 때 언짢아하지 않고 대응을 할 수 있으며 우는 아기를 대할 때 우선순위를 정할 수 있다.
- 부모와 아기를 지원하는 이들을 이해한다. 경청하고 필요할 때 조언해 준다.

아기에게 소수의 헌신적인 교사(아기의 기준점. 먹이고, 기저귀를 갈아 주고 안정적인 애착 관계를 형성할 수 있는 사람)가 있다면 이상적이다. 연구에 의하면 중요한 것은 교사가 아이에게 세심함을 보여 주고, 아이가 보내는 신호를 이해하고, (번복하거나 바꾸는 일이 거의 없이) 일관성 있게 행동하는 것이다. 따라서 아이가 처음 3년 동안 똑같은 교사의 돌봄을 받는다면 이것도 이상적이다. (8개월에서 24개월은 민감기에 해당하므로 일관성이 특히 중요하다.)

몬테소리 니도를 하는 모든 아이에게 다정한 교사가 있다면 정말 좋겠지만 가까이에 니도가 없거나 재정상의 문제로 할 수 없을 수 있다. 그래서 어린이집을 알아보거나 교사를 구할 때 알아 두어야 할 점을 이야기하겠다.

- 교사가 수유를 할 때 아기와 시선을 맞춘다. (젖병을 든 채 아기를 팔로 받치지 않는다. 그리고 스마트폰도 사용하지 않는다.)
- 아기에게 편안하고 아기의 마음을 끄는 환경을 제공한다.
- 아기가 탐색할 월령에 맞는 활동 교구가 있다. 활동 교구는 가능하면 천연 재료로 만든 것이 좋다.
- 수면 공간에 바닥 침대가 있어서 아기가 잠에서 깨어날 때 스스로 일어서 내려올 수 있는 것이 좋다.
- 아기가 고형식을 먹으면 영양이 풍부한 음식을 공급한다. 아기 스스로 먹을 수 있다. (높은 의자가 아닌) 낮은 식탁과 의자에 앉아서 먹게 한다.
- 교사는 대화할 시간을 내는 것의 중요성을 이해하고, 아기를 다룰 때는 부드럽게 하며 아기에게 손을 대기 전에 먼저 허락을 구한다.
- 교사 한 명 대 아기 세 명의 비율이 좋다. 아기가 접하는 사회 그룹이 클 필요가 없다. 아기는 아직 소수의 주 양육자와 유대감을 맺고 있는 상태다.
- TV는 없어야 한다.

어린이집이나 교사를 찾을 때 이런 사항이 충족되기 어려울 수 있다. 그렇다면 최선을 다해 안락한 장소, 아기가 안정감을 느끼고 그들을 다정하게 돌보는 사람을 찾는다.

어린이집이 추구하는 양육의 가치가 우리 가정과 다를 경우 어떻게 해야 할까?

우리가 받는 질문 중 가장 어려운 게 이것이다. 우리는 천국에 살고 있지 않다. 또한 어린이집에 많은 것을 요구한다는 것을 알고 있다. 가장 중요한 것은 아기를 마음 편히 맡길 어린이집을 선택하는 것이다.

아무것도 바뀌지 않는다면 지금 현재 상황이 괜찮다고 느낄 수 있을까? 가끔 우리는 어린이집이 우리 같은 방식으로 방침을 바꿀 것이라고 생각한다. 수많은 어린이집이 있는데 그들이 만약 변화를 꾀한다 해도 실제로 변화가 일어나려면 시간이 걸린다. 그들이 제공하는 것을 살펴보라. 바깥 공간, 다른 아기들, 따뜻한 식사 또는 아기와 함께 있고 웃는 것을 즐기는 사람이 있는지 보라.

다른 사람보다 좀 더 엄격한 교사가 있다. 몬테소리 원칙을 방식을 달리해 적용해 볼 수 있다. 다른 조건들, 예를 들면 안락한 장소와 아이가 흡수하는 아름다운 활동을 제공하는데 그것이 몬테소리의 원칙을 능가한다고 느껴지는지 또는 돌봄이 더 따뜻하게 이루어지는 곳이라면 몬테소리 방식이 아닌 어린이집이라도 선택할지 등을 살펴본다.

어린이집과 원만하고 좋은 관계를 맺으면 어린이집에서 몬테소리 접근 방식을 흡수할 수도 있고, 이 책을 읽은 후 보호자나 부모를 위해 긍정적 훈련 강습회를 열 수도 있다. 같은 양육 철학을 나누는 것에 대해서는 이번 장 앞부분을 참고한다.

그래도 여전히 편안하지 않다면 우리 가정에 더 잘 맞는 어린이집을 찾아본다. 또는 우리가 일하는 시간을 바꿀 수 있는지 알아보거나, 다른 가정과 번갈아가며 서로 아기를 돌봐 주거나, 함께 나눠서 보호자 역할을 할 수 있는 비슷한 생각을 가진 가족들의 그룹을 찾아본다.

아기와 떨어질 때

아기를 돌보며 도움을 줄 사람을 찾고 있다면 아기와 떨어질 때 확신을 가지고 인사하는 법을 연습할 필요가 있다. 아기는 민감하니 우리가 느끼는 감정을 감지할 것이기 때문이다. 이 점을 유념한다.

아기와 떨어지는 첫 번째 단계는 우리가 선택한 보조 양육자들에게 만족한다는 것을 확실하게 표현하는 것이다. 아기에게 이제 너를 돌봐 줄 사람은 엄마가 믿는 안전한 사람이라는 메시지를 줄 필요가 있다. 그리고 아기는 예측 가능성을 좋아하니 매일 똑같은 방식으로 "안녕"이라는 표현을 한다. DIY 코퍼레이트 맘DIY Corporate Mom 계정을 운영하는 트리나는 아기와 헤어질 때 항상 해가 질 때쯤 집에 올 거라고 말한다. 그리고 금붕어에 대한 책을 읽어 준 후 "안녕" 하고 인사를 한다. 그리고 나면 보조 양육자와 아기가 물고기에게 먹이를 주러 간다. 이렇게 연결이 되는 활동을 찾아보는 것도 아주 좋은 아이디어다.

아기와 떨어질 때 아기가 필요한 만큼 오랫동안 안아 주는 것을 연습할 수도 있다. 아기가 떨어지려고 할 때까지 안고 있는다. '과연 아기가 떨어지려할까?'라고 생각하며 믿기 어려울 수 있다. 그래서 떨어지기에 충분한 시간을 들인다는 것이 힘들 수 있다. 아기가 엄마와 떨어지는 일을 슬퍼한다는 것을 엄마가 이해하고 있다고 아기에게 말해 주고 조심스럽게 조부모나 보조 양육자에게 아기를 넘겨 주는 날이 있을 것이다. 아기와 떨어질 때 시간을 충분히 쓸 수 있다면 대부분의 경우 아기와 헤어지기는 더 쉬워질 것이다. 떨어질 때마다 아기가 얼마나 오랫동안 속상해하는지 관찰하고 아이가 그런 감정을 어떻게 처리하는지 살펴본다.

몰래 빠져나가 아기가 우리가 어딘가로 간다는 것을 알아차리지 못하게 하지 않는다. 우리는 신뢰를 쌓아 가고 있다. 무슨 일이 일어나는지, 우리가 어디로 가며 언제 돌아올지 아기는 알아야 한다. 그리고 약속한 시간에 돌아오려고 최선을 다한다.

우리와 떨어지고 나서 아기가 울 때 대처하는 법을 보조 양육자와 의논할 필요가 있다. 부모와 떨어지면 울음을 그치지 않는 아기가 많다. 아기가 그렇게 우는 것이 보조 양육자에게 너무 힘들다면, 아이가 차분함을 유지할 수 있는 방법을 찾도록 도와줘야 한다.

연구에 의하면 아기는 주변 사람들이 보내는 정서적 신호를 포착한다. 그래서 우리가 보조 양육자를 좋아하고 믿는 것을 보면 아기들도 똑같이 좋아하고 믿는다. 부모가 있을 때 보조 양육자가 집에 와서 아기를 돌보고 시간을 보내는 것이 이상적이다. 아기는 보조 양육자를 보면서 우리 가족이 신뢰하는 사람이라는 것을 배울 것이다. 유사하게 아기를 어린이집에 두고 나올 때 먼저 아기 옆에 조금 떨어져 앉는다. 아기가 엄마 아빠에게 관심을 잃을 때까지 지켜보고 있다가 흥미를 잃으면 조용히 나온다.

아기가 보내는 편지

할아버지, 할머니, 친구, 보조 양육자에게

저를 보러 와 주셔서 고마워요. 여러분은 제게 특별해요.

　저를 대할 때는 부드럽게 대해 주세요. 들어 올리기 전에 준비가 되었는지 물어봐 주고 반응할 때까지 기다려 주세요. 제가 포옹이나 뽀뽀를 좋아하는지 먼저 확인해 주세요. 제가 등을 구부리거나, 다른 데를 보거나, 울면 시간이 조금 더 필요한 거라고 생각해 주세요. 개인적으로 받아들여 기분 나빠하지 마세요. 저는 친해지려면 가끔 시간이 더 필요할 때가 있어요.

　기저귀를 갈아 주거나, 먹여 주거나, 목욕을 시켜 줄 때 먼저 무엇을 어떻게 할 거라고 말해 주세요. 누군가 여러분을 처음 만졌을 때처럼 그렇게 제 몸을 대해 주세요. 저한테는 아주 새로운 일이거든요. 서두르지 않아도 돼요. 저는 이렇게 연결되는 순간을 좋아해요.

　저한테 말해 주세요. 제가 어떤 소리를 내면 그걸 똑같이 따라 해도 좋아요. 주변에 있는 모든 것에 관해 말해 주세요. 나무, 꽃, 채소의 이름을 말해 주세요. 모든 것을 알고 싶어요. 저는 노래하는 목소리를 좋아하지만 너무 과장할 필요는 없어요. 그리고 제가 내는 소리를 흉내 내서 "구구, 가, 갸갸" 같이 말이 안 되는 소리나 단어를 사용하지 않아도 돼요. 그러지 말고 내가 다 이해한다고 생각하고 말해 주세요. 아무튼 나는 다 받아들이고 있으니까요.

　저한테 말해 달라고 했지만 뭔가에 집중하고 있을 때는 조용한 것을 좋아해요. 제가 손이나 발가락, 나뭇잎, 딸랑이, 모빌, 공을 탐색하고 있으면 끝날 때까지 기다려 주세요. 여러분이 좋아하는 일에 집중할 때처럼 저한테도 중요하거든요. 그럴 때는 방해하지 말아 주세요.

　제가 넘어져서 울면 냅다 달려와서 들어 올리지 말고 잠깐만 기다려 주세요. 그 순간을 느끼게 놔 두세요. 넘어지는 게 어떤 것인지 알아보는 중이니까요. 괜찮아서 아무 일도 없었던 것처럼 돌아오는 때도 있어요. 그런데 위로가 필요한 것 같으면 안아 줘도 괜찮은지 먼저 살펴봐 주세요. 걱정하지 말라거나 울지 말라 하고 주의를 흐트러뜨리지 말아 주세요. 그런 감정을 내가 처리할 수 있게 해 줬으면 좋겠어요. 놀랐느냐고 물어봐 주기만 해도 돼요.

　제가 울면 그건 무엇인가에 대해 소통하고 싶다는 의미예요. 무시하지 말아 주세요. 그저 배가 고프기 때문에 우는 것은 아니거든요. 잠이 들기 힘들어서 울고(가끔은 위안을 주는 손길 정도면 충분해요.) 너무 자극이 많을 때도 울어요.(위로해 주고 자극을 없애면 도움이 돼요.) 새로운 것을 해 보고 싶을 때도 울어요.(이때는 다른 공간에서 또는 다른 활동을 시도해 볼 수 있어요.) 배가 아파도 울지요.(그러면 다리를 들고 있어요. 238쪽에 나온 배앓이와 반사 부분을 참고해 메모해 두세요.) 기저귀가 젖었거나 응가를 해도 울어요.(이때 몸의 느낌이 참 이상해요.) 몸을 긁는 옷(솔기가 없는 부드러운 옷이 좋아요. 옷에 붙어 있는 상표 같은 것도 괴로울 수 있어요.)을 입고 있거나 누워 있는 담요에 주름(이건 아무것도 아닌 것 같지만 저한테는 울퉁불퉁한 통나무에 누워 있는 것 같이 느껴지거든요.)이 있어도 울어요. 집 안에 움직임이 많아도 울지요.(형이나 누나가 좋긴 하지만 지금은 조용한 곳이 어디 없을까 궁금하네요.) 그리고 너무 움직임이 없어도 울어요.(나무 아래 누워서 나뭇잎이 움직이는 것을 보는 걸 좋아하지요.) 우유를 너무 많이 먹으면 울고(위장이 그걸 소화할 시간이 필요하거든요.) 딱히 눈에 띄는 이유없이 그저 짜증이 날 때도 있어요. 어쨌든 여러분이 저를 사랑해 주길 바라지요.

가능하다면 도와주지 말고 정말 필요할 때 필요한 만큼만 도와주세요. 너무 많이 도와주면 저 스스로 이 멋진 발견을 할 수 없거든요. 그런데 또 아예 안 도와주면 저는 주변 세상을 포기할 수도 있어요. 여러분이 적절한 균형을 찾을 거라고 생각해요.

탐험을 할 수 있게 바닥에 내려놔 주세요. 아니면 밖으로 데려가 주세요. 자연은 최고의 선물이거든요.

여러분과 친해지고 싶어요. 여러분이 가진 재능을 제게 나눠 주세요. 노래를 불러 주고, 악기를 연주하고, 정원에 나가 구근 심는 것을 보여 주세요. 뜨개질이나 나무 깎는 것을 보여 줘도 좋고, 여러분이 가장 좋아하는 스포츠나 카드 게임을 가르쳐 주거나 옛날이야기를 해 줘도 좋아요.

물리적인 선물은 많이 필요하지 않아요. 반짝거리지 않고 시끄러운 노래가 나오지 않는 간단한 놀이감이 더 좋아요. 저는 생각하고 상호 작용할 수 있는 것을 좋아해요. 이와 관련해 6장에 여러 가지 다양한 아이디어가 있어요. 그런 것들은 장난감이나 아기 용품을 파는 상점에서 찾을 수 있는 것이 아니에요. 저는 영상이나 화면을 좋아하지 않아요. 잠자기에 빛이 너무 세거든요. 그보다는 실제로 만지고 입에 넣어 볼 수 있는 물건이 좋아요.

입 이야기가 나와서 하는 말인데, 저는 지금 입을 이용해 세상을 관찰하고 있어요. 그러니까 입에 넣게 해 주세요. 안전하지 않은 것이라면 빼 주고요.

저를 보고 미소 지어 주세요. 같이 웃고, 제 눈을 깊이 바라봐 주세요.

저를 사랑해 주세요. 그러면 저도 여러분을 사랑할 거예요.

실천하기

- 창의력을 발휘해 우리들의 (작은) 마을을 만들 수 있는가? 아기는 타인에게서 많은 것을 배울 수 있다.
- 파트너나 다른 사람들과 협력해 모두의 욕구를 충족시킬 방법을 찾을 수 있는가?
- 갈등보다 연결을 조성하는 소통을 연습할 수 있는가?
- 우리가 중요하게 생각하는 것을 다른 사람들이 듣고, 받아들일 수 있는 방식으로 소통할 수 있는가?

영아기 이후

10

유아기

우리가 어떤 하나의 단계에 익숙해지기 시작하면 아기가 또 한번 달라지고 우리는 그 변화를 다시 따라잡는 입장이 된다. 아기가 유아기(1~3세)에 가까워질 때 이런 변화를 좀 더 쉽게 받아들일 수 있도록 유아에 대해 몇 가지를 알아 두자.

유아는 강한 질서 감각을 발달시킨다

일이 일어나는 것에 대해 상당히 까다로워지기 시작한다. 유아는 상황이 매일 똑같은 방식에 똑같은 리듬으로 이루어지는 것을 좋아한다. 같은 방식으로 옷을 입고 잠을 잘 때도 똑같은 방식을 원한다. 심지어 먹을 때도 항상 똑같은 숟가락을 사용하길 원한다. 하지만 아이가 일부러 우리를 힘들게 만들려고 이러는 것은 아니다. 그것이 아이에게 중요하기 때문이다. 유아는 어떤 물건이 어디에 속하는지 알고 싶어 하고, 모든 것이 있고 그 모든 것이 제자리에 있는 장소에서 무럭무럭 자란다. 이런 점을 알았다면 아이와 싸우지 말고, 질서 감각을 주고, 일관성을 유지하는 것이 좋다. 연구에 의하면 가족만의 의식을 실행하고 규칙적으로 일상을 보내는 집에서 자란 아이들이 장기적으로 볼 때 적응을 잘 하게 된다고 한다. (다양성이 아이의 적응력을 길러 준다는 아이디어에 배치된다.)

유아는 쉽사리 공유하지 않는다

유아는 기술을 완전히 습득하느라 바쁘다. 아기는 무엇인가를 쉽게 공유하지만 대부분의 유아는 그때 그 순간 하는 일에 집중하고, 자기가 그것을 끝내기 전에는 그 어떤 것도 포기하고 싶어 하지 않는다. 이런 점을 알면 순서를 정해 교대로 하는 시범을 보여 준다. 아이가 자기 순서를 기다리는 것을 힘들어하면 "조금 있으면 네 차례가 올 거야."라고 말해 준다. 그리고 아이의 차례가 오면 계속해서 반복적으로 활동을 한다. 활동을 끝내면 다른 아이에게 그 활동을 넘겨준다.

유아는 "싫어."라고 말한다

어린 아기일 때는 다루기 편하고 선뜻 말을 잘 따르던 아이가 강한 선호도를 표현하기 시작할 것이다. 이는 발달에서 중요한 단계다. 육체적으로 어른으로부터 떨어지는 독립성(몇 가지 단어를 말하고 걷거나 혼자서 먹기 시작할 것이다.)을 연습하기 시작하며, 자아를 주장하고 "나"라는 단어를 사용하기 시작한다. 이런 점을 알면 왜 아이들이 "싫어."라고 말하는지 이해할 수 있기 때문에 기분이 나빠지지 않는다. 그리고 존중하는 방식으로 협력이 무르익도록 아이와 함께하는 법을 찾아내기 위해 노력한다.

유아에게는 자유와 한계가 필요하다

규칙이 너무 많으면 유아는 모든 것에서 우리와 싸우려 들 것이다. 그리고 규칙이 없으면 길을 잃는다. 아이에게는 어느 정도 안전을 위한 경계가 있어야 한다. 누군가 그들을 사랑하고 안전하게 지켜 준다고 느껴야 한다. 이런 점을 알고 어떤 한계를 두는 것이 우리에게 중요하다. 다정하지만 분명하게 그 한계를 설정해 아이와 연결을 유지한다. 타임아웃이나 보상을 줘서 아이를 회유하기보다 우리가 기대하는 것을 확실하게 표현한다. "네가 계속 나를 때리게 내버려 두지 않을 거야. 저쪽에 가서 마음을 가라앉힐 거야. 그리고 이야기할 준비가 되면 다시 돌아올게."라고 말한다.

유아는 연속적으로 더 높은 단계를 터득할 수 있으며 어려운 도전을 늘려갈 필요가 있다

우리가 아이에게 도전하지 않으면, 아이가 우리에게 도전해 올 것이다. 그러니 아이가 무엇을 습득하려 하는지 지속적으로 관찰하고 좀 더 어려운 활동을 제공한다. 아이가 어떤 것을 완전히 습득하면 좀 더 단계를 세분해 난도를 조금씩 높인다. 예를 들어 먼저 앞치마를 두르고 그다음에 사과 씻기를 한다거나, 화병을 더 꺼내서 아이가 꽃꽂이를 계속해서 하게 한다.

유아는 수많은 감정을 처리하는 데 우리의 도움이 필요하다(아이들은 짜증도 부릴 수 있다)

유아는 감정을 담아 두지 않는다. 밖으로 토로할 필요가 있다. 그렇지 않으면 그날 내내 아이의 감정이 부글부글 끓어오르는 것을 보게 될 것이다. 이럴 때 "바보같이 굴지 마."라고 하기보다 "왜 그러는지 말해 볼래?" 또는 "정말? 그럼 이리 와서 얼마나 화가 났는지 이 베개에 표현해 볼래?"라든가, "공원에 더 있고 싶었는데 우리가 가려고 한다고?" 하고 말해 본다. 아이가 일단 진정하면 그때 공원에서 떠난다. 만약 아이가 누군가를 때리거나 소동을 일으켰다면 사과를 하고 상황을 바로잡는 것을 옆에서 도와줄 수 있다. 아이는 우리에게 모든 것을 발산해도 괜찮고 최악의 일을 벌여도 우리가 아이를 사랑한다는 것을 알게 한다.

유아는 자기 힘으로 해 보고 싶어 한다

유아가 "나 그거 해."라고 소리치면 들뜨면서도(아이가 더 배우고 싶다는 표현이다.) 동시에 답답한(서둘러야 할 때 이러면 평소보다 시간이 4배는 더 걸릴 수 있다.) 감정이 들 수 있다. 집의 여러 공간을 좀 더 아이에게 맞게 꾸며서 아이가 혼자 할 수 있는 부분을 더 늘려나간다. 예를 들어 아이가 식탁 차리기, 자기 간식 준비하기, 식탁 치우기, 심지어 설거지(두 살 반 아이가 가장 좋아하는 활동이다.)를 할 때 돕게 할 수 있다. 아이가 스스로 옷을 입고 먹는 것을 배울 때 시간을 충분히 주고, 가능하면 돕지 않고 필요한 경우 필요한 만큼만 돕는다. 아이들은 시간이 지나며 자신이 관리할 수 있는 것이 점점 더 늘어나는 것을 즐거워한다.

유아는 엄청난 능력을 가지고 있다

(흡수정신이 지속되기 때문에) 유아는 사물과 상황을 쉽게 인지한다. 그리고 주변 세상과 점점 더 많이 연결될 것이다. 유아는 모든 것을 전혀 힘들지 않고 받아들이는 것처럼 보인다. 자기 자신을 표현하기 시작하고 움직임이 점점 더 정교해지고 협응 능력도 개선될 것이다.

유아는 천천히 한다

유아는 어떤 기술을 습득하는 데 시간이 필요하다. 우리가 말하는 것을 처리할 시간이 필요하다. (머릿속에서 조용히 10까지 세면서 아이에게 시간을 준다. 그리고 나서 반복한다.) 그리고 우리도 (최대한) 아이의 속도에 맞춰야 한다. 매일 아침 집에서 나갈 준비를 할 때 서두르지 말고 천천히 한다. 서두르는 것은 기차를 놓치면 안 되거나 중요한 약속이 있는데 시간이 훌쩍 지났을 때 정도로 제한한다.

마지막으로 가장 중요한 것, 유아는 멋지다

유아는 지금 이 순간을 살고 과거나 미래를 걱정하지 않는다. 그들은 정확하게 진심을 말한다. (멋지거나 예의 바르려고 노력하지 않는다.) 그래서 우리에게 말하려는 것을 짐작하거나 추측하지 않는다. 이미 스스로 많은 것을 할 수 있고 우리의 일상생활에 참여하고 싶어 한다. 우리가 요리하고, 바닥을 쓸고, 물뿌리개로 창문을 닦을 때 끊임없이 도와주고 싶어 한다. 우리를 안아 주고 그 누구와도 견줄 수 없이 우리를 사랑한다.

성인이 되기까지

몬테소리 박사는 유년기 발달 연령을 0세에서 24세로 설정했는데, 현재 이루어지는 뇌에 대한 연구가 몬테소리 박사의 이론을 뒷받침하고 있다. 1900년대 초반에 아이의 유년기 발달이 24세까지 지속된다는 생각을 할 수 있는 사람이 누가 있었을까? 현재 뇌 연구는 전두엽 피질(뇌에서 결정 내리는 것을 관장하는 부분)이 20대 초반까지 발달한다는 것을 증명한다. 몬테소리 박사는 0세에서 24세까지를 발달의 4단계라 하며 비슷한 특징이 나타나는 기간을 6년 단위로 묶어 4단계로 나누었다.

0세에서 6세까지

몬테소리 박사는 영아기(0~1세), 유아기(1~3세), 미취학기(3~6세)를 묶어 발달 1단계로 명명했다.

1단계 기간 중 아이는 육체적으로 독립성을 갖춰 간다. 성인에게 완전히 의존해야 하는 아기에서 걷고, 말하고, 많은 것을 혼자 힘으로 하는 아이가 되는 것이다. 변화무쌍하고 변덕스러운 시기다. 한 단계에서 많은 발달이 이루어지지 않기 때문에 아이는 육체적, 정서적 영역을 경험하고 사회적으로도 성장하면서 더욱 감정적이 될 것이다.

1단계 내내 아이의 흡수정신이 작동하면서 환경에 있는 모든 것을 힘들이지 않고 받아들인다. 출생 후 아기에서 유아가 되면서 이때 아이는 무의식적 흡수정신으로 모든 것을 의식적으로 노력하지 않고 흡수한다. 더 커서 미취학 아동기가 되면 아이는 호기심 많은 참여자가 되어서 주변에서 보는 모든 것을 좀 더 의식적으로 이해하고 싶어 한다. 우리는 이 상태를 의식적 흡수정신이라고 부른다.

아이는 "왜"라고 묻고 "무엇을"이라고 질문하기 시작한다. 3세에서 6세까지는 그들이 0세부터 3세까지 흡수했던 모든 것을 구체화하려 한다. 3세쯤 된 아이에게 부호나 상징은 어떤 표현이 될 수 있고 글자와 숫자에 관심을 보이기도 한다.

6세에서 12세까지

초등학교 아이가 세상의 시민이 된다. 이것이 발달 2단계다. 아이의 호기심은 그들 앞에 놓인 세상 너머로 뻗어나가기 시작하며 아이는 먼 곳, 고대 문명, 우주와 그 너머에 대해 더 알고 싶어 한다. 이 시기의 아이는 사물이나 현상을 단순히 사실로 받아들여 흡수하지 않는다. 6세에서 12세 아이는 답하기 애매하거나 불분명한 것들에 관해 질문할 것이다. 우리 가족의 구성이 왜 다른 가족과 다른지, 우리가 믿는 종교나 가족 형태 등에 관해 물어볼 수 있다. 이때 아이는 옳고 그름, 선악, 공평과 불공평 등 도덕적 질문과 개념을 생각하느라 바쁘다.

또한 좀 더 복잡한 사고를 하고 어른이 허용하면 아이 스스로 놀라운 발견을 할 수 있다. 아이들의 부모 또는 교사로서 우리는 아이의 흥미와 관심을 자극해 줄 수 있다. 그렇게 해서 아이가 흥미를 느끼고 관심을 가지면, 연결하고 이론을 발전시키게끔 허용한다. 때때로 아이들은 일반적으로 고등학교나 대학교 또는 그 이후에 고민할 만한 문제와 질문을 사색하기도 한다. 한계가 없다.

부모는 이 시기가 다른 발달 단계보다 변화가 덜하다는 것을 알고 안도할 수 있다. 폭발적인 성장이 적고 변화도 비교적 적으며 아이가 안정적인 기간이다.

12세에서 18세까지

10대 청소년에 대한 오해가 크다. 보통 10대가 반항하길 좋아하고 말을 듣지 않으며 우울하고 불평불만이 많다고 생각한다. 그렇지 않았다. 단언컨대 10대는 어울리기에 좋은 사랑스러운 존재. 신체와 호르몬에 엄청난 변화가 일어나고 그렇기 때문에 여러 가지 감정적 변화가 동반된다. 이 시기는 유아기와 공통점이 많다. 그래서 아이가 힘들어하면 어른이 지원해 줄 필요가 있다. 이때 아이는 가족보다 친구에게 좀 더 가까워지면서 *사회적 독립성이* 증가하는, 발달에서 아주 중요한 단계를 거쳐야 하기 때문이다.

이 기간은 발달의 3단계로 깊은 감정의 시기라고 할 수 있다. 이때 아이는 사회적 문제(기후 변화, 빈곤, 식량의 분배 등)를 해결하는데 상상력을 동원하기 시작한다.

대부분이 친구와 시간을 보내길 원하지만 지원이 필요할 때 의지할 수 있는 가정이 주는 안정감도 필요로 한다.

18세에서 24세까지

발달 4단계의 아이는 유년기와 성년기 사이에 놓여 있다. 앞으로 일어날 일에 대해 호기심을 느끼지만 아직은 성인이 되었다고 느끼지 않는다. 이 시기의 젊은 이는 기본적으로 사회에 공헌하길 바란다. 스스로 더 깊이 있게 연구할 수 있고 평화 봉사단의 작업에 참여할 수 있다. 봉사 활동을 많이 하고 풍성한 자유를 누리는 시간이다. 몬테소리 박사는 발달 1~3단계에서 모든 것이 이뤄졌다면 마지막 4단계 는 저절로 잘 진행된다고 말했다.

이제는 아이들을 떠나보낼 시간이다. 우리가 심어 준 뿌리를 아이들은 항상 지 킬 것이다. 날개를 펼쳐 더 멀리 날아갈 시간이 온 것이다.

실천하기

- 다가오는 유아기를 위해 무엇을 준비할 수 있을까? 아이가 필요로 하는 바가 바뀌고 있는 데 집을 어떤 식으로 바꿀 수 있을까?
- 우리의 유년 시절을 생각하며 발달의 4단계를 인식할 수 있는가?
- 우리가 이 책에서 배운 사랑, 이해, 존중의 원칙을 삶에서 어떻게 적용할 수 있을까? 파트 너, 큰 아이들, 이웃, 형제자매를 대상으로 그 원칙을 적용할 수 있는가? 우리와 생각이 다 른 사람들에게도 적용할 수 있을까?

발달의 4단계

1단계	2단계	3단계	4단계
0~6세	6~12세	12~18세	18~24세
씨앗을 심고 있다.	줄기가 크고 튼튼하게 자라고 있다.	나뭇잎과 꽃이 피고 거의 성숙 단계에 가까워진다.	완전히 다 자랐다.
· 육체적, 생물학적 독립성 · 흡수정신 · 세상을 구체적으로 이해함 · 감각을 이용한 학습자 · 아이들은 소규모로 협력하며 함께 작업한다. · 급격한 성장과 변화	· 정신적 독립성 · 도덕 감각(옳고 그름)이 발달하고 일이 어떻게 이루어지고 연결되는지 탐구 · 구체적 학습에서 추상적 학습으로 이동 · 상상을 통해 학습 · 소규모 그룹으로 협력 · 성장은 덜하며 안정적인 시기	· 사회적 독립성 · 사회 정책 (그것이 어떻게 세상을 바꾸는지)을 발전시킴 · 아이디어와 이상을 타인과 공유함 · 육체적, 심리적으로 급격한 변화가 일어남(1단계와 유사)	· 영적, 도덕적 독립성 · 사회 공헌 · 이성적, 논리적 사고 · 안정적인 시기 (2단계와 유사함)

평화로 가는 길

첫 장에서 우리는 아기를 미래의 희망이라고 불렀다. 하지만 우리가 초래한 문제를 아이들이 해결하길 바라며 기다리지만은 않는다. 그보다는 아기, 유아, 청소년, 젊은이와 함께 일해 좀 더 나은 세상을 만들 수 있다.

사랑하고 존중하며 부드러운 손길로 아이를 키운다면 그들은 타인을 대하는 법을 배울 것이다. 아이들은 미워하지 않으며 사랑할 것이다. 벽을 놓지 않고 다리를 만들고, 자연을 소모하고 파괴하는 게 아니라 자연과 협력할 것이다.

우리의 가족, 미래에 생길 가족, 이웃 그리고 우리와 다르게 생각하는 사람들과 함께 걷자. 서로를 이해하고 받아들이자. 모두가 필요로 하는 바를 충족시킬 수 있도록 협력하는 법을 찾아내자. 전 인류의 평화를 염원한 몬테소리 박사와 함께 하자.

"내가 사랑하는 강한 아이들이 나와 함께 세상과 인류에 평화를 전하기를 간구한다."

-네덜란드 노르트베이크 안 제이에 안장된 몬테소리 박사의 묘비명

전 세계 몬테소리 가정

몬테소리 원칙으로 아기를 키우는
전 세계 여러 가정의 이야기를 소개하게 되어 참 기쁘다.

인도/우간다 (뉴질랜드에서 생활)

자야, 니쿨 그리고 아니카
포레스트 몬테소리

"공생기가 정말 좋았어요. 손님은 최소한으로 받고 집에서 아니카와 일대일로 유대감을 맺는 데 집중했어요. 우리가 함께한 가장 특별한 시간이었죠."

"아이가 그렇게 오랫동안 집중할 수 있다는 사실에 놀랐어요. 무용수 모빌, 고비 모빌 그리고 나무로 만든 차임벨 모빌을 아이가 제일 좋아했어요. 그리고 딸랑이 잡기와 플레이실크(playsilk, 실크 같은 천을 놀이감처럼 사용하여 상상력을 자극하는 놀이-옮긴이) 하기도 정말 좋아했어요. 나무랑 비오는 광경을 볼 때마다 아이는 신이 나서 춤을 추곤 했어요. 생후 첫 몇 달 동안 아니카는 대비가 강렬한 그림 보는 걸 즐겼어요. 아이가 태어났을 때부터 우리는 책을 많이 읽어 줬어요."

"길고 긴 나날, 낮과 밤이 빠르게 지나갔지만 생후 첫해에 아이가 당신에게서 받은 신뢰는 안정적인 애착과 개성을 형성하는 토대가 될 거예요. 첫해 당신이 준 무한한 사랑과 수고는 이후 당신과 아이의 생애에 결실을 맺을 거예요."

"규칙적인 일과는 아기에게 아주 중요해요. 아기는 예측하는 것을 좋아하지요. 우리 가족은 정확하면서도 융통성 있게 리듬을 유지했는데, 아니카는 다음에 무슨 일이 일어나는지 알면서 잘 자랐어요. 그림을 그려 넣은 주간 달력을 만들어 아이에게 보여 줬어요. 매일 차를 타고 나가기 전에 정확하게 우리가 어디에 갈지 알려 줬지요. 그랬더니 아이가 차 타는 걸 훨씬 수월하게 받아들이더라고요."

영국

찰리, 마리아 그리고 루카스
몬테소리 챕터스

"아이가 계속해서 새로운 것을 배우는 모습을 관찰하는 게 참 좋았어요. 처음 아이가 물건에 집중하기 시작했을 때(아이는 집 창문 셔터에 쏙 빠졌어요!)부터 기어 다닐 수 있기 전에 혼자 힘으로 꼼지락거리며 움직여서 어디론가 가고, 또 처음으로 자기 힘으로 구르기를 하는 순간을 보는 건 부모로서 정말 흥분되는 순간이었죠."

"우리는 아기가 태어난 순간부터 아이를 진짜 사람으로 대했어요. 기저귀를 갈아 주고 수유를 할 때 무슨 일이 일어나고 있는지 먼저 알려 주고, 일상생활에서도 우리가 하는 일을 말해 줘서 아이가 이해하는 법을 배우게 했어요."

"루카스는 자유롭게 움직일 수 있는 것을 좋아했어요. 집에서 또는 자연으로 나갈 때도 최대한 아이가 자유롭게 움직일 수 있게끔 했어요. 루카스가 구르는 법을 배운 날 우리는 소파를 옮겨서 라운지 공간 중앙에 방해물을 최소화하고, 아이가 움직일 수 있는 공간을 최대한 많이 주기로 했어요."

"몬테소리의 많은 부분은 마음가짐이라고 생각해요. 하면 할수록 많은 것을 배울 수 있어요. 있는 그대로 받아들이고, 과정을 느끼고, 스스로를 압박하지 않으며 가능하면 많이 즐기는 거예요."

"아기의 손과 발을 덮지 않는 가벼운 면을 주로 사용했어요. 그래야 아이가 주변 사물의 촉감을 경험할 수 있거든요. 헐렁하고 늘어나는 바지와 티셔츠를 입혀서 편안하게, 아이가 원하는 만큼 자유롭게 움직일 수 있게 해 줬어요. 집에서 주로 사용하는 방들은 난방을 충분히 해서 아이가 옷을 많이 안 입어도 되게 했어요. 가능할 때마다 바깥에 나가서 아이가 잔디와 나뭇잎을 느끼고, 잔디 위에서 굴러도 보면서 자연을 탐험할 수 있게 했어요."

미국

테레사, 크리스, 디(D) 그리고 에스(S)

실생활 몬테소리

"몬테소리를 한 덕분에 우리 아이는 공간을 갖고 도구를 이용해 발견과 소통을 하고, 자기 능력을 깨달을 수 있게 되었어요. 아기가 얼마나 아름답고 특별한 인간인지 깨닫게 되기도 했고요. 이 아이는 누나랑은 다른 힘이 있었고, 흥미를 갖는 것 그리고 도전하려는 분야도 달랐어요."

"가장 좋았던 순간은 조용하면서 차분하게 수유를 하며 서로를 바라볼 때였어요. 그 어느 곳도 아닌 바로 거기, 그 순간을 함께했던 거죠. 수유를 하고 나면 아이가 팔을 쭉 뻗고 방글거리며 웃고 만족스러운 표정을 지었는데 그 모습은 아무리 봐도 질리지 않았어요."

"두 아이 모두 생후 2개월에서 3개월 때 나비 모빌에 빠졌었죠. 움켜잡기를 시작하면서 리본이나 종 그리고 이가 날 때 무는 종 같은 촉각 모빌이 매달려 있는 걸 정말 좋아했어요. 생후 첫해 후반기에는 열고 닫을 수 있는 상자나 간단한 DIY 셰이커 같은 용품을 꽤 오랫동안 즐겨 이용했고요."

"자유롭게 움직이면서 자연스럽게 대근육 발달을 할 수 있게끔 집을 꾸몄어요. 아기가 태어난 후 바닥에 부드러운 매트나 러그를 깔아 그 위에 눕혀 놓았어요. 그러니 몸을 자유롭게 뻗고 제약 없이 움직일 수 있었죠. 거울을 낮게 설치했더니 자기 움직임을 보고 새로운 방식을 시도하며, 몸과 정신을 연결하는 법을 배워가더라고요."

토고 (일본에서 생활)

아에파, 게빈, 야니스 그리고 겐조
야니스를 키우며

"몬테소리를 하면서 아이들에 대해 신중해졌어요. 뭔가 다른 양육 방식을 찾는 새내기 부모에게 필요한 가이드 역할을 몬테소리가 해 줬어요."

"저는 신생아를 대할 때 아기에게 말을 건다는 부분이 제일 좋았어요. 우리 아이들은 아주 말을 잘 하거든요. 아기 말로 시작해 아이들이 이끄는 대로 따라가며 대화를 계속했어요."

"시간을 들여 집에서도 몬테소리 방식을 실천하고 싶었어요. 첫해에는 집을 몬테소리 교실이랑 똑같이 만들려고 노력했어요. 그런데 그렇게 하려니 아이도 그렇고 우리도 많이 혼란스럽고 힘들더라고요. 그래서 그냥 우리 집에 맞춰서 바꿨어요. 가정에서 몬테소리를 할 때 얼마든지 융통성을 발휘할 수 있어요. 정말 놀랍지요?"

"적절하게 잘 이용하기만 하면 몬테소리는 온전한 삶의 방식이 돼요. 건강한 유대감을 형성하는 데 도움을 주죠. 새로 부모가 되는 분들께 아이가 배우기 원하는 방식으로 살아가라고 조언하고 싶어요."

스페인 (미국에서 생활)

네우스, 존 그리고 줄리아
가슴으로 배우는 몬테소리

"아기를 위해 마법 같은 몬테소리 교육을 관찰했는데 지금까지 정말 매일매일 놀라고 있어요. 자유롭게 움직일 수 있게 하니까 딸아이는 독립적으로 놀고 탐색하는 것을 좋아하게 됐어요. 우리 딸은 움직이고, 때려 보고, 구르고, 움켜잡고, 모든 감각을 이용해 세상을 탐색하기 좋아하는 아이예요. 수유, 기저귀 갈기, 잠자기를 모두 몬테소리 방식으로 하니 아이가 차분하고 안전하며 새롭고 흥미진진한 모험을 시도하는 데 도움이 됐어요."

"조용하고 차분하며 안전한 가정 환경은, 아기가 안정감을 느끼고 주변 세상을 탐험하기 시작하는 데 핵심이에요. 우리는 먹고, 자고, 놀 곳을 따로 정해 그에 맞춰 공간을 꾸몄어요. 그러자 아이는 규칙적으로 돌아가는 일과를 예상할 수 있었고 그래서 안정감을 얻었어요."

"몬테소리가 제시한 시간표를 따르는 것에 몰두하다 보니 딸아이와 아이의 발달 단계를 간과했던 적이 있는데, 그랬더니 부작용이 생겼어요. 고비 모빌을 설치했는데 아이 표정을 관찰해 보니 별로 관심이 없는 거예요. 그래서 엄마로서 내 자아를 잠깐 멈추고 몬테소리 자아로 돌아가 아이가 이끄는 대로 따라갔어요."

나이지리아

주니파, 우조, 솔루, 메투 그리고 비엔두

두오마 몬테소리 그리고 프루트풀 오차드 몬테소리 학교

"몬테소리를 하면서 우리 아이들이 해내는 것이 아무리 작더라도 그것을 알아보고 기뻐해 줄 수 있다는 것을 알게 됐어요. 아이들은 몸을 뒤집거나 구멍에 공을 넣는 법 등을 알아내려 노력해요. 얼마나 끈기 있는지 몰라요. 포기하는 법이 없어요. 정말 놀랍답니다. 저는 아이들 관찰하는 게 제일 좋아요. 관찰하면서 아이들을 발견하게 되거든요. 그 발견의 기쁨을 대놓고는 아니어도 은근히 즐기지요. 그럴 시간과 공간을 따로 마련해 둡니다. 나를 위한 축하인데 그런 작은 순간을 경험하며 육아의 기쁨을 누립니다."

"아이들이 바닥 침대에서 자다가 일어나면 울지 않고 조용히 기어서 내 방으로 와 침대 프레임을 붙잡고 일어서서 그 작은 손으로 내 얼굴을 문지르거나 소리를 내서 깨우곤 했어요. 제가 제일 좋아한 순간이었죠. 세 아이 모두 이렇게 할 때가 많았는데, 지금 생각해도 미소가 절로 지어지네요. 아이들이 움직일 수 있고 독립적으로 탐험하기 시작하는 이 단계가 참 좋아요. 몬테소리의 바닥 침대는 아이들이 독립성을 기르는 데 큰 도움이 됐어요."

"아기에게 손위 형제자매가 있으면 어려운 점도 있기는 해요. 하지만 관찰하다 보면 정말 아름다운 순간을 자주 보게 됩니다. 저는 첫 아이를 낳기 전에 몬테소리를 알게 되었는데, 정말 행운이라고 생각해요. 첫째 아이를 키우며 들인 공이 모두 둘째에게 그리고 다시 두 아이에게서 막내에게로 고스란히 전달되었어요. 물론 아이들끼리 생각이 항상 일치하지는 않고, 한 아이가 다른 아이가 하는 일

을 방해하기도 해요. 하지만 그런 순간조차 부드럽게 자기 생각을 표현하고 갈등 상황을 조정하는 법을 배울 기회인 거예요."

네덜란드

시모네의 부모-아기 수업

자카란다 트리 몬테소리 그리고 몬테소리 노트북

"어떤 일이 발생하도록 만들었다고 느낄 때 아기의 눈에는 경이로움이 서립니다. 공을 굴리는 법, 딸랑이를 흔들었을 때 나는 소리 또는 처음으로 발가락에 손이 닿았을 때 아기는 놀라지요. 간단한 발견의 순간이지만 이를 통해 아기는 세상에 자신이 어떤 영향을 미칠 수 있다는 것을 믿게 됩니다. 그리고 배움을 사랑하는 기반이 형성될 거예요."

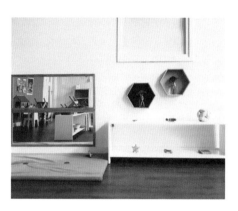

"아이가 저마다의 방식으로 공간을 탐험하는 모습을 보는 게 즐거워요. 기어 다니기 연습을 하느라 바쁜 아이가 있고, 앉아서 계속해서 구멍에 공을 떨어뜨리는 활동을 반복하는 아이도 있지요. 엎드려서 다른 활동을 하고 있는 아이들을 관찰하는 아이도 있어요. 정말 다양해요."

"부모들은 생각보다 많은 일을 하지 않을 수도 있어요. 아이가 집중하고 있다면 우리는 앉아서 관찰을 할 수 있습니다. 그러다가 아기가 우리를 부르면 그때 대응하고요. 하루 종일 아기를 기쁘게 해줘야 한다고 생각하는 것보다 훨씬 더 여유로운 육아 방식입니다."

부록

월령별로 체크해야 할 핵심 사항 및 준비 항목

임신 기간 중

자궁에 있는 아기는 이미 모든 것을 흡수하고 있다.

이 기간에 알아야 할 핵심 사항

임신 기간 아홉 달 동안 부모가 될 준비를 한다. 이미 우리와 연결되어 있는 아주 특별한 사람을 길러 내고 있다는 것을 완벽하게 이해하는 시간을 갖는다. 직접 아기를 임신해 키우지 않는 사람들도 아기와 연결되는 방법을 찾을 수 있다.(253쪽 참고) 아기를 위한 공간을 미리 준비해 둔다. 그러면 아기는 태어나 우리가 그들을 기다리고 있었다는 것을 알게 될 것이다. 아기를 사랑하고 그들을 받아들인다는 것에 관해 아기와 소통한다.

아기와 유대감 형성하기

- 배를 마사지한다.
- 배 속에 있는 아기에게 말을 건다.
- 파트너(있을 경우)도 배에 가까이 대고 아기에게 말을 건네고 배를 쓰다듬어 줄 수 있다.
- 아기를 원하고 사랑한다는 것을 아기와 소통한다.
- 아기가 태어난 후, 이행에 도움이 되도록 기준점을 만들어 준다.
- 입양 부모나 임신을 하지 않는 부모는 253쪽 내용을 참고한다.

부모가 준비해야 할 것

- 좋은 영양 상태
- 정서적, 영적 준비
  - 삶에서 아기를 위한 공간을 마련한다.
  - 부모가 된다는 것에 관해 사람들에게 이야기한다.
  - 비슷한 철학을 가진 가정을 찾는다.
- 정서적 환경을 최대한 안정적으로 유지한다.
- 파트너가 있다면 함께하는 의식이나 행사를 마련하고, 출생 후에도 함께하는 시간을 계속 가질 수 있도록 방법을 강구한다. (예: 일과를 마치고 함께 차나 와인을 마신다거나 아침에 함께 바깥에 앉아 있는 시간을 갖는 것)
- 분만법을 검토해 본다.

아기를 위한 옷 준비하기

- 솔기와 상표가 없는 부드러운 옷
- 가능하다면 천연 재료로 만든 옷
- 기모노 스타일의 상의나 목 부분에 단추가 달려 있어서 입히고 벗기기에 용이한 옷
- 가능하다면 천 기저귀

물리적인 공간 준비하기

- 아기가 머물 공간에는 아름답고 간결하며 필수적인 용품만 두고, 그 상태를 유지한다.
- 수면을 위한 체스티나와 바닥 침대
- 가로로 긴 거울을 놓아둔 활동 공간
- 수유를 위한 성인용 의자 (공간이 허락하면)
- 기저귀 갈 때 사용하는 패드
- 아기 캐리어와 유모차
- 출생 후 아기를 안을 때 사용할 토폰치노(퀼트로 만든 얇은 쿠션)
- 아기가 목욕하는 곳
- 더 자세한 내용은 4장을 참고한다.

첫 달에서 두 달

공생기

이 기간에 알아야 할 핵심 사항
1. **안정감**: 출생 후 처음 몇 시간, 몇 날, 몇 주를 거치며 우리는 아기와 신뢰 관계를 형성한다. 아기가 울면 대응한다. 부드럽게 안고 들어 올리기 전에 이름을 부른다.
2. **적응**: 이 기간 동안 아기는 자궁 바깥세상에 적응하고 우리를 알아 가기 시작한다. 우리도 아기를 알아 간다. 이런 이행이 최대한 원활하게 이루어지도록 하고 모든 것을 간결하게 유지한다.
3. **방향성/기준점**: 아기는 우리를 보고 방향을 잡고 적응하는 법을 배운다. 그러니 이 기간 동안 아기를 돌보는 사람의 숫자를 제한한다. 같은 공간에서 먹이고, 재우고, 놀고, 활동을 하게 해서 방향을 잡고 적응할 수 있게 돕는다.
4. **애착/분리**: 이 기간은 아기의 애착 형성에 중요한 시간이다. 출생 후 몇 달 동안(애착은 생후 8개월경 일어남) 강력한 애착 관계를 형성하는 기반을 다지는 작업을 시작한다.
5. **만지기**: 아기를 다룰 때는 부드럽고 존중하는 마음으로 대한다. 자신감 있고 효율적인 움직임은 아기에게 안정감을 주고, 예상치 못한 움직임으로 아기를 놀라게 하는 일을 방지할 수 있다.
6. **육체적 돌보기**: 수유하고, 기저귀를 갈아 주고, 잠자기 패턴을 만들고, 목욕을 시키는 데 많은 시간을 보내게 될 것이다. 이런 시간을 아기와 연결되는 마음 챙김의 순간으로 만들 수 있다.

아기와 유대감 형성하기
- 아기를 안고 눈을 바라본다.
- 간단한 대화를 나눈다.
  - 수유할 때
  - 목욕시킬 때
  - 기저귀를 갈아 줄 때
  - 부드럽게 마사지해 줄 때
- 노래하기, 춤추기, 음악 틀기
- 서로 피부를 접촉하기

부모가 준비해야 할 것
- 파트너는 가족을 "보호"할 수 있다.
- 파트너, 조부모, 보조 양육자, 청소 도우미 또는 친구에게 요리, 청소, 장보기, 다른 아이들 돌보기 등을 부탁한다.
- 가능하면 최대한으로 잠을 잔다. 아기가 쉴 때 휴식한다.
- 관찰: 아기가 필요로 하는 것, 소통하는 법, 아기의 특별한 발달을 이해하는 법을 배운다.

일상의 리듬과 돌보기
- 아기는 일어나서 먹고, 잠깐 동안 놀다가 기저귀를 갈고, 안겨 있다가 대화를 하고 다시 잠이 들 것이다.
- 아기의 자연스러운 리듬을 따른다.
- 언제든지 먹고 낮잠을 많이 잔다.
- 자유로운 활동에 적합한 옷, 피부에 부드럽고 머리 위로 입히고 벗기기 편안한 또는 기모노 스타일의 옷을 고른다.
- 아기를 다루기 전에 먼저 허락을 구한다. 항상 부드럽게 다룬다.
- 아기의 (엄마 배 속에 있을 때부터 기준점인) 손을 자유롭게 한다.

물리적인 공간 준비하기
- 아기가 자궁에서 바깥으로 나와 적응하는 데 도움을 줄 수 있도록 공간을 조금 더 따뜻하고 살짝 어둡게 유지한다.
- 먹는 공간: 장소의 일관성을 유지한다. 공간이 허락하면 침실에 의자를 놓고 밤에 이 의자에 앉아서 먹인다.
- 기저귀 교환 공간: 기저귀를 갈아 줄 때 같은 곳에서 한다.
- 활동 공간: 아기가 몸을 뻗고 스스로 거울을 볼 수 있는 바닥 매트
- 토폰치노를 기준점으로 이용하고, 아기를 안고 있을 때 과도한 자극은 제거한다.

아기를 위한 활동
- 시각적 발달: 아기는 주변 30센티미터 정도에 집중할 수 있다. 시선 맞춤을 한다. 나무 그림자를 따라간다. 몬테소리 모빌(무나리, 팔면체, 고비)과 상호 작용을 한다. 형제자매의 움직임을 추적한다.
- 육체적 발달: 활동 매트, 아기가 몸을 뻗고 자기 손과 발을 연구해 몸에 대해 배우게 한다.
- 언어: 대화(아기가 대응할 시간을 준다.)하거나 아기에게 간단한 책을 읽어 준다. 다중 언어를 구사하는 가정이라면 출생 때부터 다중 언어로 아기에게 말을 건다.
- 청각 발달: 우리 목소리, 종소리, 풍경 소리, 부드러운 음악(배 속에 있을 때 틀어 준 것과 동일한 음악)

석 달에서 넉 달

좀 더 깨어 있는 시간이 많고 초롱초롱해지며 새로운 기술을 시도한다.

이 기간에 알아야 할 핵심 사항

출생 후 첫 두 달처럼 안정감, 적응성, 방향성, 애착, 만지기 그리고 육체적 돌봄을 하면서 관계의 토대를 다지는 작업을 지속한다. 아기는 이제 좀 더 깨어 있고 초롱초롱하며 "환경(사람, 활동 그리고 공간)"에서 좀 더 많은 정보를 얻고자 노력한다. 우리는 아기가 소리에 반응하고, 눈으로 추적하고, 세상을 향해 뻗어 나가는 것을 볼 수 있다. 아이들은 감각을 이용한 탐험가다. 아기는 시각과 청각의 발달과 팔다리(손이나 발로 사물을 쳐서)의 협응 작업을 하고 있다. 그리고 사물 움켜잡기를 할 수도 있다.

아기와 유대감 형성하기

- 육체적 돌봄을 서둘러서 할 필요는 없다. 오히려 아기와 연결되는 순간이 될 수 있기 때문이다.
- 노래를 해 주고, 음악을 틀고, 조용한 순간을 갖고, 시선 맞추기를 한다.
- 부드러운 마사지
- 아기는 얼굴에 관심을 가지며 우리 입을 관찰한다.
- 우리 가정의 일과에 아기를 참여시킨다. (간단한 외출에 아기를 데려간다.)

부모가 준비해야 할 것

- 아기가 잘 때 휴식을 취한다.
- 아기의 특별한 발달을 관찰한다. 우리 아기는 어떠한가? 무엇에 관심이 있는가? 지금 어떻게 아기의 발달을 지원할 수 있는가?
- 파트너(있을 경우)와 지속적으로 연결될 방법을 찾는다. 예를 들면 아침에 같이 차를 마시는 시간을 갖거나, 저녁에 발 마사지하는 시간을 갖거나, 함께 침대에 누워 있는다.
- 분리하기: 이 시기에 직장으로 복귀하는 부모도 있는데, 이는 부모로서의 자아를 분리함으로써 일종의 휴식이 될 수 있다. 아기에게 항상 어디에 가며 언제 돌아올지 말해 준다.

일상의 리듬과 돌보기

- 옷: 자유롭게 움직일 수 있는 것, 가능하면 머리와 발, 손을 드러낸다.
- 고무젖꼭지: 몬테소리에서는 일반적으로 사용하지 않으며, 사용할 경우 잠잘 때 제한적으로 사용한다.
- 카시트, 바운서 등과 같이 태우는 기구에 아기를 두는 시간을 제한하고, 아기가 자유롭게 움직일 수 있게 한다.
- 아기를 다룰 때 항상 먼저 허락을 구한다.

물리적인 공간 준비하기

- 대부분이 첫 달에서 두 달 기간에 준비하는 것과 같다.
- 체스티나가 작아지면 아기를 바닥 침대 혹은 같이 잔다면 부모의 침대에서 재운다.
- 놀이 공간: 활동 매트, 거울, 간단한 움켜잡기용 장난감이 진열된 낮은 교구장

아기를 위한 활동

- 시각적 발달: 아기는 계속해서 모빌을 이용하고, 시선 맞춤을 하고, 공간 내 움직임을 추적한다.
- 대근육 발달: 탐색을 하면서 아기는 구르기를 시도하고 손과 발에 관심을 보일 것이다.
- 소근육 발달: 모빌 때리기를 시작할 것이다. 그러면 우리는 아기가 당기거나 발로 차 볼 수 있도록 움켜잡기용 놀이감을 추가한다. 아기가 만질 흥미로운 물건을 준다.
- 언어: 발성이 증가한다. 계속해서 풍성한 언어를 공급하고, 책을 읽어 주고, 아기와 대화한다. 아기는 입술로 거품 불기를 연습할 수도 있다.
- 청각 발달: 아기가 탐색할 소리를 생각해 본다.

다섯 달에서 여섯 달

깨어 있는 시간이 늘어나고 움직임, 발성이 증가한다.

이 기간에 알아야 할 핵심 사항

아기는 이제 배고프지 않아도 잠에서 깨어날 것이다. 좀 더 길게 놀 수 있고, 움직이고, 구르고, 조작할 수 있는 물건에 관심을 가질 것이다. 이들이 활동하는 물리적 공간, 보조 양육자와의 관계 그리고 일상의 리듬에서 질서를 중요시한다. 고형식을 먹기 시작하면 협력에서 독립성으로 이동하기 시작한다. 그래서 빵 조각이나 푹 조리된 채소 같은 음식을 혼자 힘으로 먹으려 한다. 선호도를 표현할 수도 있다.

일상의 리듬과 돌보기

- 하루에 세 번에서 네 번 정도 낮잠을 잔다.
- 방해하지 말고 아기가 놀고 탐색할 시간을 준다.
- 생후 6개월 정도에 처음으로 고형식을 도입한다.

부모가 준비해야 할 것

- 아기가 놀 때 가능하면 도와주지 말고 필요할 경우 필요한 만큼만 도와준다. 약간의 좌절감은 어떤 기술을 습득할 때 긍정적인 감각을 키우는 데 도움이 될 수 있다.

아기를 위한 활동

- 움켜잡기용 놀이감: 아름답고 천연 재료로 만든 것, 아기 손 안에 들어가는 것, 안에 작은 구슬이 들어 있어서 청각적 피드백을 줄 수 있는 종, 작은 구슬을 이용한다.
- 보물 또는 발견 바구니를 만들어 아이가 탐색하게 한다.
- 언어: 옹알이와 소리를 연습한다.

물리적인 공간 준비하기

- 이전 달과 거의 비슷하다.
- 젖을 떼고 낮은 식탁 앞에 있는 의자에 앉아서 먹게 된다. 낮은 식탁과 의자를 준비한다.

일곱 달에서 아홉 달

세상을 탐험하고, 음식 탐색이 시작된다.

이 기간에 알아야 할 핵심 사항

이 기간에 아기는 종종 기어 다니고 물건을 짚고 일어서기를 시작한다. 음식 그리고 스스로 먹기에 관심이 많아진다. 독립성을 추구한다.(그리고 다시 우리에게 돌아온다.) 아기는 "자기 방"을 나가 확장된 공간으로 탐험의 범위를 넓히기 시작한다. 그래서 낮잠을 자거나 노는 동안(안전하다는 전제하에) 문을 열어 놓을 수 있다. 아기가 잠에서 깨어나거나 놀 때 우리 목소리나 소리를 쫓아 우리를 찾는다. 같이 있을 때 아기는 기어서 우리에게서 멀리 떨어졌다가 우리가 여전히 그 자리에 있는지 확인하고 계속 탐험을 할 것이다. 가정 환경을 계속 안전하고 예측이 가능한 상태로 유지해야 아기가 탐험을 계속할 수 있다. 아기가 평소보다 더 멀리 탐험하는 것을 발견하면, 기준점이자 필요할 경우 돌아올 수 있는 피난처 역할을 하기 위해 우리는 있던 자리에 계속 머무른다. 분리 불안이 시작될 수 있다. 아기에게서 떠날 때는 우리가 어디에 가는지 말해 주고 돌아온다고 안심시켜 준다.

일상의 리듬과 돌보기

- 고형식을 도입하고 세끼 식사를 한다.
- 모유 수유 또는 젖병 수유
- 하루에 낮잠을 두 번 내지 세 번 정도 잔다.

부모가 준비해야 할 것

- 탐험을 할 수 있도록 안전한 공간을 마련한다.
- 어려운 행동, 예를 들어 기저귀를 갈 때 또는 카시트에 앉힐 때 아기 다루는 법을 익힌다. 이런 과정을 협력의 시간으로 보고 아기를 참여시키면 덜 어려워진다는 것을 알 수 있다. 아기에게 "네 기저귀를 갈 거야./너를 카시트에 앉힐 거야./다리를 들어 볼래./팔을 집어넣을래./안 되면 다리를 들 수 있게 도와줄게./팔 집어넣는 걸 도와줄게."라고 말한다. 일관성을 가지고 실행하면 아기는 그 과정을 알고 과정의 일부가 된 것으로 느낀다.

아기를 위한 활동

- 움켜잡기용 놀이감: 아름다우며 천연 재료로 만들어진 것
- 열기와 닫기
- 공처럼 구멍 안에 넣기를 할 수 있는 물건
- 팔찌나 고리를 막대에 끼우기
- 언어: 수화를 한다면 몇 가지 손짓 신호를 시작할 수 있다.
- 공을 넣은 바구니: 공을 쫓아 기어가거나 우리들 사이로 공을 굴린다. 움직임을 장려한다.

물리적인 공간 준비하기

- 아기가 기어 다니기 시작하면 움직일 공간을 좀 더 확보하기 위해 활동 매트를 치운다.
- 짚고 일어서기를 할 공간을 마련한다. 오토만 의자처럼 낮고 무거운 가구를 두거나 거울 앞에 막대 바를 설치한다.

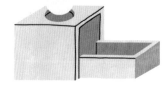

열 달에서 열두 달

호기심 많은 탐험가

이 기간에 알아야 할 핵심 사항

이 기간에 종종 아기는 스스로 물건을 짚고 일어선다. 아기의 세상이 열리고 있는 것이다. 손으로 움켜잡기, 엄지손가락과 나머지 손가락을 이용해 움켜잡기, 집게손가락 잡기를 포함해 소근육 기술이 발달한다. 아기의 독립성이 증가한다. 부모로부터 떨어져 주변 세상을 탐험한다. 점점 더 움직임이 빨라지고 더 멀리 갔다가 다시 돌아와서 접촉한다. 독립적으로 노는 것이 늘어나고 말을 하려는 노력도 증가하기 시작한다. 문장으로 말하는 것처럼 옹알이를 하고, 단어나 소리를 반복할 수 있으며, 동물 소리를 내고, 단일 단어를 말하는 것은 12개월경에 시작된다. 걷고 말하는 것을 배우려면 신경학적으로 많은 노력이 필요하다. 하나가 되기 위해 다른 것을 버리는 현상을 종종 발견하게 될 것이다. 즉 먼저 걷고 그다음에 말을 하거나, 반대로 말을 하게 된 다음에 걷는 아이들이 있다. 자아에 대한 신뢰가 강해진다.

일상의 리듬과 돌보기

- 주변 세상(야외, 슈퍼마켓, 도서관, 해변이나 숲)을 탐험할 시간을 준다. 아기에게 우리 일상을 보여 준다.
- 하루에 두 번 정도 낮잠
- 아침, 점심, 저녁: 고형식을 스스로 먹는다.
- 모유 또는 분유: 아침과 밤
- 화장실 사용하기: 화장실을 사용하는데 필요한 기술을 도입한다. 유아용 변기를 사용할 수 있다. 기저귀 대신 훈련 팬티를 입히고 시간을 보내게 하고, 배변 패턴을 관찰해 그 내용을 적어 둔다.
- 옷 입기: 협력에서 어느 정도의 독립성으로 이행한다.

부모가 준비해야 할 것

- 아기에게 안전한 장소라는 굳건한 토대를 제공하고 우리로부터 멀리 떨어진 곳을 탐험해도 괜찮다는 정서적 메시지를 준다.
- 아기가 어떤 부분을 발달시키고 있는지 알기 위해 계속 관찰한다.
- 아기의 독특함과 그만의 발달 시간표를 받아들인다.
- 아기를 캐리어에 넣어 안거나 매고 다닐 수 있지만 자유롭게 움직이도록 캐리어에 태우지 않는 시간을 늘린다. 일단 아기가 걷게 되면 외출할 때 아기를 걷게 할 수 있다. (처음에는 가까운 곳까지만 걷게 하다가 차차 거리를 늘린다.)

아기를 위한 활동

- 구멍에 공 놓기: 공이 바로 나온다./구멍에 공 집어넣기-서랍장을 열어 공을 다시 찾는다./망치로 공 때리기
- 첫 퍼즐: 나무 달걀을 달걀 컵에 넣기, 튀어나오는 놀이감, 겹쳐 넣기를 할 수 있는 네스트 컵, 커다란 꼭지가 달린 한두 조각의 퍼즐
- 공을 넣은 바구니: 공을 쫓아 기어가거나 우리들 사이로 공을 굴린다. 아기가 움직이도록 장려한다.
- 미는 수레: 아기 스스로 밀 수 있게 될 때
- 풍성한 언어: 책, 대화 그리고 모든 사물의 이름 부르기
- 아기가 처음 발걸음을 떼면 손이 자유로워 뭔가를 들고 옮길 수 있고, 그렇게 높아진 시점에서 세상을 다시 본다. 아기가 준비되기 전에 아기의 두 손을 잡고 걷게 하고 싶은 유혹을 떨쳐 낸다.
- 기어오를 시간과 공간을 주고 아기에게 다시 기어 내려오는 법을 보여 준다. 예를 들면 집에 있는 계단을 이용한다.

물리적인 공간 준비하기

- 아기가 자유롭게 탐험할 "좋아" 공간을 만든다.
- 어떤 월령이든 아기 놀이 울타리는 피하는데, 특히 아기들이 움직이기 시작한 후에는 놀이 울타리를 놓지 않는다.
- 아기가 짚고 일어서서 오갈 수 있는 낮은 가구(오토만 의자, 벽에 설치한 막대 바, 낮은 교구장, 소파)를 놓는다.
- 점점 향상되는 능력에 도전이 되는 간단한 활동 도구가 진열된 낮은 교구장
- 먹기, 활동 도구를 가져 와서 놀 수 있는 낮은 식탁과 의자
- 유아용 변기

아기를 위한 몬테소리 활동 목록

여기서 소개하는 목록은 오직 지침으로만 사용한다. 아기가 흥미를 갖는 분야와 현재 어떤 기술을 연습하고 있는지에 근거해 활동을 고른다. 아기가 가는 대로 따라간다. 어떤 활동이 아이의 관심을 지속해서 끄는지 보고 너무 어렵거나 너무 쉬운 것은 뺀다.

연령(월령)	활동 이름	내용	발달 분야
전 연령	음악/춤/움직이기/노래 부르기	• 악기 연주하기 • 아름다운 음악 듣기(배경 음악이 아닌 집중해서 듣는 것이 더 좋다.) • 아기와 춤추기 • 움직이기-출생 때부터 시작됨. 매트 위에서 벽에 가로로 부착된 거울을 보면서 움직이고, 몸을 뻗고, 탐색하는 시간 • 노래하기-출생 때부터 시작됨	• 음악과 신체(운동)
전 연령	책	• 아이가 살고 있는 세상과 관련된 실물 이미지가 실린 책 모음 • 한쪽에 그림 하나, 그다음에 그림 하나에 단어 하나, 간단한 문장에 그림 하나. 이런 식으로 발전시켜 간단한 이야기를 만들고 최종적으로 좀 더 복잡한 이야기를 만든다. • 아이가 책 표지를 보고 쉽게 책을 접하도록 진열해 둔다. 작은 바구니나 책장에 책을 몇 권 진열해 놓는다. • 보드북으로 시작해서 하드커버와 페이퍼백으로 옮겨 간다.	• 언어
전 연령	리듬이 있는 언어	• 간단하고 짧은 시, 노래, 리듬이 있는 짤막한 노래 • 너무 길면 아기가 어려워할 수 있다. • 상당히 현실감 있는 것 • 이야기, 노래, 라임(또는 직접 만들어도 좋다.)에 어울리는 손가락과 몸의 움직임 • 예: 액션라임, 핑거라임, 하이쿠(짧은 시), 팻어케이크(pat a cake. 노래를 부르며 손바닥을 치는 놀이)	• 언어
출생 직후부터	자기표현	• 낮 시간에 돌봄을 할 때-기저귀 갈기, 옷 입히기, 먹이기-아기가 우리 대화에 반응하도록 기다린다. • 아기가 말을 못할 때는 소리, 얼굴 표정 또는 혀 내밀기 등이 대화가 될 수 있다. • 말을 할 줄 알게 되면 아기는 먼저 단어를, 그다음에 구절 그리고 문장을 사용할 것이다. • 어른은 아기 눈높이에 맞춰 몸을 낮추고 (문화적으로 적합할 경우) 시선 맞추기를 한다. 그리고 그 순간에 집중한다. • 끄덕이는 몸짓 언어 또는 "정말?", "그래!", "그런 거야?", "재미있겠는데?" 같이 확인하는 표현을 써서 어른이 아기가 나누고자 하는 것에 관심이 있다는 것을 알린다.	• 언어

연령(월령)	활동 이름	내용	발달 분야
신생아	무나리 모빌	• 흑백 모빌 • 아기가 집중하는 거리에 걸어 놓는다. 30센티미터를 넘지 않는 거리가 좋다. (일반적으로 신생아들은 안겼을 때 부모 얼굴까지의 거리에 집중할 수 있다.)	• 시각 발달
2주부터 3주 이상까지	음악상자	• 줄이 매달려 있어서 아이나 어른이 줄을 당기면 작동이 되는(더 큰 아이의 경우 아이가 다루기 알맞은 태엽이 달린) 음악상자 • 처음에는 아기를 위해 어른이 음악상자를 작동시킨다. 아기가 앉기 시작하면 음악상자를 벽에 붙여두고 줄을 당겨 작동시키는 법을 아기에게 시범 보인다. • 일상적으로, 예를 들어 기저귀를 갈 때 음악상자를 여는 식으로 사용하면 생후 기준점이 될 수 있다.	• 청각 발달
약 2개월 이상	팔면체 모빌	• 세 가지 다른 색상: 빛을 반사하는 종이를 사용한다. • 기본 색상을 알려 준다. • 아기가 집중할 수 있는 위치에 매단다. 출생 시 걸어 둔 높이보다 높을 수 있다.	• 시각 발달
약 2개월 이상	서로 끼울 수 있는 원	• 원형 판지 하나와 똑같은 원형 판지의 지름을 반까지 자른 것 • 처음에 아기의 손에 쥐어 줘 반사적으로 움켜잡기를 할 수 있게 한다. • 반사적 움켜잡기가 의도적 움켜잡기로 바뀌면 아기는 손 전체, 손가락 등을 이용해 무엇인가에 손을 뻗어 움켜잡기를 할 것이다. • 큰 아기는 손에서 손으로 전달, 바닥을 따라 굴리기를 할 것이다.	• 움켜잡기 발달
약 2개월에서 3개월	고비 모빌 (166쪽 참고)	• 단색인데 색깔의 농담이 변하는, 그라데이션 된 공 5~7개 • 가장 옅은 색에서 짙은 색으로 배열하고 공을 매단 줄의 길이에 변화를 준다. 아니면 가운데에서 가장 낮은 지점으로 가는 식으로 배열한다. • 공을 매다는 줄은 공과 같은 색깔을 택한다.	• 시각 발달
약 3개월 이상	종이를 잘라서 만든 모빌 예: 빛을 반사하는 무용수 모빌 (167쪽 참고)	• 빛을 반사하는 종이로 만든 형상 • 예: 현실감 있게 움직이는 무용수, 물고기, 바람개비 모빌	• 시각 발달
약 3개월 이상	다른 모빌	• 자수 고리에 작은 물건을 매단다. 그리고 고리를 땅과 수평이 되도록 매단다. • 예: 얼굴 사진, 빛이 반사되는 종이, 나뭇잎	• 시각 발달
약 3개월 이상	나무 재질의 물체로 만든 모빌	• 현실감 있게 움직일 수 있는 나무로 만든 물체(돌고래, 새, 파도 등) 3~7개 • 아기의 관심을 끌만한 색깔	• 시각 발달 • 뻗기, 움켜잡기, 때리기 감각 자극

연령(월령)	활동 이름	내용	발달 분야
약 3개월 이상	돌출부가 있는 고무공	• 독성이 없는 고무, 비닐이나 플라스틱 재질의 돌출 부위가 있는 구체 • 처음에는 아기의 손 가까이 공을 둔다. 아이가 움켜잡고, 조작하고, 빨기 쉽게 한다. 더 큰 아이는 한 손에서 다른 손으로 공을 옮기고, 공을 땅에 튕겨 보고, 공의 다른 움직임을 탐색할 것이다.	• 움켜잡기 발달
약 3개월에서 3.5개월 이상	세 가지 색깔의 구체	• 세 가지 색깔의 공을 특정 각도나 삼각형 구도로 매단다. 가장 긴 것을 가운데 둔다. • 파랑, 빨강 그리고 노랑으로 시작한다. 다른 색깔을 조합할 수 있는데 가장 긴 줄에 가장 어두운 색깔의 공을 매단다. • 공은 아기 손에 맞아야 하지만 너무 작은 것은 안 된다. (질식 위험이 있음. 133쪽 참고)	• 시각 발달 • 뻗기, 움켜잡기, 때리기 감각 자극
3개월에서 4개월 이상 사이	구슬 잡기	• 나무 구슬 다섯 개를 가죽 끈, 줄 또는 튼튼한 면 재질 끈에 꿰거나 매듭을 지어 고정시킨다. • 아기가 잡고, 조작하고, 입에 가져 간다.	• 움켜잡기 발달
약 4개월 이상	리본에 묶은 종	• 리본에 종을 묶고 탄성이 있는 고무줄에 매단다. 아기가 스스로 종을 당길 수 있다.	• 청각 발달 • 시각 발달 • 뻗기, 움켜잡기, 때리기 감각 자극
약 4개월 이상	고리 또는 팔찌 리본에 매달기	• 대나무, 금속, 나무로 만든 고리나 팔찌를 리본에 매달고 맨 위에 고무줄을 단다. • 아기가 손을 넣고 움켜잡기를 할 수 있을 만큼 고리가 커야 한다.	• 시각 발달 • 뻗기, 움켜잡기, 때리기 감각 자극
약 4개월 이상	서로 끼울 수 있는 고리	• 서로 끼울 수 있는 고리 3~4개 • 금속이나 나무로 만든 것 - 재료가 다르면 소리도 다르다. • 아기가 손을 뻗어 움켜잡고 조작을 할 수 있을 만큼 충분히 가까운 곳에 둔다.	• 움켜잡기 발달
약 4개월 이상	가정에 있는 물건	• 예시 　◦ 허니 디퍼(꿀을 뜨는 방망이처럼 생긴 주방 도구. 손잡이를 짧게 자르고 사포질을 한 것) 　◦ 나무로 만든 빨래집게용 인형 　◦ 숟가락 　◦ 벨트 버클 　◦ 뱅글형 팔찌 　◦ 열쇠고리에 꽂아 놓은 열쇠 • 아이가 손으로 움켜잡기와 조작하기를 경험하게 한다. • 질식 위험, 날카로운 모서리가 있는지 살핀다.	• 움켜잡기 발달

연령(월령)	활동 이름	내용	발달 분야
약 4개월 이상	대나무로 만든 원통형 딸랑이	• 쌀, 작은 조약돌, 곡식 낱알들을 대나무 통에 넣어 만든 딸랑이. 대나무 양쪽은 무독성 우드 퍼티(접합제)로 채운다. • 아기는 이 딸랑이를 들고 흔들어서 나는 소리를 경험할 수 있다.	• 청각 발달 • 촉각 경험
약 4개월 이상 (또는 아기가 반사적으로 움켜잡기를 하면 좀 더 일찍)	종이 달린 원통형 딸랑이	• 사포질을 해서 매끈한 나무 막대의 양쪽 끝에 종을 매단다. 또는 막대기 속을 비워 끈을 넣고 양쪽 끝에 종을 고정시킨다. • 아기가 베일 수 있는 날카로운 부분이 있는지 점검한다. • 아기는 이 딸랑이를 들고 흔들어서 나는 소리를 경험할 수 있다.	• 청각 발달 • 촉각 경험
약 4개월 이상 (또는 아기가 반사적으로 움켜잡기를 하면 좀 더 일찍)	시판용 딸랑이	• 나무나 천연·재료로 만들어진 딸랑이를 찾는다. • 잡기 쉽고 너무 크지 않아서 아기가 잡고 소리를 낼 수 있는 것이어야 한다. • 흔들어서 소리를 경험하기 위한 것이다.	• 청각 발달 • 촉각 경험
약 4개월 이상	종을 품은 정육면체 큐브	• 정육면체 나무 큐브 안을 비워 종을 넣고 모서리는 모나지 않게 연마한다. • 흔들어서 소리를 경험한다.	• 청각 발달 • 촉각 경험
약 4개월 이상 (또는 아기가 반사적으로 움켜잡기를 하면 좀 더 일찍)	가죽 끈에 매단 종	• 가죽 끈에 종 세 개를 매단다. • 아기가 잡고 조작할 수 있다.	• 청각 발달 • 촉각 경험
약 4개월 이상 (또는 아기가 반사적으로 움켜잡기를 하면 좀 더 일찍)	은색 딸랑이	• 가벼운 은색 딸랑이 • 아기가 잡고 조작할 수 있다.	• 청각 발달 • 촉각 경험
약 5개월 이상	소리가 나는 다른 물건	• 마라카스 같이 간단한 악기 • 콩, 쌀과 같은 곡물을 채운 박 • 흔들어서 소리를 내는 경험	• 청각 발달 • 촉각 경험
약 5개월 이상 또는 일단 앉기 시작했을 때	흡입 컵 받침대에 놓은 놀이감	• 치면 흔들리지만 표면이 고정된 물건 • 예를 들면 안에 작은 공이 가득 찬 투명한 공을 고무로 만든 받침대에 올려놓은 것 • 놀이감이 움직이지 않는 상태에서 아이가 치고, 손을 뻗고, 의도를 가진 움켜잡기를 할 수 있다.	• 눈과 손의 협응을 위한 활동

연령(월령)	활동 이름	내용	발달 분야
5개월 또는 6개월 이상	알고 있는 물건을 넣은 바구니	• 아이가 제일 많이 찾는 놀이감을 두세 개 정도 작은 바구니에 넣어 둔다. • 아이가 좋아하는 놀이감이 바뀔 때 어른이 바구니에 넣는 놀이감을 바꿔 준다. • 아기가 눕거나 앉아서 바구니에 있는 놀이감을 고른다.	• 눈과 손의 협응을 위한 활동
5개월에서 7개월 이상	실로 뜨거나 코바늘 뜨개질로 뜬 공	• 신축성 있고 부드러운 실로 뜨거나 코바늘 뜨개질로 떠서 만든 공 • 아기가 움켜잡으면 손가락으로 잘 잡을 수 있다. • 아기 가까이 둬서 움직임을 촉진한다.	• 대근육 발달을 위한 활동
약 6개월에서 8개월 이상	종이 달린 원통	• 안에 종을 넣고 굴릴 수 있는 나무로 만든 딸랑이 • 아기 가까이 둬서 움직임을 촉진한다.	• 대근육 발달을 위한 활동 • 움직임을 유도하는 청각적 자극
아기가 무엇인가 짚고 일어서기 시작하면, 7개월 이상부터	오토만	• 아기가 짚고 일어설 때 넘어지지 않는 무겁고 안정적인 오토만 의자 • 오토만의 높이는 아기 신체에서 위장 높이 정도여야 한다.	• 대근육 발달을 위한 활동 • 짚고 일어나서 오갈 수 있는 독립적인 수단을 제공
아기가 무엇인가 짚고 일어서기 시작하면, 7개월 이상부터	벽에 부착한 막대 바	• 아기가 짚고 오갈 수 있도록 벽에 견고하게 설치된 막대 바 • 손으로 감싸 쥘 수 있도록 벽에서 3센티미터 정도 떨어진 곳에 설치한다. • 아기의 가슴 높이 정도에 설치한다. • 막대 바 뒤에 거울을 부착한다.	• 대근육 발달을 위한 활동 • 잡고 일어서서 오갈 수 있는 독립된 수단을 제공
7개월에서 9개월 이상	달걀 컵 속의 달걀/ 컵과 공	• 나무로 만든 컵과 컵 안에 넣을 나무 달걀 또는 컵과 컵 속에 넣을 커다란 공 • 사물을 용기 속에 넣고 꺼내는 법을 연습한다.	• 눈과 손의 협응을 위한 활동
7개월에서 9개월 이상	상자와 정육면체	• 손으로 만든 상자에 넣을 수 있는 나무로 만든 정육면체 • 사물을 용기 속에 넣고 꺼내는 법을 연습한다.	• 눈과 손의 협응을 위한 활동
약 8개월 이상	쟁반과 공이 딸린 상자 (대상 영속성 상자)	• 쟁반이 부착된 직사각형의 상자. 상자 윗부분에는 공을 넣는 구멍이 있다. (만드는 법은 출판사 홈페이지 몬테소리 섹션에서 확인할 수 있다.) • 공은 나무 공이나 탁구공처럼 소리가 좋아야 한다. • 공을 구멍에 넣어서 상자 안으로 떨어뜨리는 법을 연습한다. • 아이가 대상 영속성을 이해하는 데 도움이 된다. • 손 전체로 움켜잡기, 네 손가락 잡기, 두 손가락 잡기 등 아이가 각기 다르게 공을 잡는 것을 관찰한다.	• 눈과 손의 협응을 위한 활동

연령(월령)	활동 이름	내용	발달 분야
아이가 기어 다니기 시작하면, 약 8개월 또는 9개월	공이 들어 있는 바구니	• 크기와 촉감이 다른 공 여러 개 • 예: 등나무로 만든 공, 돌출부가 있는 공, 작은 축구공 • 아기는 공을 차고, 굴리고, 쫓아가고, 손으로 만져 조작하고 느껴볼 수 있다.	• 대근육 발달을 위한 활동
기어 다니기를 하고 잘 걸을 때까지, 약 8개월 또는 9개월	계단	• 한쪽에 난간이 있어서 붙잡을 수 있는 3단으로 된 계단 • 계단의 폭은 넓고 높지 않아야 한다.	• 대근육 발달을 위한 활동
기어 다닐 때부터, 약 8개월에서 10개월 이상	공 추적기	• 여러 개의 경사면을 연결해서 만든 나무틀 안에 작은 공들을 넣어 둔다. • 맨 위에 구멍 안으로 공을 떨어뜨리면 경사면마다 뚫린 구멍을 통해 공이 아래 칸으로 떨어진다.	• 대근육 발달을 위한 활동 • 시각적 추적 • 추적기 안에서 나는 공 소리로 인한 청각 추적 활동
아이가 사물을 짚고 일어설 때, 약 8개월에서 10개월 이상 까지	낮고 무거운 탁자	• 아기가 움켜잡기와 짚고 일어서기를 할 수 있을 만큼 낮고 무거운 나무로 만든 탁자	• 대근육 발달을 위한 활동
아기가 안정적으로 앉을 수 있을 때, 약 8개월에서 11개월	흔들리는 받침대가 있고, 고리나 꼭지를 이용한 도구	• 전형적인 피셔 - 프라이스 장난감이나 그보다 더 작은 고리 다섯 개짜리 장난감에 흔들리는 받침대 • 처음에는 제일 큰 고리만 사용한다. • 오뚝이처럼 양쪽으로 흔들리는 바닥을 사용하기 때문에 뒤집어지지 않는다.	• 눈과 손의 협응을 위한 활동
8개월에서 12개월 이상 (이전 활동의 기술 수준에 따라 달라짐)	안정적인 받침대와 고리 또는 꼭지	• 꼭지나 고리를 사용하는 나무로 만들어진 받침대 • 처음에는 고리의 구멍이 아주 커야 한다.	• 눈과 손의 협응을 위한 활동
약 8개월에서 12개월 이상	빙글빙글 돌아가는 팽이	• 주석으로 만들어진 팽이와 회전하게 하는 손잡이 • 처음에 아기는 팽이 뒤를 쫓아 움직이는 것을 즐기다 나중에는 직접 팽이를 돌릴 수 있게 된다.	• 대근육 발달을 위한 활동
9개월에서 11개월 이상	서랍이 달린 상자와 공	• 물건을 놓는 상부에 구멍이 있고 떨어진 물건을 담는 서랍이 있는 상자 • 공을 구멍에 넣어서 상자 안으로 떨어뜨리는 법을 연습한다. • 아이가 대상 영속성을 이해하는 데 도움이 된다.	• 눈과 손의 협응을 위한 활동

연령(월령)	활동 이름	내용	발달 분야
9개월에서 12개월 이상	니트 공 (겉을 실로 떠서 감싼 공)과 상자	• 니트 공보다 약간 작은 구멍이 있고 서랍이 달린 네모난 상자 • 공을 구멍에 넣어서 상자 안으로 떨어뜨리는 법을 연습한다. • 아이가 대상 영속성을 이해하는 데 도움이 된다.	• 눈과 손의 협응을 위한 활동
약 10개월 이상	밀어 넣을 수 있는 공과 상자	• 맨 위에 공을 놓는 구멍 세 개가 있는 네모난 상자 • 공을 구멍에 넣어서 상자 안으로 떨어뜨리는 법을 연습한다. • 아이가 대상 영속성을 이해하는 데 도움이 된다.	• 눈과 손의 협응을 위한 활동
약 10개월 이상 부터	열쇠가 달린 가구	• 아이가 열기 활동을 할 수 있는 열쇠와 자물쇠가 달린 가구 • 열쇠에 줄을 달아 가구에 끼워 놓는다.	• 눈과 손의 협응을 위한 활동
10개월에서 12개월 이상	수레	• 아기가 짚고 일어설 때 넘어가지 않을 만큼 무거운 수레. 무게를 더하기 위해 모래주머니를 사용할 수 있다.	• 대근육 발달을 위한 활동
10개월에서 12개월 이상	캐비넷 문과 서랍들	• 캐비넷 문과 서랍, 화장대 • 아이가 찾을 수 있도록 그 방에 맞는 물건을 둔다. 예를 들어 부엌 찬장에는 플라스틱 화분과 냄비, 욕실 서랍에는 머리빗이나 머리핀을 둔다.	• 대근육 발달을 위한 활동
10개월에서 12개월 이상	바구니에 담긴 고리와 막대	• 고리 두세 개 정도가 담긴 바구니와 막대가 달린 받침대 • 고리의 두께는 난도에 따라 같거나 달리할 수 있다.	• 눈과 손의 협응을 위한 활동
11개월에서 12개월 이상	냅킨을 꽂는 고리와 막대	• 크기가 똑같은 냅킨 고리(금속 또는 나무 재질) 2~3개 • 고리는 회전하는 막대에 꽂아서 교구장에 두거나, 바구니에 담아 쟁반 위에 둔다.	• 눈과 손의 협응을 위한 활동
12개월 이상	분필, 크레용 또는 연필	• 블럭 형태의 크레용이나 두꺼운 연필(스타빌로 우디 3 in 1 시리즈 같은 것) • 다양한 형태, 색깔, 질감의 종이 • 탁자 오염을 막기 위해 깔개를 사용한다.	• 미술/자기표현

12개월 이상	분필과 이젤	• 다음과 같은 칠판이면 다 된다.
		  ◦ 이젤의 뒷면
		  ◦ 아주 큰 합판에 칠판용 페인트를 칠해 벽의 낮은 곳에 설치한다.
		  ◦ 교구장에 놓을 작은 칠판
		• 분필은 하얀색으로 시작해 서서히 다른 색깔과 형태의 것을 시도한다.
		• 작은 지우개
			• 미술/자기표현

연령(월령)	활동 이름	내용	발달 분야
도움 없이 설 수 있을 때	물감과 이젤	• 이젤 • 이젤을 완전히 덮을 정도 크기의 종이 • (아주 진한) 한 가지 물감으로 시작해서 다른 색깔 물감을 서서히 하나씩 시도한다. 큰 아이라면 두 개 이상의 물감을 시도해 볼 수 있다. • 작은 손으로 쉽게 쥘 수 있는 손잡이가 짧고 두꺼운 붓 • 그림 그릴 때 입는 작업복이나 앞치마 • 작업복이나 앞치마를 걸 수 있는 후크 • 여분의 종이를 넣는 통 • 흘렸을 때 닦을 마른 헝겊	• 미술/자기표현
12개월 이상	막대가 꽂힌 받침대와 색깔이 다른 고리	• 막대가 꽂힌 받침대와 색깔 차이가 있는 고리 4~5개. 고리는 색깔별로 번갈아 끼울 수 있으면 이상적이다. • 맨 밑바닥의 고리가 아이의 손 한 뼘보다 더 커서는 안 된다.	• 눈과 손의 협응을 위한 활동
12개월 이상	너트와 볼트	• 커다란 볼트 한두 개와 그에 맞는 너트 • 너트를 볼트에 넣는 것부터 시작한다.	• 눈과 손의 협응을 위한 활동
12개월 이상	열기와 닫기	• 여닫기를 연습하기 위한 가정용품(예: 장식이 있는 상자, 주석 상자, 똑딱 단추가 달린 지갑, 콤팩트 파우더, 립스틱 등의 화장품 용기, 칫솔갑 등) 두세 개를 담은 바구니	• 눈과 손의 협응을 위한 활동
12개월 이상	어휘와 물건	• 실제 물건과 모형별로 구분한다. 물건 3~6개 • 예: 과일, 채소, 옷, 동물원 동물, 농장 동물, 반려동물, 곤충, 포유류, 새, 척추동물, 무척추동물	• 언어 발달 • 어휘 확장
12개월 이상	원기둥 상자	• 여섯 개의 구멍이 상단에 나란히 뚫려 있고, 하단에는 이 구멍에 꽂을 원기둥을 넣어 두는 공간이 있는 나무 쟁반	• 눈과 손의 협응과 움켜잡기 개선
12개월 이상	정육면체 끼우기	• 막대기를 꽂을 수 있는 받침대, 받침대에 꽂을 큐브 세 개. 큐브는 바구니에 보관하거나 막대기에 꽂아 둔다. • 구슬 꿰기 준비 작업	• 눈과 손의 협응과 움켜잡기 개선
12개월 이상	퍼즐	• 꼭지가 달린 퍼즐에서 점점 더 난도가 높아지는 퍼즐로 진행 • 퍼즐에 그려진 주제가 되는 물건은 현실적이면서 흥미로워야 한다. • 예: 동물, 건설 현장에 있는 차량 등	• 눈과 손의 협응 개선 • 배경 형태를 인식하는 능력 개발

연령(월령)	활동 이름	내용	발달 분야
약 13개월 이상	열쇠와 자물쇠	• 바구니에 담긴 열쇠와 자물쇠	• 눈과 손의 협응을 위한 활동
약 13개월 이상	칩과 가느다란 구멍이 난 상자	• 가느다란 구멍을 낸 상자 • 상자에 걸쇠를 달면 손가락 사용의 난도가 올라간다. • 구멍에 집어넣을 사물: 커다란 동전, (오려서 코팅 한) 작은 글자, 포커 칩 • 상자, 구멍에 집어넣을 물건을 담은 바구니는 모두 쟁반 위에 둔다.	• 눈과 손의 협응과 움켜잡기 개선
아이가 걸을 수 있을 때	식탁(책상) 닦기	• 쟁반이나 바구니 그리고 스펀지 또는 마른 장갑 • 여분의 마른 장갑	• 환경 돌보기

원시 반사

- **모로 반사**: 아기가 자기도 모르게 놀라는 반사
- **바브킨 반사**: 아기의 손바닥을 자극했을 때 입과 혀를 움직이는 반사
- **젖 찾기 반사**: 뺨이나 입술을 건드리면 아기가 자극 쪽으로 얼굴을 돌리고 입으로 빠는 행위를 하는 반사
- **긴장성 경반사(펜싱 반사로도 알려짐)**: 아기의 머리를 어느 한쪽으로 돌리면 한쪽 팔을 같은 방향으로 뻗고 반대 팔은 팔꿈치를 굽히는 반사
- **바빈스키 반사**: 아기의 발바닥을 간질이면 엄지발가락은 구부리고 나머지 네 발가락은 부채처럼 펴는 반사

월령	반사
출생 시	모로 반사 빨기 반사 바브킨 반사 움켜잡기 반사 젖 찾기 반사 긴장성 경반사 바빈스키 반사
2개월	모로 반사 움켜잡기 반사 젖 찾기 반사 긴장성 경반사 바빈스키 반사
4개월	모로 반사 긴장성 경반사
6개월	모로 반사 긴장성 경반사
8개월	모로 반사 긴장성 경반사
10개월	모로 반사 긴장성 경반사
12개월	모로 반사 긴장성 경반사

참고 문헌

마리아 몬테소리 박사의 저서와 강의

『흡수하는 정신The Absorbent Mind: A Classic in Education and Child Development for Educators and Parents』, Maria Montessori, Holt Paperbacks, 1995

『가정에서의 어린이The Child in the Family』, Maria Montessori, ABC-CLIO, 1989 version

『마리아 몬테소리가 부모에게 전하는 말Maria Montessori Speaks to Parents: A Selection of Articles』, Maria Montessori, Montessori-Pierson Publishing Company, 2017

몬테소리 접근법에 관한 도서

『즐거운 아이The Joyful Child: Montessori, Global Wisdom for Birth to Three』, Susan Mayclin Stephenson, Michael Olaf Montessori Company, 2013

『영유아 몬테소리 육아대백과The Montessori Toddler』, Simone Davies, Workman Publishing, 2019

『몬테소리 처음부터Montessori from the Start: The Child at Home, from Birth to Age Three (1st Edition)』, Paula Polk Lillard and Lynn Lillard Jessen, Schocken, 2003

『인간의 이해Understanding the Human Being: The Importance of the First Three Years of Life』(The Clio Montessori Series), Silvana Quattrocchi Montanaro, ABC-CLIO, 1991

『몬테소리: 천재로 키우는 교육 이면의 과학Montessori: The Science Behind the Genius』, Angeline Stoll Lillard, Oxford University Press, 2008

출산에 관한 도서

『두려움 없는 출산Birth Without Fear: The Judgement-Free Guide to Taking Charge of Your Pregnancy, Birth, and Postpartum』, January Harshe, Hachette Books, 2019

『이나 메이의 출산 가이드Ina May's Guide to Childbirth』, Ina May Gaskin, Bantam, 2003

『영적 산파술Spiritual Midwifery』, Ina May Gaskin, Book Publishing Company(TN), 2002

아기에 관한 도서

『아기 생후 1년 핵심 단계Baby's First Year Milestones: Promote and Celebrate Your Baby's Development with Monthly Games and Activities』, Aubrey Hargis, Rockridge Press, 2018

『사랑하는 부모님Dear Parent: Caring for Infants with Respect』(2nd Edition), Magda Gerber, Resources for Infant Educarers(RIE), 2003

『엄마, 나를 지켜봐 주세요Your Self-Confident Baby: How to Encourage Your Child's Natural Abilities-From the Very Start』, Madga Gerber and Allison Johnson, John Wiley&Sons, Inc., 2012

『기분 좋은 아이 돌봄Elevating Child Care:A Guide to Respectful Parenting』, Janet Lansbury, CreateSpace Independent Publishing Platform, 2014

『아기를 위한 몬테소리 활동 60가지60 activités Montessori pour mon bébé (365 activités)』, Marie-Hélène Place, Nathan, 2016,

긍정 육아에 관한 책

『긍정의 훈육Positive Discipline: The First Three Years』(Revised and Updated Edition: From Infant to Toddler-Laying the Foundation for Raising a Capable, Confident Child, Jane Nelson, Ed D, Cheryl Irwin, MA, and Rosyln Ann Duffy, Harmony, 2007

『어떻게 이야기하면 아이가 들을까How to Talk So Little Kids Will Listen: A Survival Guide to Life with Children Ages 2~7』, Joanna Faber and Julie King, Scribner, 2017

『비폭력 대화Nonviolent Communication: A Language of Life』, Marshall B. Rosenberg, PhD, Puddledancer Press, 2015

감사의 글

다음 수많은 분께 감사의 말을 전한다.

두 저자가 서로에게 이 책은 우리가 파트너로 같이 작업하지 않았다면 만들어지지 못했을 것이다. 이 책이 나오도록 우리가 협력할 수 있었던 것이 꿈만 같다. 그래서 힘들이지 않고 멋지게 이 책을 만들 수 있었는데 이런 기회가 주어진 것에 우리 두 사람은 매우 감사한다.

디자이너들 이 책에 생기를 불어넣은 아름다운 삽화는 사니 반 룬의 작품이다. 사니에게 깊은 감사를 보낸다. 사니는 모든 것이 정확하고 선명하도록 우리의 모든 요구를 인내심을 가지고 수용해 주었다. 우리는 명랑하고 즐거운 사니의 작업을 흠모한다. 또한 우리의 모든 요청 사항을 반영해 읽기 편하게 지면 배치를 해 준 갈렌 스미스의 탁월한 솜씨에 찬사를 보낸다. 시모네의 첫 번째 책인 『영유아 몬테소리 육아대백과』의 일러스트를 담당한 히요코 이마이의 디자인을 사용할 수 있어서 매우 기뻤다.

워크맨 출판사 팀 이 책의 아이디어에 강한 긍정의 "예스"를 외치며 합류해 준 워크맨 출판사 팀에 감사한다. 메이지는 항상 깊이 있는 피드백을 주며 질문을 한다. 선은 편집을 도와주었고 케이트는 세심한 눈으로 조언을 해 주었다. 이 책이 독자의 손에 닿을 수 있게 해 준 모이라, 클로이, 레베카, 신디에게도 감사한다. 작지만 정말 강력한 팀이다.

이 프로젝트에 공헌해 주신 분들 이 프로젝트에 참여해 준 분들에게 감사하다는 말씀을 전한다. 그들의 참여로 이 책이 더욱 풍성해졌다. 니콜, 아에파, 자야, 마리아, 테레사, 네우스, 필라, 에이미 그리고 파멜라가 몬테소리 경험을 공유해 주었다. 갓난아기를 대변해 준 카린에게도 감사한다. 카린이 매우 중요한 일을 해 주었다.

지원해 주신 분들 책을 쓰는 내내 지원해 준 동생과 친구들에게도 고맙다는 말을 하고 싶다. 플로리쉬 체프, 라흐마 옐와, 조이 폴 그리고 소피아 오후아분와, 재키 그리고 타냐는 원고를 꼼꼼히 읽고 피드백을 줬다. 그리고 처음 원고를 읽어 준 줄리아, 밀라, 메건, 클로이도 아주 소중한 통찰을 나누고 격려해 주었다. 안젤린 스톨 릴라드도 이 책을 읽고 꼼꼼한 논평을 해 주고 지원을 아끼지 않았다. 모두에게 감사한다.

몬테소리 가족 우리 둘 다 몬테소리 공동체로부터 풍성한 지원과 사랑을 받았다. 그들은 진정한 연료 역할을 톡톡히 해 주었다. 주디 오라이언은 시모네가 아이의 눈으로 세상을 볼 수 있게 도와주었다. 페른 판 질, 안 모리슨, 애너벨 니즈 덕분에 시모네는 몬테소리와 사랑에 빠지게 되었다. 하이디

필리파트 앨콕은 수년 간 시모네의 몬테소리 멘토 역할을 해 주고 암스테르담의 경이로움에 눈을 뜨게 해 주었다. 주니파는 줄리아 프레지오시와 북 켄터키 몬테소리 아카데미를 통해 몬테소리를 알게 되었고 즉시 몬테소리에 푹 빠졌다. 필라 베윌레이와 잔느 마리 페이넬은 주니파가 국제 몬테소리 협회 0~3세 부문 코스를 끝낼 수 있도록 이끌어주었다. 패티 월너의 훈련은 주니파에게 영감을 불어넣고 그녀가 아기를 이해하고 지원할 준비를 하게 해 주었다. 그리고 수많은 몬테소리 친구들이 인스타그램에서부터 페이스북 그룹까지 여러 매체에서 의견 조사단 역할을 해 주었다.

자카란다 트리 몬테소리 그리고 프루트풀 오차드 몬테소리에서 만난 가족들 시모네는 암스테르담의 자카란다 트리 몬테소리 수업에서 만난 놀라운 가족들과 함께 작업할 수 있었다는 사실에 매우 감사한다. 그녀는 매일 이 가족들에게 배우는 것을 너무도 사랑한다. 주니파는 프루트풀 오차트 몬테소리에 참여하는 가족들의 가장 소중한 보물을 맡는 영예를 누리고 있다. 아이들이 꽃을 피우고 부모가 성장하며 자녀와 더불어 변화하는 모습을 지켜보는 것은 무한한 기쁨이다.

우리의 가족 다급하게 줌ZOOM 영상 통화를 받으러 가고, 저녁 늦게까지 편집 작업을 하고 완전히 만족할 때까지 삽화 색깔에 대해 의논하는 등 바쁜 나날을 보내는 우리를 인내심을 가지고 배려해 준 가족들에게 고마움을 전한다. 그들의 지원과 후원은 정말 의미가 크다. 우조, 올리버, 엠마, 솔루, 메투 그리고 비엔두는 우리에게 크나큰 영감의 원천이다. 우리 일을 언제나 확신하며 지원해 주시는 부모님들께도 감사드린다. 우리 가족 모두 정말 사랑한다.

모든 것 자유, 지식, 연결, 자연, 자전거로 돌아보았던 도시와 들판, 차 한 잔과 달콤한 디저트, 객실과 담요, 영양이 가득한 음식과 소박한 즐거움, 박물관과 사진 등 모든 것이 고맙다. 덕분에 우리는 기쁨 속에 작업을 할 수 있었다. 또한 주니파는 믿음의 저자이자 종결자인 하느님께도 감사드린다.

로마에서 몬테소리 박사의 작업을 이어 왔던 그라치아 오네게르 프레스코가 2020년 9월 30일 영면했다. 아이들을 위한 끝없는 노력과 풍부한 그분의 작업에 깊은 감사를 드린다.

베이비 몬테소리 육아대백과
아이 시간표대로 어메이징 몬테소리 교육의 힘

초판 1쇄 발행 2021년 7월
초판 3쇄 발행 2023년 4월

지은이
시모네 데이비스Simone Davies, 주니파 우조다이크Junnifa Uzodike

옮긴이
조은경

감수
정이비

펴낸이	**펴낸곳**	**등록**
김기중	(주)키출판사	1980년 3월 19일(제16-32호)
전화	**팩스**	**주소**
1644-8808	02)733-1595	(06258) 서울시 강남구 강남대로 292, 5층
가격	**ISBN**	
17,000원	979-11-6526-085-9 (13590)	

원고 투고

키출판사는 저자와 함께 성장하길 원합니다. 사회에 유익하고 독자에게 도움 되는 원고가 준비된 분은 망설이지 말고 Key의 문을 두드려 보세요.
Key와 함께 성장할 수 있습니다.

company@keymedia.co.kr

아이 시간표대로 🌱 어메이징 몬테소리 교육의 힘

모든 아이는 자기만의 발달 시간표를 가지고 있다. 우리는 아이가 그만의
특별한 길을 가며 자기만의 시간표에 맞춰 발전하고 있다는 것을 믿으면 된다.

국제 몬테소리 협회 소속 교사인 시모네 데이비스는 마리아 몬테소
리 박사가 개발한 교육 원칙을 토대로 "미운 2살"과 함께하는 삶이
아이와 부모 모두에게 보람 있고 풍성한 시간, 호기심을 충족하는
학습의 시간, 아이를 존중하는 시간이 될 수 있도록 삶을 바꾸는 방
법을 제시한다. 이 책은 유아와 함께하는 삶의 모든 국면과 관련해
여러 가지 실제적인 아이디어를 제시하고 어떻게 활용하는지 알려
준다.

시모네 데이비스 지음, 조은경 옮김, 키출판사

이 책은 마리아 몬테소리 박사가 개발한 원칙에 근거해 사랑과 존중
을 기반으로 놀라울 정도로 차분함을 유지하며 통찰력을 가지고 출
생부터 이후 1년까지 아기 키우는 방법을 보여 준다. 베스트셀러 『영
유아 몬테소리 육아대백과』의 저자 시모네 데이비스와 주니파 우조
다이크의 공동 저작인 이 책은 당신의 아기에게 실제로 벌어지고 있
는 일을 이해하는 실용적인 아이디어와 아기가 학습하고 발달하는
데 도움이 되도록 어른이 세심하고 신중하게 지원하는 방법으로 가
득 채워져 있다.

시모네 데이비스·주니파 우조다이크 공저, 조은경 옮김, 키출판사

온라인 자료

홈페이지(keymedia.co.kr/montessori)에서 몬테소리 모빌 템플릿을 포함해 다양한 자료를 내려받을 수 있습니다.